高等职业教育测绘地理信息类规划教材

工程变形监测（第二版）

主　编　李金生
副主编　王占武　张　博　黎晶晶

图书在版编目(CIP)数据

工程变形监测 / 李金生主编 ; 王占武,张博,黎晶晶副主编. -- 2 版. 武汉 : 武汉大学出版社, 2025. 2. -- 高等职业教育测绘地理信息类规划教材. -- ISBN 978-7-307-24798-7

Ⅰ.TU196

中国国家版本馆 CIP 数据核字第 202488YC24 号

责任编辑:杨晓露　　　责任校对:鄢春梅　　　版式设计:马　佳

出版发行:**武汉大学出版社**　(430072　武昌　珞珈山)

(电子邮箱:cbs22@whu.edu.cn　网址:www.wdp.com.cn)

印刷:武汉中远印务有限公司

开本:787×1092　1/16　印张:17.25　字数:414 千字　插页:1

版次:2013 年 2 月第 1 版　　2025 年 2 月第 2 版

2025 年 2 月第 2 版第 1 次印刷

ISBN 978-7-307-24798-7　　定价:55.00 元

第二版前言

工程变形监测技术是工程测量学中的一项重要内容，在各种工程建设中应用非常广泛，对工程的安全施工和运营管理非常重要。近年来大型、重型、超高层及特种工程建筑物逐渐增多，变形监测工作显得尤为重要。“工程变形监测”是测绘工程及其相关专业的必修专业课。变形监测技术发展较快，书中较为详细地介绍了当前各个领域变形监测常用的仪器设备、监测方法、数据处理及分析方法。

本书项目 1 和项目 2 分别介绍了变形监测技术基础知识、变形监测常用仪器及设备；项目 3 和项目 4 分别介绍了沉降监测技术和水平位移监测技术；项目 5~项目 8 分别介绍了基坑工程、建筑工程、地铁工程、水利工程变形监测技术；项目 9 介绍了变形监测资料整编与分析方法。

本书由李金生副教授(辽宁生态工程职业学院)担任主编，王占武副教授(辽宁省交通高等专科学校)、张博教授(辽宁生态工程职业学院)、黎晶晶副教授(湖北水利水电职业技术学院)担任副主编，刘皓讲师(辽宁生态工程职业学院)、徐宝儒教授级高级工程师(沈阳工学院)、张智刚工程师(青岛滨海勘察测绘有限公司)、殷肃工程师(中国核工业第二二建设有限公司)等参与了编写工作。其中李金生编写项目 2、3、4、6；王占武编写项目 5；张博编写项目 1；黎晶晶编写项目 8 的任务 8.1~8.3；刘皓编写项目 9；徐宝儒编写项目 8 的任务 8.4~8.5；张智刚编写项目 7 的任务 7.1~7.5；殷肃编写项目 7 的任务 7.6~7.9。

本书第二版与原版的主要区别首先是教材格式体例上由章节体例改为项目任务体例，项目中增加了项目简介和项目单元教学目标分解内容。任务包括任务目标、任务分析、主要内容、监测要求及注意事项等内容。在项目 4(水平位移监测技术)中，增加了全站仪测量法(包括全站仪边角测量法、全站仪小角法、全站仪极坐标法、全站仪距离交会法、全站仪自由设站法等 5 个子项目)；在项目 8(水利工程变形监测)中，单独设置了土石坝安全监测(包括土石坝坝体表面变形监测、土石坝坝体内部变形监测、土石坝防渗体变形监测、土石坝界面及接(裂)缝变形监测、土石坝近坝岸坡变形监测、土石坝地下洞室围岩变形监测)和混凝土坝安全监测(包含混凝土坝表面变形监测、混凝土坝渗流监测、混凝土坝应力应变及温度监测)2 个项目。

在编写过程中我们参考了国内诸多行业前辈及专家学者在变形监测领域的相关文献，相关的书刊在参考文献中列出；另外还有部分资料来自网络，因不知资料来源无法列出全部作者。在此一并致以由衷的谢意。

编者在编写过程中竭尽全力，然而变形监测技术发展非常迅速，再加上编者水平有限，书中难免出现不妥甚至错误之处，恳请各位专家、同行、读者批评指正。

编　者

2024 年 7 月

目　录

项目1 课 程 导 入

【项目简介】

本项目首先介绍变形监测的基本概念，变形监测的主要任务，变形监测的目的与意义、特点与分类；然后介绍变形监测工作的主要内容与方法、精度与周期要求；最后简要介绍了变形监测技术的发展趋势。

【教学目标】

学习本章，要了解工程变形监测的基础知识，掌握变形监测的目的与意义、特点与分类，掌握工程变形监测的主要内容、监测方法、监测精度及监测周期要求，了解工程变形监测技术的发展情况。

项目单元教学目标分解

目标	内　　容
知识目标	1. 变形监测的基本概念和主要任务，变形监测的目的与意义、特点与分类； 2. 变形监测工作的主要内容与方法、精度与周期要求； 3. 变形监测技术的发展趋势。
技能目标	1. 能够理解变形监测技术的相关概念、任务、特点及分类； 2. 掌握常见的变形监测的主要内容与对应方法、监测精度与周期要求。
态度及思政目标	通过学习变形监测基础知识，培养广大测绘地理信息类专业学生“热爱祖国，忠诚事业，艰苦奋斗，无私奉献”的测绘精神。

任务1.1　变形监测技术概述

一、任务目标

(1)理解变形监测技术相关的概念、引起工程建筑物变形的主要原因；
(2)明确变形监测技术的目的与意义、特点与分类。

二、主要内容

(一)变形监测基本概念

1. 变形及变形监测的概念

物体的形状变化称为变形。变形通常分为两类：自身的变形和相对于参照物的位置变化。

物体自身的变形主要包括伸缩、剪切、裂缝、弯曲(平面上)和扭转(空间内)等。物体相对于参照物的位置变化主要包括水平位移、垂直位移(沉降)、倾斜、旋转等。

变形监测，又称变形观测，是对变形体进行测量以确定其自身变形，或者通过测量确定其空间位置随时间的变化特征。《工程测量标准》(GB 50026—2020)中提出，变形监测是指对建(构)筑物及其地基、建筑基坑或一定范围内的岩体及土体的位移、沉降、倾斜、挠度、裂缝和相关影响因素(如地下水、温度、应力应变等)进行监测，并提供变形分析预报的过程。

工程变形监测就是利用专用的仪器和方法对工程建筑物等监测对象(也称变形体)的变形进行周期性重复观测，从而分析变形体的变形特征，预测变形体的变形态势。

对于工程变形监测来说，变形体一般包括工程建(构)筑物、机械设备以及其他与工程建设有关的自然或人工对象(如高层建筑物、重型建筑物、地下建筑物、大坝、桥梁、隧道、大型科学实验设备、古建筑、储油罐、贮矿仓、高边坡、滑坡体、采空区等)。

2. 引起变形体变形的主要原因

影响工程建筑物变形的因素有外部因素和内部因素两个方面。外部因素主要是指由于建筑物负载及其自重的作用使地基不稳定；振动或风力等引起的附加载荷；地下水位的升降及其对基础的侵蚀作用；地基土的载荷与地下水位变化影响下产生的各种工程地质现象；地震、飓风、滑坡、洪水等自然灾害。内部因素是指建筑物本身的结构、负重、材料以及内部机械设备的振动作用。此外，地质勘探不充分、设计不合理、施工质量差、运营管理不当等也是重要因素。

3. 变形监测的主要任务

工程变形监测的主要任务是周期性地对目标进行观测，从观测点的位置变化中了解建筑物变形的空间分布，通过对各次观测成果作分析比较，了解其随时间的变化特征，从而了解变形的过程以及变形的趋势。对于超出变形允许范围的建筑物、构筑物，应及时分析原因，采取措施防止变形发展，避免事故发生。

(二)变形监测的目的与意义

1. 变形监测的目的

各种工程建筑物都有规定的使用年限，要求在使用期限内稳定安全，并能经受住一定的外力破坏作用。从开工建设到使用结束，均希望建(构)筑物处于安全的状态。现代工程建筑物正朝着体积大、重量大、结构复杂、内部机械设备多、施工周期短、使用频率高等方向发展，因此建筑物的变形监测有着特别重要的意义。

工程变形监测的主要目的是获得变形体的空间位置随时间变化的特征，科学、准确、及时地分析和预报工程建筑物的变形状况，同时还要有助于正确地解释变形的原因和机理。

工程变形监测的目的大致可分为三类。第一类是安全监测。希望通过重复观测第一时间发现建筑物的不正常变形，以便及时采取措施，防止事故发生。第二类是积累资料。大量不同基础形式的建筑物的沉降观测资料，既是检验设计方案的重要依据，也是以后修正设计思路、制定设计规范的依据。第三类是为科学试验服务。可能是为了收集资料，验证设计方案；也可能是为了安全测试，在一个较短时期内，人为创造条件让建筑物变形。

计算变形量、变形速度等数据的工作称为变形的几何分析；分析变形的原因、演变规律的工作称为变形的物理分析。

2. 变形监测的意义

变形监测有工程技术和科学研究两方面的意义。

工程技术方面的意义主要是监测各种工程建筑物及其地基的稳定性，及时发现异常变化。对建筑物及地基的稳定性和安全性作出判断，以便采取措施预防安全事故。

科学研究方面的意义主要是积累资料，帮助分析和解释变形机理，验证变形假说；建立有效的模型为研究灾害预报的理论和方法服务；验证工程设计的理论是否正确，设计方案是否合理，为以后修改完善设计、制定设计规范提供依据，经济合理地提高抗灾能力等。

(三)变形监测的特点与分类

1. 变形监测的特点

与工程建设中的地形测量和施工测量相比，变形监测具有以下特点：

(1)重复观测。这是变形监测的最大特点。重复观测的频率取决于变形的大小、速度以及观测目的。第一次观测称为初始周期或零周期观测。每一周期的观测方案如监测网的布设、使用的仪器、作业方法乃至观测人员都要尽可能一致。

(2)观测精度高。相比其他测量工作，变形观测精度要求更高，典型精度要求达到1mm 或相对精度达到 10^{-6}。对于不同的任务或对象，精度要求有差异，即使对于同一建筑物，不同部位的观测精度也可能不相同。变形观测的精度要求取决于变形的大小和速率、仪器和方法所能达到的实际精度以及观测的目的等。

(3)综合运用多种测量方法。每种测量方法都有其优缺点，因此根据工程的特点和变形测量的要求，综合运用地面测量方法(如几何水准测量、三角高程测量、方向和角度测量、距离测量等)、空间测量技术(如 GNSS 技术、合成孔径雷达干涉等)、近景摄影测量、地面激光雷达技术以及一些专门的测量手段，可以起到取长补短、相互校核的目的，从而提高变形测量的精度和可靠性。

(4)严密的数据处理。变形量一般很小，有时甚至与观测精度处在同一量级，要从含有误差的观测值中分离出变形信息，需要严密的数据处理方法。观测值中经常含有粗差和系统误差，在评估验证变形模型之前要进行筛选，以保证结果的正确性。

(5)多学科综合分析。变形观测工作者必须熟悉并了解所要研究的变形体，包括变形体的形状特征、结构类型、构造特点、所用材料、受力状况以及所处的外部环境条件等，这就要求变形观测工作者应具备地质学、工程力学、岩土力学、材料科学和土木工程等方面的相关知识，以便制定合理的变形观测的精度指标和技术指标，合理而科学地处理观测数据和分析观测成果，并对变形体的变形作出科学合理的物理解释。

2. 变形监测的分类

(1)按照变形监测的研究范围，变形监测可分为全球性变形监测、区域性变形监测和工程变形监测。

全球性变形监测是对地球自身动态变化(如自转速率变化、地极移动、海水潮汐、地球板块运动、地壳形变等)的监测。

区域性变形监测是指对一个城市或一个工矿场区等区域性地域进行的监测，如三峡库区周边地表沉降监测等。

工程变形监测是指对某个具体的工程建筑物进行的监测。

(2)按照变形体产生变形的时间和过程来分，可分为静态变形监测和动态变形监测。

静态变形通常是指在某一时间段内产生的变形，是时间的函数，一般通过周期观测得到，如高层建筑物的沉降。

动态变形是指在某个时刻的瞬时变形，是外力的函数，一般通过持续监测得到，如地震、滑坡、塌方等。

(3)按照变形监测相对于变形体的空间位置来分，可分为外部变形监测和内部变形监测。

外部变形监测主要是测量变形体在空间三维几何形态上的变化，普遍使用的是常规测量仪器和摄影测量设备，这种测量手段技术成熟，通用性好，精度高，能提供变形体整体的变形信息，但野外工作量大，不容易实现连续监测。

内部变形监测主要是采用各种专用仪器，对变形体结构内部的应变、应力、温度、渗压、土压力、孔隙压力以及伸缩缝开合等项目进行监测，容易实现连续、自动的监测，以及长距离遥控遥测，精度也高，但只能提供局部的变形信息。

(4)按照变形监测的目的来分，可分为施工变形监测(施工过程中的监测)、监视变形监测(工程竣工投入使用后的监测)和科研变形监测(为了研究变形规律和机理而进行的监测)等。

任务1.2 变形监测的内容与方法

一、任务目标

(1)了解变形监测的主要内容；
(2)熟悉变形监测的常用方法。

二、主要内容

(一)变形监测的主要内容

1. 按照变形性质分类

变形体的平面位置、高程位置、垂直度、弯曲度等发生变形，按照其变形性质一般可以归纳为以下几种：

(1)位移。变形体平面位置随时间发生的改变称为水平位移，简称位移。水平位移监测测定变形体沿水平方向的位移变形值，并提供变形趋势与稳定预报。产生水平位移的原因主要是建筑物及其地基受到了水平力的影响。适时监测建筑物的水平位移，能有效地监控建筑物的安全状况并采取措施。

(2)沉降。变形体在高程方向上的变形，可称之为垂直位移，但常称为沉降或沉陷。建(构)筑物垂直位移监测是测定地基和建(构)筑物本身在垂直方向上的位移。在建筑物施工或使用阶段进行沉降监测，其首要目的是保证建筑物的安全，通过沉降监测发现沉降异常，分析原因并采取必要的防范措施。

(3)倾斜。变形体垂直度的变形。倾斜一般是建筑物的支撑力不均衡造成的，如地基的不均匀沉降等。

(4)挠度。变形体受力时会发生轴线弯曲或面弯曲。

(5)裂缝。变形体自身材料在拉、压应力的作用下产生的缝隙，是变形体各部分变形不均匀引起的，对变形体的安全危害非常大。

(6)日照变形。变形体向阳面与背阳面温差引起的变形。

(7)风振变形。超高层建筑或其他构筑物上部结构在风的作用下产生的位移或偏移。

(8)动态变形。变形体在可变荷载作用下的变形，其特点是具有一定的周期性。

2. 按照监测方式分类

国内有些从事变形监测的学者将变形监测的内容分为以下四类。

1)位移监测

位移监测主要包括垂直位移(沉降)监测、水平位移监测、挠度监测、裂缝监测等，对于不同类型的建筑物或地区，监测项目有一定差异。

2)环境量监测

环境量监测一般包括气温、气压、降水量、风力、风向等的监测。对于水工建筑物，还应监测库水位、库水温度、冰压力、坝前淤积和下游冲刷等；对于桥梁工程，还应监测河水流速、流向、泥沙含量、河水温度、桥址区河床变化等。总之，对于不同的工程，除了一般性的环境量监测外，还要进行一些针对性的监测工作。

3)渗流监测

渗流监测主要包括地下水位监测、渗透压力监测、渗流量监测、扬压力监测等。

4)应力、应变监测

应力、应变监测的主要项目包括混凝土应力、应变监测、锚杆(锚索)应力监测、钢筋应力监测、钢板应力监测、温度监测等。为了使应力、应变监测成果不受环境变化的影响，在测量应力、应变时，应同时测量监测点的温度。应力、应变的监测应与变形监测、渗流监测等项目结合布置，以便监测资料的相互验证和综合分析。

3. 按照几何量和物理量分类

另外还可以按照几何量和物理量进行如下分类。

(1)有关几何量的变形监测的主要内容包括：水平位移监测，垂直位移监测，偏距、倾斜、挠度、弯曲、扭转、震动、裂缝等的监测。水平位移是监测点在平面上的移动，它可分解到某一个特定方向；垂直位移是监测点在铅垂线上的移动；而偏距、倾斜、挠度等监测也可归结为沉降或水平位移监测。

(2)有关物理量的变形监测的主要内容包括：应力、应变、温度、气压、水位、渗流、渗压、扬压力等的监测。

总体来说，变形监测的内容，应根据变形体的性质及其地基情况来确定。对于不同类型的变形体，其监测的内容和方法一般不同。

(二)变形监测的过程

变形监测工作通常有如下几个步骤和过程。

(1)变形监测网的优化设计与观测方案的实施：包括监测网质量标准的确定，监测网点的最佳布设以及观测方案的最佳选择与实施；

(2)观测数据处理：包括观测数据质量评定与平差、观测值之间相关性的估计以及粗差和系统误差检测与剔除；

(3)变形的几何分析：包括变形模型的初步鉴别、变形模型中未知参数的估计、变形模型的统计检验和最佳模型的选择以及变形量的有效估计；

(4)变形的物理解释与变形预报：包括探讨变形的成因，给出变形值与荷载(引起变形的因素)之间的函数关系，并作变形预报。

(三)变形监测的方法

1. 常规大地测量方法

常规大地测量方法通常是指利用常规的大地测量仪器测量方向、角度、边长、高差等技术来测定变形的方法，包括布设成边角网、各种交会法、极坐标法以及几何水准测量法、三角高程测量法等。常规的大地测量仪器有光学经纬仪、光学水准仪、电磁波测距仪、电子经纬仪、电子全站仪、测量机器人等。

常规大地测量方法主要用于变形监测网的布设以及每个周期的观测。

2. GNSS方法

GNSS方法在测量的连续性、实时性、自动化及受外界干扰小等方面表现出了越来越多的优越性。使用GNSS差分技术进行变形测量时，需要将一台接收机安放在变形体以外的稳固地点作为基准站，另外一台或多台GNSS接收机天线安放在变形点上作为流动站。

GNSS方法可以用于测定场地滑坡的三维变形、大坝和桥梁水平位移、地面沉降以及各种工程的动态变形(如风振、日照及其他动荷载作用下的变形)等。

3. 数字近景摄影测量方法

采用数字近景摄影测量方法观测变形时，首先在变形体周围的稳固点上安置高精度数码相机，对变形体进行摄影，然后通过数字摄影测量方法处理获得变形信息。与其他方法相比较，数字近景摄影测量方法具有以下显著特点：

(1)信息量丰富，可以同时获得变形体上大批目标点的变形信息；

(2)摄影影像完整记录了变形体各时期的状态，便于后续处理；

(3)外业工作量小，效率高，劳动强度低；

(4)可用于监测不同形式的变形，如缓慢、快速或动态的变形；

(5)观测时不需要接触被监测物体。

4. 激光扫描方法

地面三维激光扫描方法应用于变形监测具有以下特点：

(1)信息丰富。地面三维激光扫描系统以一定间隔的点对变形体表面进行扫描，形成大量点的三维坐标数据。与单纯依靠少量监测点进行变形监测相比，具有信息全面和丰富的特点。

(2)实现对变形体的非接触测量。地面三维激光扫描系统采集点云的过程中完全不需要接触变形体，仅需要站与站之间拼接时，在变形体周围布置少量的标靶。

(3)便于对变形体进行整体变形研究。地面三维激光扫描系统通过多站的拼接可以获取变形体多角度、全方位、高精度的点云数据，通过去噪、拟合和建模，可以方便地获取变形体的整体变形信息。

5. InSAR 方法

合成孔径雷达干涉(InSAR)测量技术使用微波雷达成像传感器对地面进行主动遥感成像，采用一系列数据处理方法，从雷达影像的相位信号中提取地面的形变信息。

用 InSAR 方法进行地面形变监测的主要优点在于：

(1)覆盖范围大，方便迅速；

(2)成本低，不需要建立监测网；

(3)空间分辨率高，可以获得某一地区连续的地表形变信息；

(4)全天候作业，不受云层及昼夜影响。

6. 专用测量技术手段

除了上述测量手段外，变形测量还包括一些专用手段，如应变测量、液体静力水准测量、准直测量、倾斜测量等。这些专用测量手段的特点主要有：测量过程简单；容易实现自动化监测和连续监测；提供的是局部的变形信息。

1)应变测量

应变测量采用应变计工作原理，分为两类：一类是通过测量两点距离的变化来计算应变；另一类是直接用传感器，实质上是将一个导体(金属条或很窄的箔条)埋设在变形体中，由于变形体中的应变使得导体伸长或缩短，从而改变导体的电阻，通过测量电阻值的变化就可以计算应变。

2)液体静力水准测量

液体静力水准测量是基于液体静压力的原理，用装有连通管的贮液容器，根据其液面等高原理制成的装置进行高差测量的方法。利用连通管原理通过测量各点处容器内液面升降变化值来测定垂直位移的观测方法，可以测出两点或多点间的高差，适用于建筑物基础、混凝土坝基础、廊道和土石坝表面的垂直位移观测。一般将其中一个观测头安置在基准点上，其他各观测头安置在目标点上，通过它们之间的差值就可以得出监测点相对基准点的高差。该方法无须点与点之间的通视，容易克服障碍物的阻挡，另外还可以将液面的高程变化转化成电感输出，有利于实现监测的自动化。

3)准直测量

准直测量就是测量测点偏离基准线的垂直距离的过程，它以观测某一方向上点位相对于基准线的变化为目的，包括水平准直法和铅直法两种。水平准直法为偏离水平基线的微距离测量，该水平基准线一般平行于被监测的物体；铅直法为偏离垂直线的微距离测量，将经过基准点的铅垂线作为垂直基准线。

4)倾斜测量

基础的不均匀沉降将使建筑物倾斜，对于高大建筑物影响更大，严重的不均匀沉降会使建筑物产生裂缝甚至倒塌。倾斜测量的关键是测定建筑物顶部中心相对于底部中心或者各层上层中心相对于下层中心在铅直线上的水平位移量。建筑物倾斜观测的基本原理大多是通过测出建筑物顶部中心相对于底部中心的水平偏差来推算倾斜角，建筑物的倾斜程度常用倾斜度(上下标志中心点间的水平距离与上下标志点高差的比值)来表示。

任务1.3 变形监测的精度与周期

一、任务目标

(1)了解变形监测的精度确定方法；

(2)掌握变形监测项目的监测周期要求。

二、主要内容

变形监测应能确切地反映工程建筑物的实际变形程度，这是确定变形监测精度和周期的基本要求。

(一)变形监测的精度

变形监测的精度要求，主要取决于该项工程变形监测的目的和允许变形值的大小。

如何根据允许变形值来确定观测的精度，国内外还存在着各种不同的看法。国际测量师联合会(FIG)第十三届会议(1971年)工程测量委员会提出：“如果观测的目的是使变形值不超过某一允许的数值而确保建筑物的安全，则其观测的中误差应小于允许变形值的1/10~1/20；如果观测的目的是研究其变形的过程，则其中误差应比这个数值小得多。”也有人认为精度越高越好，尽可能提高观测的精度。观测的精度直接影响观测成果的可靠性，同时也涉及观测方法、仪器设备和投入费用等。因此，有关观测精度的问题，值得我们作进一步研究。

在工业与民用建筑物的变形监测中，监测的主要内容是基础沉陷和建筑物本身的倾斜，其观测精度应根据建筑物的基础允许沉陷值、允许倾斜度、倾斜相对弯矩等来确定，同时也应考虑沉陷速度。例如，某综合勘察院在监测一幢大楼的变形时，根据设计人员提出的允许倾斜度为4‰，求得顶部的允许偏移值为120mm，以其1/20(即±6mm)作为观测中误差。在生产实践中，求得必要的中误差以后，如果能够比较容易地达到精度要求，而且不用花很大代价还能提高精度，也可以将精度指标提高以提高可靠性。例如求得±6mm后，如果条件允许可将精度指标提高，取±2mm作为观测中误差。根据沉陷速度来确定观测精度时，观测对象一般是沉陷延续时间很长而沉陷量又较小的建筑物基础，所以其观测精度就应当较高。

一般来说，从实用的目的出发，对于连续生产的大型车间(钢结构、钢筋混凝土结构的建筑物)，通常要求观测工作能反映出1mm的沉陷量；对于一般的厂房，没有很大的传动设备、连续性不大的车间，要求能反映出2mm的沉陷量。因此，监测点高程的测定误差，应在±1mm以内。而为了达到科学研究的目的，上述情况下则往往要求达±0.1mm的精度。

对于水工建筑物，其结构、形状不同，观测内容和精度也有差异。即使是同一建筑物(如拱坝)，不同部位的观测精度要求也不相同，变形大的部位(拱冠)的观测精度可稍低于变形小的部位(如拱座)。对于混凝土大坝，测定变形值的精度要求一般为±1mm；对于土工建筑物，测定变形值的精度要求应不低于±2mm。

(二)变形监测的周期

变形监测重复观测的时间间隔称为观测周期。确定变形观测周期应该以能反映变形体的变形过程并且不遗漏变化时刻为基本原则。观测周期取决于变形量的大小、变形速度及变形监测的目的和要求。变形监测的初始周期通常在变形监测控制网建立完毕(即基准点、工作基点、监测点都已确定)后立即开始。由于初始周期的数据是以后各期计算的基础，所以应特别重视观测质量，通常需要连续测若干次，取其平均值作为初始观测成果，以提高初始观测值的可靠性。

施工开始后，载荷不断增加，地基土层逐渐压缩沉降，此阶段变形较快，所以施工过程中观测周期应该适当缩短。如以 3 天、5 天、7 天、10 天、15 天等为周期进行观测；或者按照载荷增加(如楼层数增加)的周期进行观测，每增加一定的载荷观测一次。

施工完成后，在竣工初期，变形速度较快，观测周期应短一些；随着沉降逐渐稳定，观测周期可逐步加长，但仍然要定期观测，以便发现异常变化。观测周期逐步加长，如一月、一季度、半年，直到变形速度小于规范规定的稳定限值，则认为建筑物已趋于稳定，不需要继续观测。

任务 1.4　变形监测技术发展趋势

一、任务目标

了解变形监测技术的发展趋势。

二、主要内容

(一)变形监测技术的发展

现代科学技术的飞速发展，促进了变形监测技术手段的更新换代。以测量机器人、地面三维激光扫描为代表的现代地上监测技术，逐渐替代了经纬仪、全站仪等人工观测技术，并实现了监测自动化。以测斜仪、沉降仪、应变计等为代表的地下监测技术，正在逐步实现数字化、自动化、网络化。以 GNSS 技术、合成孔径雷达干涉差分技术和机载激光雷达技术为代表的空间对地观测技术，正逐步得到发展和应用。同时有线网络通信、无线移动通信、卫星通信等多种通信网络技术的发展，为工程变形监测信息的实时远程传输、系统集成提供了可靠的通信保障。现代变形监测正逐步实现多层次、多视角、多技术、自动化的立体监测体系。现代变形监测技术发展趋势有以下几个方面。

(1)多种传感器、数字近景摄影、全自动跟踪全站仪和GNSS的应用，使监测技术向实时、连续、高效率、自动化、动态监测的方向发展。

(2)变形监测的时空采样率将得到很大提高，变形监测自动化为变形分析提供了极为丰富的数据信息。

(3)高度可靠、实用、先进的监测仪器和自动化系统，可在恶劣环境下长期稳定可靠地运行。

(4)远程在线实时监控，将在大坝、桥梁、边坡体等的变形监测中发挥巨大作用。网络监控是提升重大工程安全监控管理水平的必由之路。

(二)几种新型技术在变形监测中的应用

1. 测量机器人监测技术

测量机器人又称为伺服马达自动全站仪(Robotic Total Station，RTS)，具有自动目标识别传感装置和两个驱使照准部转动的马达装置，能够实现自动目标识别、自动照准、自动测角、自动测距、自动跟踪目标、自动记录等，可以实现变形监测的自动化功能。测量机器人的CCD(Charge-coupled Device，电荷耦合器件，简称CCD)识别的是不可见红外光，因此它能够在夜间、雾天甚至雨天进行测量。

2. 三维激光扫描监测技术

三维激光扫描是一种先进的全自动高精度立体扫描技术，激光雷达通过发射红外激光直接测量雷达中心到被监测点的角度和距离信息，获取被监测点的三维坐标。激光雷达属于无协作目标测量技术，能够快速获取高密度的三维数据(俗称点云)。根据承载平台的不同，三维激光扫描又分为机载型、车载型、站载型，其中车载型和站载型属于地面三维激光扫描。

3. 光纤传感器地下监测技术

光纤传感器地下监测技术指利用光在光纤中的反射及干涉原理监测结构体或岩土内部变形的技术。采用光纤传感器可以进行长距离、大范围的分布式面状监测，系统不受电磁干扰，稳定性非常好。光纤传感器本身又是信号的传输线，可以实现远程监测。

4. GNSS监测技术

GNSS监测技术具有全天候作业、监测精度高、通视要求低、直接获取三维坐标、易实现自动化监测等特点，已成为变形监测领域的一项重要技术。目前我国已利用GNSS建立了中国地壳运动观测网络。在工程变形监测方面，GNSS已被广泛应用于露天矿边坡监测、尾矿库监测、大型滑坡体监测、水库大坝监测、城市地面沉陷监测、矿区开采地表沉陷监测、地质灾害预报监测、地震预报监测等领域。

5. 合成孔径雷达干涉监测技术

合成孔径雷达是利用雷达与目标的相对运动把尺寸较小的真实天线孔径用数据处理的方法合成一较大的等效天线孔径的雷达，其特点是分辨率高，能全天候工作，能有效地识别伪装和穿透掩盖物。通过合成孔径雷达干涉测量技术，探测目标物的后向散射系数特征，通过双天线系统或重复轨道法可以由相位和振幅观测值实现干涉雷达测量。利用同一监测地区的两幅干涉图像：其中一幅是通过变形事件前的两幅SAR图像获取的干涉图像，另一幅是通过变形事件后的两幅 SAR 图像获取的干涉图像，将两幅干涉图像进行差分处理，即可获取地表微量形变。合成孔径雷达干涉及其差分技术(D-InSAR)在地震形变、冰川运移、活动构造、地面沉降及滑坡等研究与监测中有广阔的应用前景。

习题及答案

一、单项选择题

1. 以下不属于变形监测特点的是(　　)。

A. 重复性观测　　B. 观测精度高

C. 综合运用多种测量方法　　D. 观测精度要求通常较低

2. (　　)指在某一时间段内产生的变形，是时间的函数，一般通过周期观测得到，如高层建筑物的沉降。

A. 静态变形　　B. 动态变形　　C. 瞬间变形　　D. 以上都不对

3. 按照变形监测点相对于变形体的空间位置来分，可分为外部变形监测和(　　)。

A. 安全变形监测　　B. 内部变形监测

C. 施工变形监测　　D. 科研变形监测

4. 以下不属于环境量监测的是(　　)。

A. 气温　　B. 降水量　　C. 风力　　D. 建筑物沉降

5. 以下不属于常规大地测量方法的是(　　)。

A. 几何水准测量法　　B. 全站仪距离交会法

C. 全站仪极坐标法　　D. InSAR 方法

二、多项选择题

1. 物体自身的变形主要包括(　　)等。

A. 伸缩　　B. 剪切　　C. 裂缝　　D. 弯曲

2. 物体相对于参照物的位置变化主要包括(　　)等。

A. 水平位移　　B. 垂直位移　　C. 倾斜　　D. 旋转

3. 影响工程建筑物变形的外部因素主要包括(　　)等。

A. 建筑物负载及其自重的作用使其地基不稳定

B. 振动或风力等因素引起的附加载荷

C. 地下水位的升降及其对基础的侵蚀作用

D. 地基土的载荷与地下水位变化影响下产生的各种工程地质现象

4. 影响工程建筑物变形的内部因素主要是指建筑物本身的(　　)等。

A. 结构　　B. 负重　　C. 材料　　D. 内部机械设备振动

5. 工程变形监测的目的大致可分为(　　)等三类。

A. 安全监测　　B. 积累资料，检验设计

C. 为科学试验服务　　D. 以上都不对

三、判断题

1. 变形分为两类，即自身的变形和相对于参照物的位置变化。　　(　　)

2. 物体的水平位移和垂直位移属于自身的变形，而不属于相对于参照物的位置变化。　　(　　)

3. 影响工程建筑物变形的因素有外部因素和内部因素两个方面。　　(　　)

4. 与工程建设中的地形测量和施工测量相比，变形测量具有重复观测、观测精度高、数据处理过程严密等特点。　　(　　)

5. 静态变形通常是指在某一时间段内产生的变形，是时间的函数，一般通过周期观测得到，如高层建筑物的沉降。　　(　　)

四、简答题

1. 变形监测技术主要有哪几种分类方法？

2. 变形监测的主要内容有哪些？

3. 变形监测的主要方法有哪些？

4. 名词解释：变形、变形体、变形监测、工程变形监测。

答案

项目 2　变形监测技术

【项目简介】

本项目首先介绍工程变形监测系统概况，然后讲述了变形监测项目技术设计方案的编写格式、内容及主要步骤，变形监测项目技术总结报告的编写格式、内容及方法。重点学习工程变形监测常用仪器设备的使用方法，包括外部观测仪器、内部观测仪器、应力测量仪器。

【教学目标】

1. 了解工程变形监测系统概况，掌握工程变形监测项目设计方案和技术总结报告的格式。
2. 熟悉工程变形监测常用的仪器设备及其使用方法。

项目单元教学目标分解

目标	内　容
知识目标	1. 工程变形监测系统概况； 2. 变形监测项目技术设计方案的编写格式、内容与方法； 3. 变形监测项目技术总结报告的编写格式、内容与方法； 4. 工程变形监测常用的仪器设备。
技能目标	1. 能够编写工程变形监测项目技术设计方案； 2. 能够编写工程变形监测项目技术总结报告； 3. 熟悉工程变形监测常用的各类仪器。
态度及思政目标	通过学习各类工程变形监测仪器的使用方法，培养学生遵守测绘规范、爱护测量仪器设备的职业素质，提升同学们使用、维护、保养精密仪器设备的能力。

任务 2.1　工程变形监测系统概述

一、任务目标

了解工程变形监测系统概况。

二、任务分析

工程监测是工程建造和运维过程中保障工程质量与安全的关键手段。本任务主要讲述完成变形监测工作需要哪些模块，各具备哪些功能。随着全球导航卫星系统(GNSS)、合成孔径雷达干涉(InSAR)、无人机、激光雷达(LiDAR)、5G移动网络、物联网(IoT)等技术的发展，自动化变形监测系统正逐步应用于各类大型工程的安全监测工作中。

三、主要内容

工程变形监测系统通常包括用于监测工作的荷载系统、测量系统、信号处理系统、显示和记录系统、分析系统等几个功能单元。在实际变形监测工作中，变形监测系统一般有人工监测系统和自动化监测系统两大类。

人工监测系统是指通过人工操作仪器进行观测、数据记录和录入，并借助计算机软件完成数据处理、图形绘制和变形分析的过程，通常由观测仪器设备、读数及记录设备、计算机等组成。

某些变形体监测项目利用特定的测量技术和仪器设备来实现全天候无人值守监测。这种具有实时、精确、自动化等特征的系统称为自动化监测系统。通常由测量机器人、传感器、遥测采集器、自动化测读仪表、计算机及软件等组成。

变形监测系统的选用应该具有明确的针对性，监测方案的设计应该完整，所选用的仪器设备应该可靠，所采用的监测方法应该先进，数据处理及成果分析方法应该科学。

任务2.2　变形监测项目技术设计方案和技术总结报告

一、任务目标

(1)学习工程变形监测项目技术设计方案的编写格式及内容；

(2)学习工程变形监测项目技术总结报告的编写格式及内容。

二、任务分析

技术设计方案是变形监测项目全流程中具有指导意义的文件，是项目实施过程的基本依据。技术总结报告是项目完成情况的总结性文件，也是工程项目验收的必要资料。这两个文档的编写是工程变形监测项目承担单位技术负责人的重要工作。

三、主要内容

(一)变形监测项目技术设计方案

1. 变形监测项目技术设计方案的基本格式

封面：

××××(工程名)变形监测技术设计方案

　　单位：××××

　　时间：××××

扉页：

项目名称：××××

监测单位：××××

编　　写：××××

审　　核：××××

批　　准：××××

目录：

2. 编制变形监测项目技术设计方案的步骤

变形监测项目技术设计方案的编制，通常可按如下步骤进行：

(1)明确工程的性质和特点、监测对象及监测目的；

(2)收集编制技术设计方案需要的各种资料；

(3)现场踏勘，了解工程项目及周围环境情况；

(4)确定各类监测项目的监测方法及使用的仪器；
(5)确定各类监测项目所采用的数据处理方法；
(6)会同有关人员确定各类监测项目的变形警戒值；
(7)编制监测方案初稿，提交委托单位审查；
(8)依据修改意见完善并形成最终的监测方案。

(二)变形监测项目技术总结报告

1. 变形监测项目技术总结报告的基本格式

封面：

××××(工程名)变形监测技术总结报告

工程名称：××××
工程地点：××××
委托单位：××××
监测日期：××××
报告编号：××××

扉页：

项目名称：××××
施测单位：××××
监测人员：××××
编　　写：××××
审　　核：××××
批　　准：××××

目录：

1. 工程概况
2. 监测依据和监测内容
  2.1 变形监测的依据
  2.2 变形监测的内容
3. 监测精度和仪器选择
  3.1 监测精度要求
  3.2 监测仪器选择
4. 监测网的布设和监测方法
  4.1 监测网的布设
  4.2 监测方法
5. 监测报警值和监测频率
  5.1 监测报警值
  5.2 监测频率
6. 监测结果和分析
  6.1 变形监测成果表格
  6.2 变形监测过程曲线

6.3 变形监测成果分析

7. 监测结论

7.1 变形体变形情况

7.2 相关的技术措施

8. 附图表

任务 2.3 工程变形监测常用仪器

一、任务目标

了解常用的工程变形监测仪器。

二、任务分析

工程变形监测仪器可分为外部观测仪器、内部观测仪器、应力测量仪器三大类。

(1)外部观测法是以被观测物体的外部表面变形为观测对象的方法，具有观测点布设在被观测物体的表面、测点和仪器具有可接触、可更换、非完全埋入等特点。外部观测仪器分为通用仪器和专用仪器两类。

通用仪器主要包括光学经纬仪、光学水准仪、电磁波测距仪、电子经纬仪、电子水准仪、电子全站仪、GNSS 接收机等。通用仪器主要是常规工程测量类仪器。

专用仪器可分为机械式、光电式及光电结合式仪器，如液体静力水准测量系统、正倒垂线、活动觇牌、引张线、激光准直仪、铅垂仪、测量机器人、GNSS 一机多天线系统、三维激光扫描仪等。专用仪器主要是精密工程测量类仪器，其特点是高精度、自动化、遥测和持续观测。

(2)内部观测法是将仪器埋入变形体内部，监测变形体在施工过程中的各种物理量的变化的方法。内部观测法仍以位移作为最主要的观测对象。内部观测仪器主要包括位移计、收敛计、测缝计、测斜仪、沉降仪、应变计等。

(3)建筑物的应力(压力)观测主要包括混凝土应力观测、土压力观测、孔隙水压力观测、渗透压力观测、钢筋应力观测、岩(土)体应力观测、岩(土)体载荷力观测等。应力测量仪器主要有混凝土应力计、土压力计、孔隙水压力计(渗压计)、钢筋应力计(钢筋计)、测力计等。

三、主要内容

(一)电子水准仪

1. 电子水准仪的工作原理

电子水准仪是利用电子工程学原理，采用条形码标尺和电子影像处理原理，用 CCD 行阵代替人眼，由传感器识别水准标尺上的条形码分划，经信息转换处理获得观测值，并以数字形式显示或存储在仪器内。电子水准仪的机械光学结构如图2.1所示。

电子水准仪与光学水准仪的主要不同是在望远镜中装了一个由光敏二极管构成的行阵探测器，采用数字图像识别处理系统，并配有条形码水准尺。水准尺的分划用条纹代替厘米间隔分划。行阵探测器将水准尺的条码图像用电信号传送给信息处理机，处理之后即可求得水平视线的水准尺读数和视距值。条形码电子水准尺如图2.2所示。

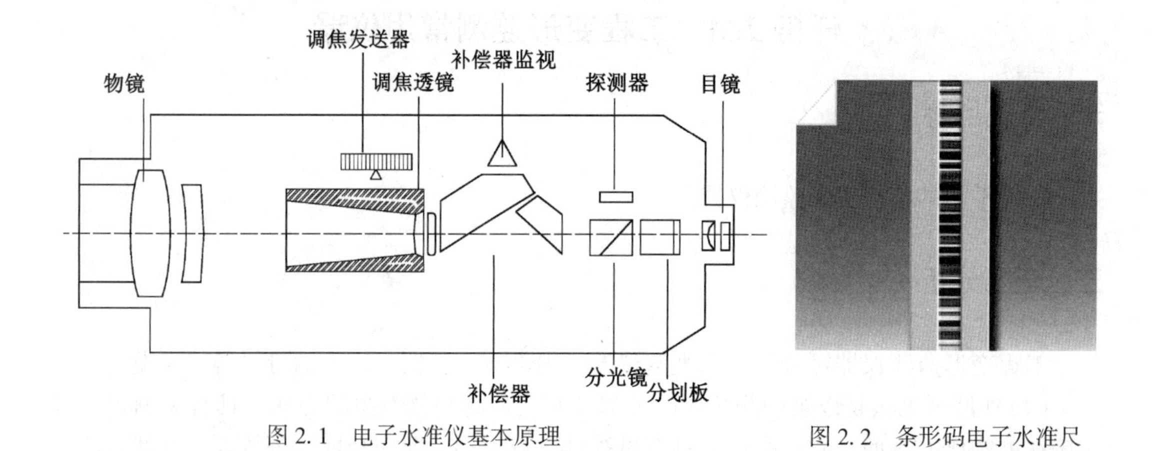

图2.1 电子水准仪基本原理

图2.2 条形码电子水准尺

当前电子水准仪采用了原理上相差较大的三种自动电子读数方法，即相关法(如徕卡NA 3002/3003)、几何法(如蔡司DiNi 10/20)、相位法(如拓普康DL 101C/102C)。

2. 电子水准仪的基本结构

电子水准仪的主要部件包括机械部分和电子部分，下面以天宝(Trimble)DiNi 03为例说明其基本结构，如图2.3所示。

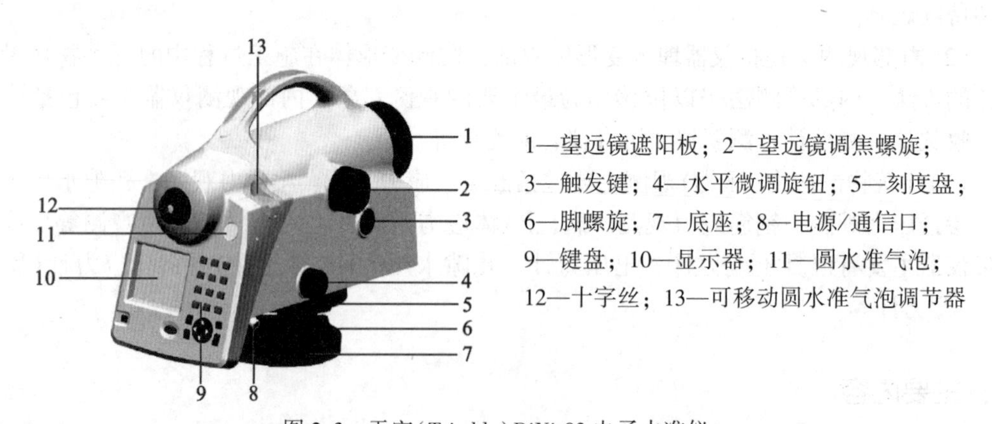

1—望远镜遮阳板；2—望远镜调焦螺旋；3—触发键；4—水平微调旋钮；5—刻度盘；6—脚螺旋；7—底座；8—电源/通信口；9—键盘；10—显示器；11—圆水准气泡；12—十字丝；13—可移动圆水准气泡调节器

图2.3 天宝(Trimble)DiNi 03电子水准仪

3. 精密电子水准仪的参数设置

在使用精密电子水准仪作业之前，通常要进行如下设置：路线名、起点点名、起点高程、终点点名、终点高程、往返测设置、测量等级设置、读数次数、观测顺序、高程显示位数、距离显示位数、视距长上限值、视距长下限值、视线高上限值、视线高下限值、前后视距差限值、视距差累计值限值、两次读数差限值、两次所测高差之差限值等。

4. 电子水准仪的优点

(1)速度快。水准仪自动探测读数、记录和检核，不用观测员人工读数，作业速度快慢取决于仪器整置速度和跑尺人员的速度。

(2)精度高。利用图像处理技术自动判别读数，免除了观测员人工夹准分划和读数误差的影响。对图形影像多个分划取平均值，有利于消除标尺分划误差。

(3)外业观测中，可在仪器中设置各项参数，仪器自动检查每测站的各项限差，超限时自动提示，方便观测，同时仪器自动记录数据，减轻了作业人员的劳动强度。

(4)易于实现内外业一体化。电子水准仪将数据直接记录在内存中，能自动检核，并按规定格式输出，便于在计算机上处理，提高了效率，避免了人工记录、计算出现的差错。

5. 电子水准仪的误差来源及使用注意事项

(1)补偿器误差。仪器经过长期使用后，补偿装置内应力会发生变化，补偿性能就会减弱，所以要定期检测，超限时及时调校。还应注意补偿器的稳定时间，置平后过几秒再测量。

(2)视准轴误差。视准轴误差即为水准管轴和视准轴的夹角在竖直面内的投影，也称 i 角，它对高差的影响与前后视距差成正比，测量过程中应保证前后视距差在限差范围内。

(3)亮度对测量的影响。电子水准仪的 CCD 图像传感器只能在有限的亮度范围内将图像转换为仪器能够识别的电信号，所以在使用过程中应随时调节尺身方位以确保合适的亮度。

(4)调焦对测量的影响。电子水准仪依据用于测量的所有间隔码元计算多次测量的平均值，因此调焦对测量精度的影响较小。但如果读数时焦距未调清晰，易造成测量失败。

(5)标尺竖立垂直度对测量的影响。仪器在自动测量过程中标尺倾斜会给读数带来误差，精密因瓦条码标尺上都安置了圆水准器，观测时应用尺撑使标尺直立。

(6)磁致误差影响。水准路线通过大功率的发电厂、变电枢纽或测线沿高压输电线、电气化铁路时会受到磁致误差的影响，必须检测其磁致误差影响幅度。

(7)仪器的晾置和预热。由于仪器参数(如 i 角)受环境温度影响易发生变化，作业前仪器应充分晾置或预热，使仪器与外界气温趋于一致，避免影响仪器在初始阶段的精度。

(8)振动对测量的影响。交通、机械、风等产生的振动影响补偿器，会使视准线不稳。在周围环境恶劣时，如有明显的机械振动、载重运输车通过、风力过大等，应暂停测量。

(二)测量机器人

1. 测量机器人技术

测量机器人又称高精度伺服马达自动全站仪，是具有马达伺服驱动和机内程序控制的 TPS 系统，结合激光技术、通信技术及 CCD 技术，可以实现测量的全自动化；是集自动目标识别、自动照准、自动测角、自动测距、自动跟踪目标、自动记录于一体的测量系统。测量机器人可对多个目标进行持续和重复观测，可以实现变形监测的全自动化。

2. 测量机器人技术的基本原理

测量机器人的组成包括坐标系统、操纵器、换能器、计算机和控制器、闭路控制传感器、决定制作、目标捕获、集成传感器等八大部分。坐标系统为球面坐标系统，望远镜能绕仪器的纵轴和横轴旋转，在水平面360°、竖直面180°范围内寻找目标；操纵器的作用是控制机器人的转动；换能器可将电能转化为机械能以驱动步进马达运动；计算机和控制器的功能是从设计开始到终止操纵系统、存储观测数据并与其他系统接口，控制方式多采用连续路径或点到点的伺服控制系统；闭路控制传感器将反馈信号传送给操纵器和控制器，以进行跟踪测量或精密定位；决定制作主要用于发现目标，如采用模拟人识别图像的方法或采用对目标局部特征分析的方法进行影像匹配；目标捕获用于精确照准目标，常采用开窗法、阈值法、区域分割法、回光信号最强法以及方形螺旋式扫描法等；集成传感器包括距离、角度、温度、气压等传感器，用以获取各种观测值。由影像传感器构成的视频成像系统通过影像生成、影像获取和影像处理，在计算机和控制器的操纵下实现自动跟踪和精确照准目标，从而获取物体的长度、宽度、方位、二维和三维坐标等信息，进而得到物体的形态及其随时间的变化。

3. 测量机器人技术的应用领域

测量机器人已被广泛地应用在水库大坝、滑坡体、露天矿等工程的变形监测中，其自动观测的优势非常适合工程场地条件复杂、人工观测不易达到的特殊情况。如图2.4所示为徕卡TS60测量机器人，图2.5所示为索佳SRX1测量机器人。

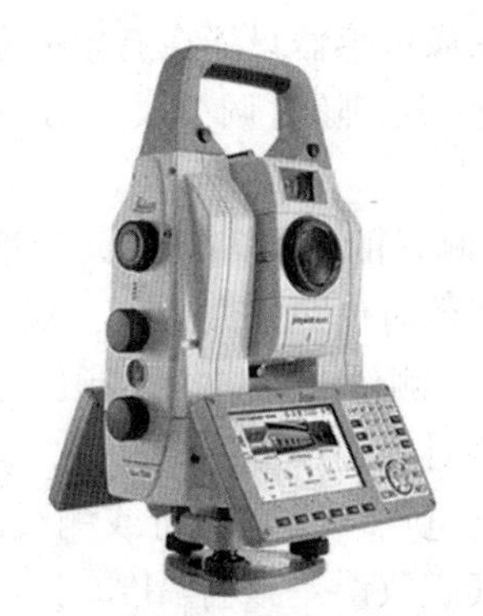

图2.4　徕卡TS60测量机器人

图2.5　索佳SRX1测量机器人

(三)三维激光扫描仪

1. 三维激光扫描技术

三维激光扫描技术是继GNSS技术以来测绘领域的又一次技术革命，是一种先进的全自动高精度立体扫描技术，又称为“实景复制技术”，它使测绘数据的获取方法、服务能力与水平、数据处理方法等进入新的发展阶段。传统的大地测量方法，如三角测量方法、GNSS测量都是基于点的测量，而三维激光扫描是基于面的数据采集方式。三维激光扫描获得的原始数据为点云数据，点云数据是大量离散点的集合。三维激光扫描的主要特点是实时性、主动性、适应性好。三维激光扫描技术无须与被测物体直接接触，可以在很多复杂环境下应用，还可以和GNSS等集成起来实现更强、更多的应用。三维激光扫描可以对空间信息进行可视化表达，即进行三维建模，通常有两类方法：基于图像的方法和基于几何的方法。基于图像的方法是通过照片或图片来建立模型，其数据来源是数码相机。而基于几何的方法是利用三维激光扫描仪获取深度数据来建立三维模型，这种方法含有被测场景比较精确的几何信息。

2. 三维激光扫描仪工作原理

三维激光扫描仪的主要构造是一台高速精确的激光测距仪，配上一组可以引导激光并以均匀角速度扫描的反射棱镜。激光测距仪主动发射激光，然后接收自然物表面反射的信号从而进行测距，可测得测站至每一个扫描点的斜距，再结合扫描的水平和垂直方向角，就可以得到每一个扫描点与测站的空间相对坐标。如果测站的空间坐标是已知的，则可求得每一个扫描点的三维坐标。以 Riegl LMS-Z420i 三维激光扫描仪为例，该扫描仪以反射镜在垂直方向扫描，水平方向则以伺服马达转动仪器来完成水平 360°扫描，最终获取三维点云数据。

地面型三维激光扫描系统的工作原理是其发射器发出一个激光脉冲信号，经物体表面漫反射后，沿几乎相同的路径反向传回到接收器，可以计算出目标点 P 与扫描仪的距离 S，控制编码器同步测量每个激光脉冲横向扫描角度观测值 α 和纵向扫描角度观测值 β，系统经过计算即可获得 P 的坐标，如图 2.6 所示。三维激光扫描测量一般为仪器自定义坐标系。X 轴在横向扫描面内，Y 轴在横向扫描面内与 X 轴垂直，Z 轴与横向扫描面垂直。

如图 2.7 所示为地面激光扫描仪测量的基本原理。该系统由地面三维激光扫描仪、数码相机、后处理软件、电源以及附属设备构成，它采用非接触式高速激光测量方式，获取地形或者复杂物体的几何图形数据和影像数据，然后由后处理软件对采集的点云数据和影像数据进行处理，将其转换成绝对坐标系中的空间位置坐标或模型，以多种不同格式输出，满足空间信息数据库的数据源和不同应用的需要。

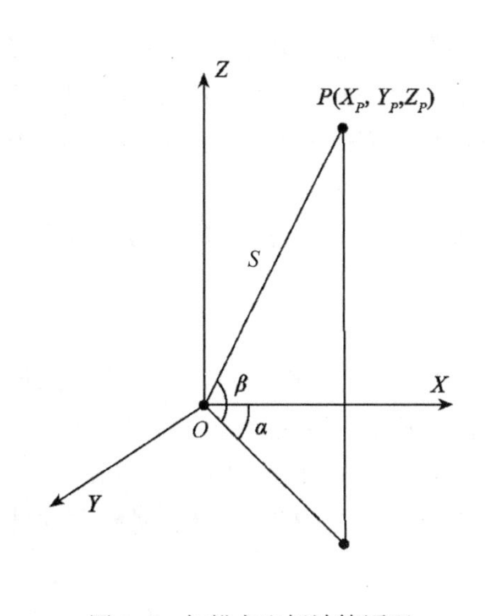

图 2.6　扫描点坐标计算原理

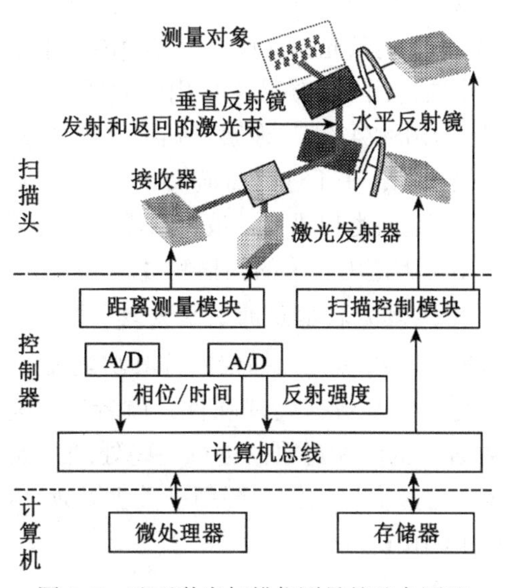

图 2.7　地面激光扫描仪测量的基本原理

如图 2.8 所示为三维激光扫描仪实物图，图 2.9 所示为三维激光扫描仪应用于大型滑坡体监测。

图2.8 三维激光扫描仪

图2.9 三维激光扫描仪应用于滑坡体监测

3. 三维激光扫描仪的分类

三维激光扫描仪作为现今时效性最强的三维数据获取工具有不同的分类方法。按照搭载平台的不同可以分为：机载(或星载)激光扫描系统、地面激光扫描系统、便携式激光扫描系统。

按照三维激光扫描仪的有效扫描距离可分为：

(1)短距离激光扫描仪：其最长扫描距离不超过3m，一般最佳扫描距离为0.6~1.2m，这类扫描仪通常用于小型模具的量测，不仅扫描速度快且精度较高，可以多达30万个点，精度至±0.018mm。例如：美能达公司出品的VIVID 910高精度三维激光扫描仪，手持式三维数据扫描仪FastScan等，都属于这类扫描仪。

(2)中距离激光扫描仪：最长扫描距离小于30m的三维激光扫描仪属于中距离三维激光扫描仪，大多用于大型模具或室内空间的测量。

(3)长距离激光扫描仪：扫描距离大于30m的三维激光扫描仪属于长距离三维激光扫描仪，主要应用于建筑物、矿山、大坝、大型土木工程等的测量。例如：奥地利Riegl公司出品的LMS Z420i三维激光扫描仪和加拿大Cyra技术有限责任公司出品的Cyrax 2500激光扫描仪等，属于这类扫描仪。

(4)航空激光扫描仪：最长扫描距离通常大于1km，并且需要配备精确的导航定位系统，可用于大范围地形的扫描测量。

4. 三维激光扫描仪的数据处理

目前，三维激光扫描仪发挥其功能需要通过两种类型的软件：一类是扫描仪的控制软件；另一类是数据处理软件。前者通常是扫描仪随机附带的操作软件，既可以用于获取数据，也可以对数据进行一些处理，如Riegl扫描仪附带的软件RiSCAN Pro；而后者多由第三方厂商提供，主要用于数据处理。Optech三维激光扫描仪所用数据处理软件为PolyWorks 10.0。

(四)GPS一机多天线技术

1. GPS一机多天线技术的意义

GPS因其观测精度高、全天候观测、通视要求低、实时性、自动化程度高等优点而被广泛应用在变形监测领域，如水库大坝、滑坡体等的变形监测。然而，如果布设的监测点很多，仅用几台 GPS 接收机组网观测，工作量会非常大。目前 GPS 接收机价格比较昂贵，在每个点上安置接收机会使监测成本非常高，所以 GPS 一机多天线技术就是针对这一问题而设计的。

GPS 一机多天线技术，就是使用 GPS 多天线控制器，仅用一部 GPS 接收机互不干扰地接收多个 GPS 天线传输来的信号，实现一个天线代替一台高精度 GPS 接收机，使监测系统的成本大幅度下降。GPS 一机多天线技术为 GPS 技术在全自动变形监测系统中的应用创造了极为有利的条件。

2. GPS 一机多天线技术的基本原理

GPS 一机多天线技术的基本原理如图 2.10 所示，它将计算机实时控制技术与无线电通信技术结合，仅用一台 GPS 接收机在同一时间段互不干扰地接收多个信号。其技术难点是 GPS 一机多天线控制器的研发，需要解决的关键问题是如何确保多天线控制器微波开关中各通道的高隔离度和最大限度地降低 GPS 信号衰减。

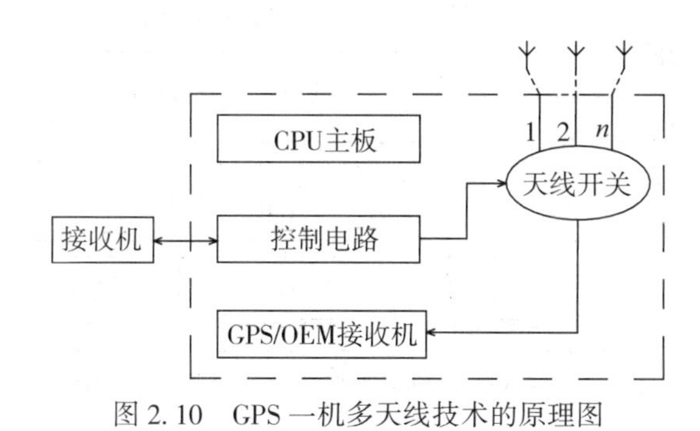

图 2.10　GPS 一机多天线技术的原理图

3. GPS 一机多天线控制器组成

GPS 一机多天线控制器包括硬件和软件两个部分。硬件部分通常由 8 个 GPS 天线和具有 8 个通道的微波开关、相应的微波开关控制电路和微处理器组成。软件控制微波开关信号通道的断通状态和控制器的工作状态。

4. 数据传输方式

(1)采用 GPRS/CDMA 无线公网。这是在 GSM 系统上发展起来的一种新的承载业务，提供分组形式的数据业务，具有实时在线、按量计费、快捷登录、高速传输、不受距离限制等优点。

(2)采用光纤通信。这种传输方式具有损耗低、重量轻、不受电磁干扰等优点，但需要购置光纤通信设备，成本较高。

(3)采用电话线传输。利用电话线只需购置相关的 Modem 即可实现数据传输。这种方式的优点是方便、可靠，并且成本低。

(4)用组网方式进行数据通信。

5. 基于 GPS 一机多天线技术的变形监测系统

基于 GPS 一机多天线技术的变形监测系统如图 2.11 所示，它主要包括下面几个部分：数据处理中心、数据传输、GPS一机多天线控制器、天线阵列、基准站、野外供电系统。其中数据处理中心包括微机总控、数据处理、数据分析、数据管理四大部分。

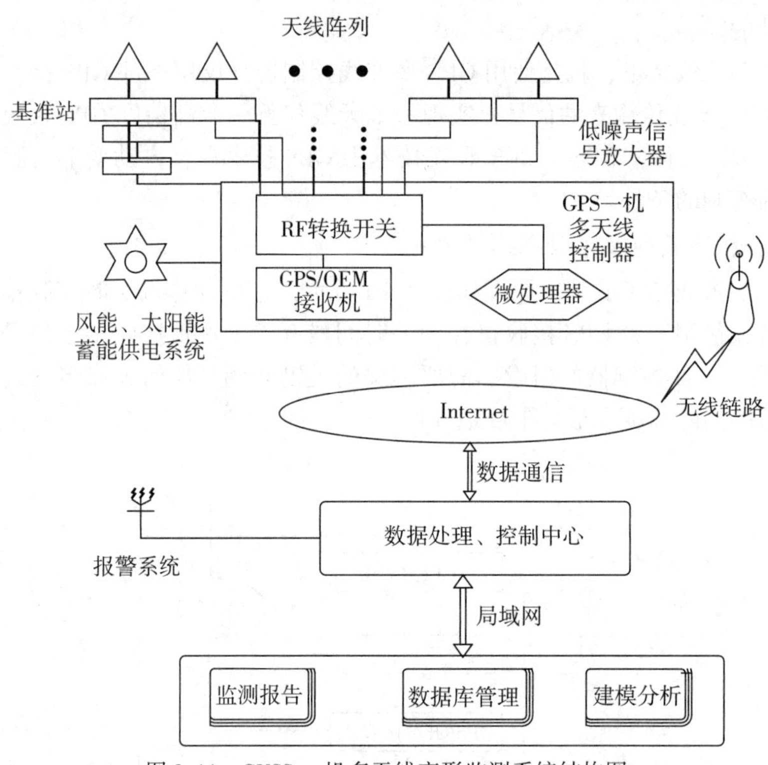

图 2.11　GNSS一机多天线变形监测系统结构图

(五)液体静力水准仪

1. 液体静力水准仪的工作原理

如图2.12所示，液体静力水准仪是利用相互连通的且静力平衡的液面进行高程传递的。传感器容器采用通液管连接，每个传感器内设有一个自由的浮筒，当液位发生变化时，浮筒与浮筒上的标志杆也会随之改变，CCD传感器检测标志杆的位置并进行量化及输出，通过转换获得液位的变化量。

欲求两液体静力水准仪底面所处位置A、B间的高差 h，可依据传感器测量出的各自液面的高度值 a 和 b，得出高差 $h=a-b$。

2. 液体静力水准仪的基本构造

液体静力水准仪种类较多，但总体上由三部分组成，即液体容器及其外壳、液面高度量测设备和连通容器的连通管。如图2.13所示为电感式液体静力水准仪的基本构造。

如图2.14所示为BGK4675型液体静力水准仪。系统由一系列含有液位传感器的容器组成，容器间由充液管相互连通。参照点容器安装在一个稳定的位置，其他测点容器位于同参照点容器大致相同标高的不同位置，任何一个测点容器与参照容器间的高程变化都将引起相应容器内的液位变化，从而获取测点相对于参照点高程的变化。

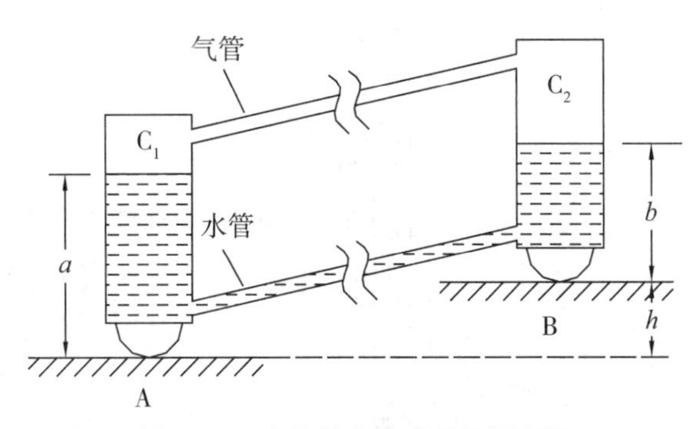

图 2.12　液体静力水准测量原理图

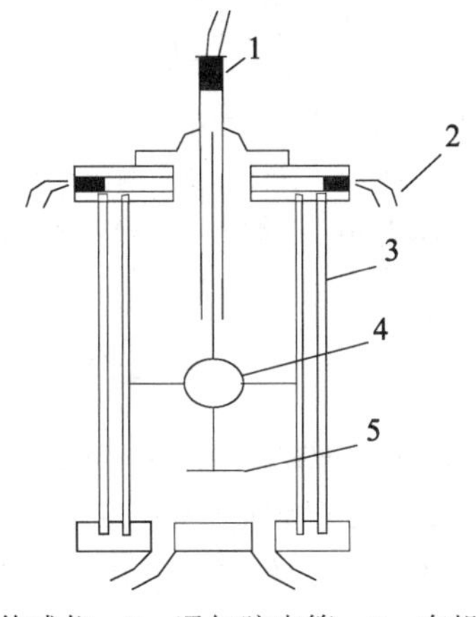

1—电感传感仪；2—通气胶皮管；3—有机玻璃容器；
4—装有传感器的浮子；5—稳定装置

图 2.13　电感式液体静力水准仪

图 2.14　BGK4675 型液体静力水准仪外观图

3. 液体静力水准仪的读数方法

根据不同的仪器结构，液面高度测定方法有目视法、接触法、传感器测量法和光电机械法等，前两种方法精度较低，后两种方法精度较高且利于自动化测量。

(1) 目视接触法(目视法和接触法)。利用转动的测微圆环带动水中的触针上下运动，根据光学折射原理，在观测窗口中可以观测到触针尖端的实像和虚像，当两像尖端接触时，在测微圆环上可读出触针接触水面时的高度，图 2.15 为目视法读数静力水准仪，图 2.16 为接触法读数静力水准仪。

(2) 电子传感器法。通过电子(电感式、光电式或电容式)传感器不仅可以提高静力水准仪的读数精度，而且可以实现测量的自动化，如图 2.13 所示。

4. 液体静力水准仪的误差来源

液体静力水准仪的测量误差主要来自温度差影响、气压差影响、液面到标志高度测量误差、液体蒸发影响、液体中进入污物影响、仪器倾斜误差影响、仪器结构变化影响等；同时，与几何水准测量一样，液体静力水准仪也存在零点差，交换两台液体静力水准仪的位置可以消除其影响；另外连通管中液体不能残存气泡，否则测量结果将有粗差。

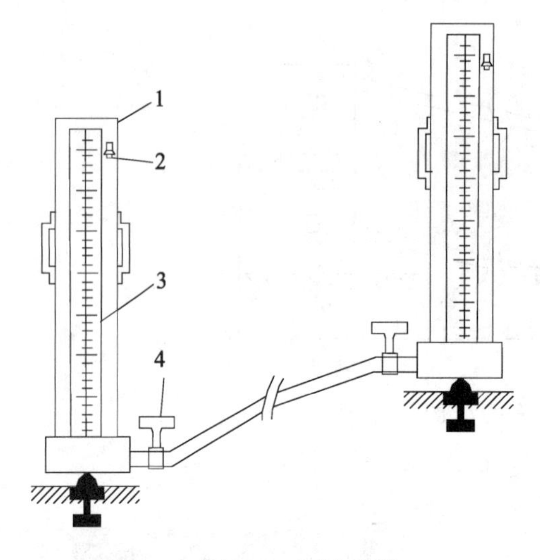

1—木夹板；2—圆水准器；
3—玻璃管；4—水龙头
图 2.15 目视法读数静力水准仪

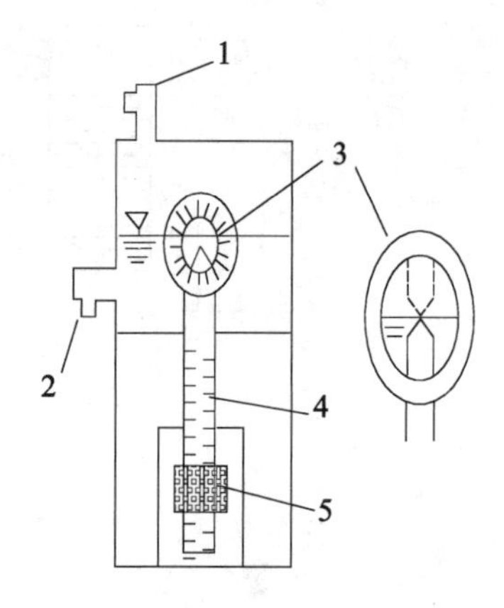

1—气嘴；2—水嘴；3—对称玻璃窗；
4—水位指针；5—测微圆环
图 2.16 接触法读数静力水准仪

(六)测斜仪

测斜类仪器通常包括测斜仪和倾斜仪两类。测斜仪是用于钻孔中测斜管内的仪器。倾斜仪是设置在基岩或建筑物表面用来测定某一点转动或某一点相对于另一点垂直位移量的仪器。测斜仪包括伺服加速度计式、电阻应变片式、电位器式、钢弦式、电感式等。倾斜仪包括梁式倾斜仪、倾角计等。

1. 伺服加速度计式测斜仪

伺服加速度计式测斜仪是建筑物及其基础侧向位移监测中应用较多的测斜仪，精度较高、稳定性较好。其装置包括测斜仪测头、测斜管和接收仪表。测斜仪探头由感应部件(伺服加速度计)、外壳、导向轮和电缆几部分组成，如图 2.17 所示。其工作原理是基于伺服加速度计测量重力矢量 g 在传感器轴线垂直面上的分量大小，当加速度计感应轴与水平面存在一个夹角 θ 时，即可换算出加速度计输出电压 U_C，从而求出倾斜角 θ。

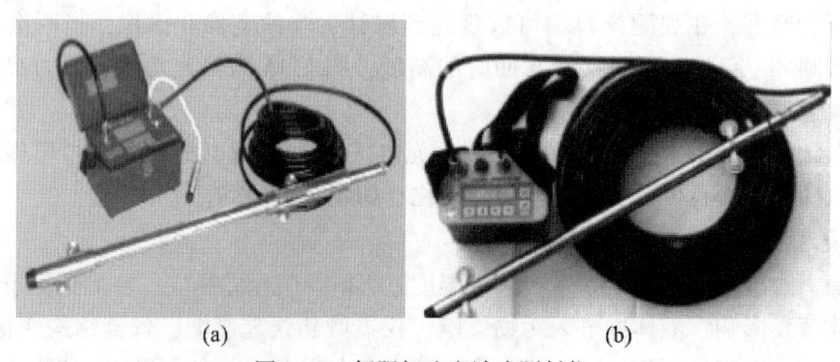

(a) (b)

图 2.17 伺服加速度计式测斜仪

2. 电阻应变片式测斜仪

电阻应变片式测斜仪在外形上和伺服加速度计式测斜仪基本相同，大小也差不多。不同的是其内置的感应部件是一个弹性摆。弹性摆由应变梁和重锤组成，在梁的两侧贴有组成全桥的一组电阻应变片，当测斜仪弹性摆的梁平面与铅垂线成一夹角 θ 时，应变梁产生弯曲，一组电阻片受拉，另一组电阻片受压，用电阻应变仪测出应变值，即可换算得到相对水平位移量，从而求出倾斜角 θ。

3. 振弦式固定测斜仪

固定测斜仪主要用在常规性测斜仪难于或无法测读的监测项目中，把测斜仪固定在测斜管内的某个固定位置，用遥测的方法来测定该位置倾角的连续变化。若要测得某个钻孔内各个高度处的倾斜情况，则需在测斜管中固定安置若干个传感器进行观测。其主要部件包括固定式传感器、连接电缆、遥测集线箱、测斜管和读数仪表，如图 2.18 所示。测斜管主要是用聚氯乙烯、塑料和铝合金等材料加工而成，管内有互成 90°的四个导向槽，如图 2.19 所示。

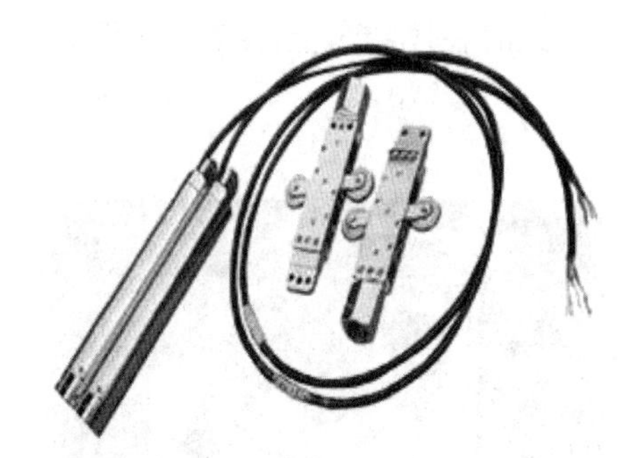

图 2.18　振弦式固定测斜仪

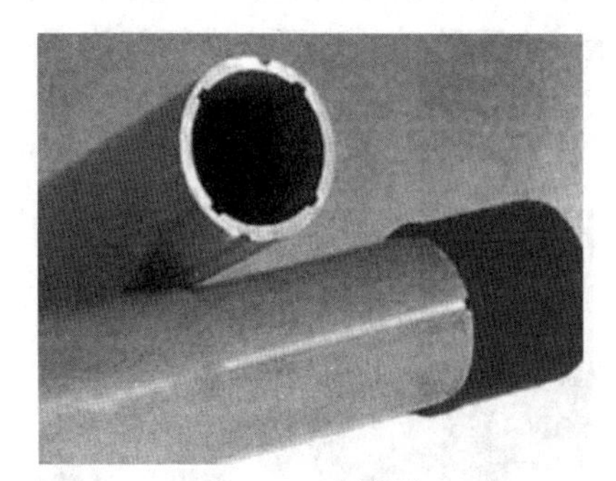

图 2.19　测斜管

(七)倾斜仪

倾斜仪一般能连续读取、记录和传输数据，精度较高，在倾斜监测领域应用较为广泛。常见的倾斜仪有梁式倾斜仪、水管式倾斜仪、气泡式倾斜仪、水平摆式倾斜仪及电子倾斜仪，可用来监测建筑物的位移及转动。水平型的倾斜仪用来进行变形体的沉降和隆起监测，垂直型的倾斜仪用来进行变形体的位移和收敛监测。

1. 梁式倾斜仪

梁式倾斜仪可监测建筑物的位移和转动。主要用来监测建筑物受隧道等地下工程的影响、隧道本身的收敛和位移、滑坡区稳定性、桥梁稳定性等。梁式倾斜仪是在坚固金属梁上安装电解液测斜传感器，将 1~3m 长的梁锚固在建筑物上，然后将传感器调零并固定位置，产生倾斜时便可测量出倾斜角。如图 2.20 所示。

2. 水管式倾斜仪

水管式倾斜仪是利用连通软管中的液体表面水平的原理，根据两端液面的高低变化，得出两点间的高差变化，进而计算倾斜角的仪器，如图 2.21 所示。水管式倾斜仪利用光导装置实现自动记录。工作时使光导装置向液面方向移动，并由位移传感器开始发生计数

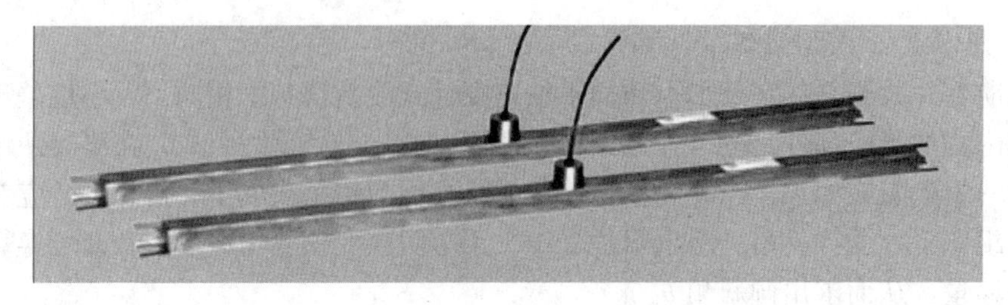

图 2.20　梁式倾斜仪

脉冲，当光导装置接触液面时，光线就从原来的全反射变为部分透射，使液面下的接收器受光，从而停止脉冲计数。

3. 气泡式倾斜仪

气泡式倾斜仪由一个高灵敏度的气泡水准管和一套精密的测微器组成，如图 2.22 所示。气泡水准管固定在支架上，可绕旋转端点转动，下装一弹簧片，底板下为置放装置，测微器中包括测微杆、读数盘和指标。将倾斜仪安置在需要的位置上，转动读数盘，使测微杆向上或向下移动，直至水准管气泡居中为止。此时在读数盘上读数，即可得出该处的倾斜度。

图 2.21　水管式倾斜仪

图 2.22　气泡式倾斜仪

(八) 位移计

位移计是用于监测变形体相对位移的传感器，主要用于测量水工结构物或其他混凝土结构物的内部变形，也可用于监测土坝、土堤、边坡等结构物的位移、沉陷、应变及滑移。

位移计主要包括钢丝式位移计、钢弦式位移计、差动电阻式位移计、滑线电阻式位移计、多点位移计、单双点锚固式变位计、滑动测微计等类型。

1. 钢丝式位移计

钢丝式位移计由受张拉的因瓦合金钢丝构成的机械式水平位移测量装置，主要由锚固板、因瓦合金钢丝、分线盘、保护管、伸缩节、配重、固定标点台和游标卡尺(或位移传感器)等组成。适用于土石坝、边坡工程等的水平位移观测。选型前提是具备适合的安装空间。特点是测量范围大、结构简单、耐久性好，观测数据直观可靠。

若锚固点在水平方向上发生位移，则通过一端固定在锚固板上的铟钢丝(或钢缆)传递给位移传感器，从而得到测点处的水平位移。在同一高程同一断面处布置多个相同的测点，即可得到多个点的水平位移。单组测点数为 4 个，需要多点监测时只需要增加铟钢丝或增加组数即可。如图 2.23 所示。其实物图如图 2.24 所示。

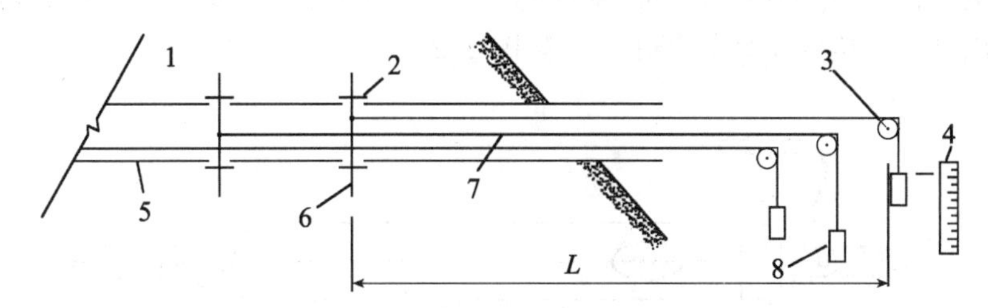

1—坝体；2—伸缩管接头；3—导向轮；4—游标卡尺；
5—保护钢管；6—锚固板；7—钢丝；8—恒重砝码

图 2.23　钢丝式位移计工作原理

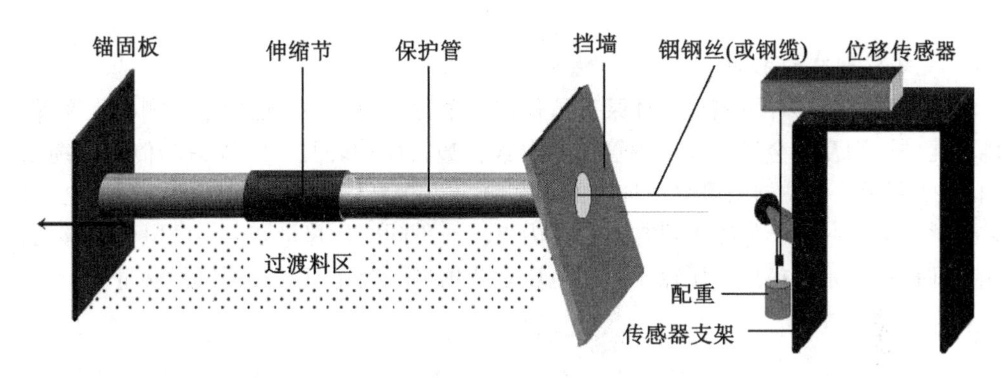

图 2.24　钢丝式水平位移计

2. 钢弦式位移计

钢弦式位移计由位移传动杆、传动弹簧、钢弦、电磁线圈、钢弦支架、防水套管、导向环、内外保护套筒、两端连接拉杆和万向节等部件组成，如图 2.25 所示。钢弦式位移计采用振弦式传感器，工作于谐振状态，适用温度范围宽，抗干扰能力强，能适应于恶劣环境，广泛应用于地基基础、土坝及其他土工建筑物的位移监测中。当位移计两端拉伸或压缩时，传动弹簧使传感器钢弦处于拉紧或松弛状态，此时钢弦频率产生变化，受拉时频率增高，受压时频率降低，测出位移后的频率即可算出位移量。

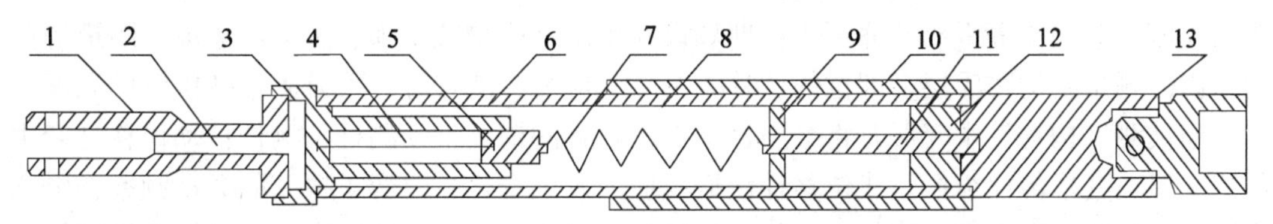

1—拉杆接头；2—电缆孔；3—钢弦支架；4—电磁线圈；5—钢弦；6—防水波纹管；7—传动弹簧；
8—内保护筒；9—导向环；10—外保护筒；11—位移传动杆；12—密封圈；13—万向节(或铰)

图 2.25　钢弦式位移计

3. 差动电阻式位移计

差动电阻式位移计由测杆、护管、滑动式电阻器、信号传输电缆等组成，具有智能式电阻位移计功能。当被测结构物发生变形时，带动位移计测杆产生位移，通过转换机构传递给滑动式电阻器，滑动式电阻器将位移物理量转变为电信号量，经电缆传输至读数装置，即可测出被测结构物位移的变化量。如图 2. 26 所示。

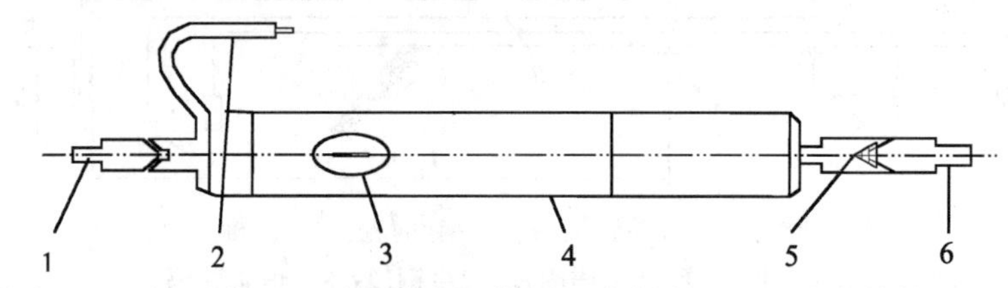

1—螺栓连接头；2—引出电缆；3—变形感应元件；4—密封壳；5—万向铰接件；6—柱销连接头

图 2. 26　差动电阻式位移计

4. 滑线电阻式位移计

滑线电阻式位移计可测量土体某部位任何一个方向的位移，适用于监测填土变形。它由传感元件、因瓦合金连接杆、钢管保护内管、塑料保护外壳、锚固盘和传输电缆组成，如图 2. 27 所示。电位器内可自由伸缩的因瓦合金连接杆固定在位移计的一端，电位器固定在位移计的另一端，伸缩管可在电位器内滑动，不同的位移量产生不同电位器移动臂的分压，即把位移量转换成电压输出，用电压表测出电压变化值，换算出位移量。

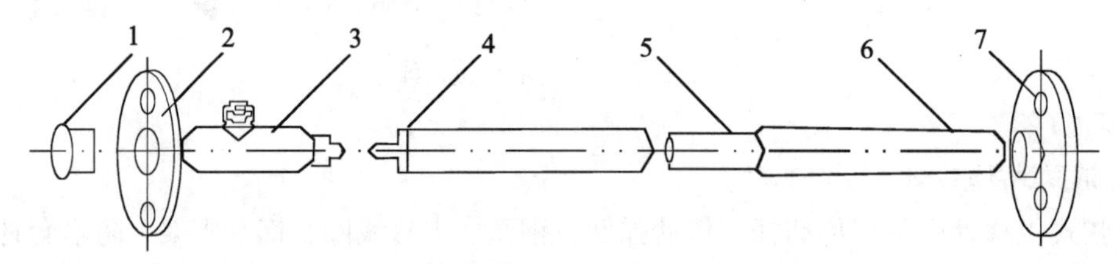

1—左端盖；2—左法兰；3—传感元件；4—连接杆；5—内护管；6—外护管；7—右法兰

图 2. 27　滑线电阻式位移计

5. 多点位移计

多点位移计是将 3~6 支测缝计组合在一起，按不同深度梯度埋设，用于测量同一测孔中不同深度裂缝的开合度。多点位移计由位移计组、位移传递杆及其保护管、减摩环、安装支座、锚固头等组成。适用于长期埋设在水工结构物或土坝、土堤、边坡、隧道等结构物内，测量结构物深层多部位的位移、沉降、应变、滑移等，可兼测钻孔位置的温度。

当被测结构物发生变形时将会通过多点位移计的锚头带动测杆，测杆拉动位移计产生位移变形，变形传递给振弦式位移计使振弦应力发生变化，改变了振弦的振动频率，电磁线圈激振振弦并测量其振动频率，频率信号经电缆传输至读数装置，即可计算出被测结构物的变形量。实物如图 2. 28 所示。

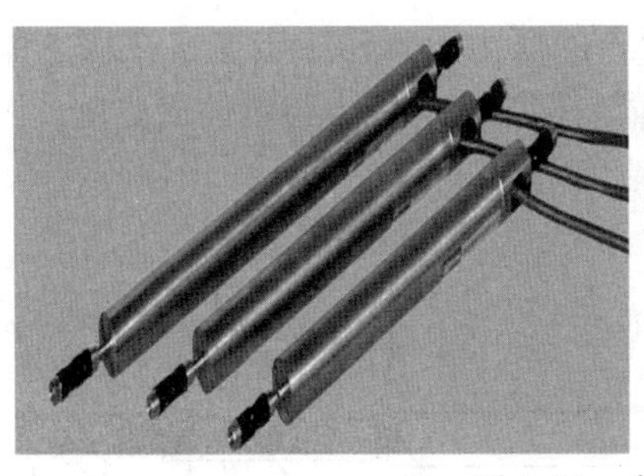
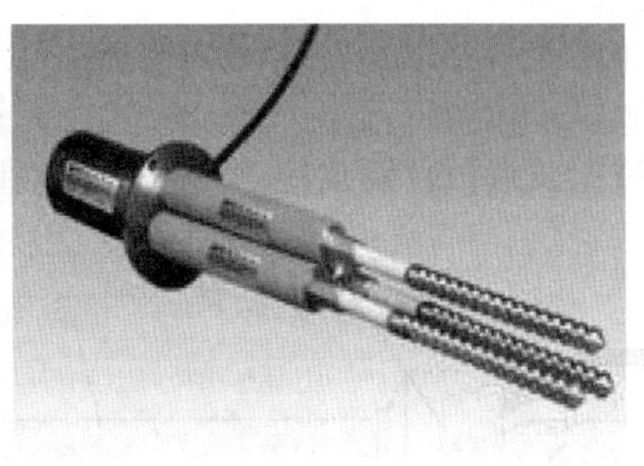

图 2.28　多点位移计

(九)测缝计

测缝计适用于长期埋设在混凝土建筑物内或表面，测量结构物伸缩缝或周边缝的开合度(变形)以及裂缝两侧块体间相对移动的观测仪器。根据其工作原理可分为差动电阻式测缝计、振弦式测缝计、埋入式测缝计、钢弦式测缝计、电位器式测缝计、金属标点结构测缝计等。

1. 差动电阻式测缝计

差动电阻式测缝计用于埋设在混凝土内部，遥测建筑物结构伸缩缝的开合度，如测量两坝段间接缝的相对位移等。经适当改装，也可监测大体积混凝土表面裂缝的发展及基岩变形。

差动电阻式测缝计由上接座、钢管、波纹管、接线座和接座套筒等组成仪器外壳。电阻感应组件由两根方铁杆、弹簧、高频瓷绝缘子和弹性电阻钢丝组成，如图 2.29 所示。

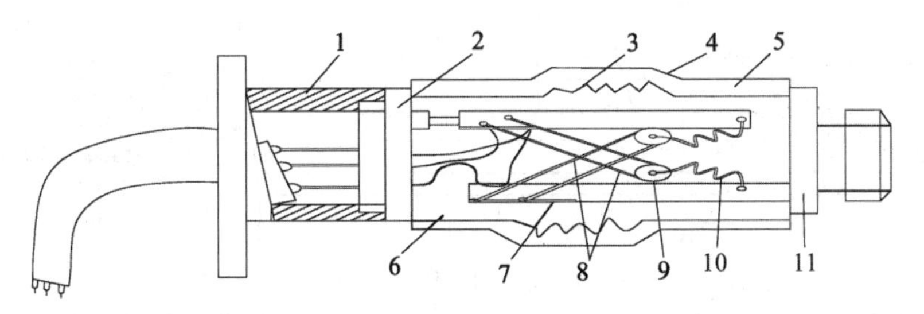

1—接座套筒；2—接线座；3—波纹管；4—塑料管；5—钢管；6—中性油；7—方铁杆；8—弹性电阻钢丝；9—上接座；10—弹簧；11—高频瓷绝缘子

图 2.29　差动电阻式测缝计

当测缝计产生外部变形时，由于外部波纹管及传感部件中的弹簧承担了大部分变形，小部分变形引起钢丝电阻的变化。两组钢丝的电阻在变形时的变化是差动的，电阻的变化与变形成正比。由测出的电阻比即可算出测缝计承受的变形量。

2. 振弦式测缝计

振弦式测缝计用于测量接缝的开合度，如建筑、桥梁、管道、大坝等混凝土的施工缝；土体内的张拉缝与砌体和混凝土内的接缝。仪器包括一个振弦式感应元件，该元件与一个经热处理、消除应力的弹簧相连，弹簧两端分别与钢弦、连接杆相连，如图 2.30 所示。仪器完全密封并可在高达250psi(1.7MPa)的压力下工作。当连接杆从主体拉出，弹簧被拉长导致张力增大并由振弦感应元件测量。钢弦上的张力与拉伸成比例，因此接缝的开合度通过振弦读数仪测出应力变化而精确地确定。

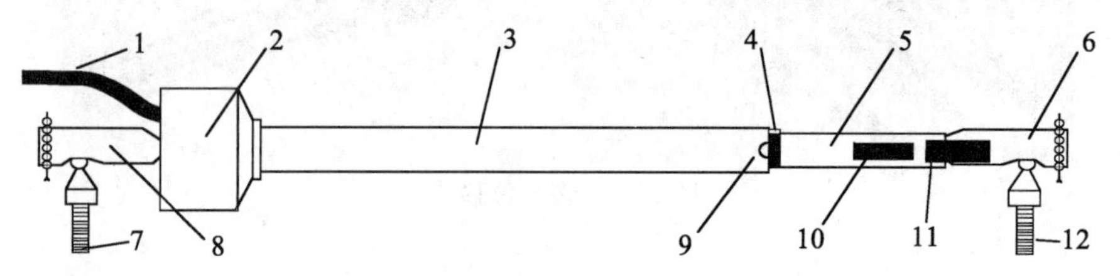

1—仪器电缆；2—线圈及温度计；3—套管(保护管)；4—尼龙扎带；5—传递杆；6—球形万向节；7—固定螺栓；8—球形万向节；9—定位槽；10—定位销；11—螺纹适配器；12—安装螺栓

图2.30　振弦式测缝计

3. 埋入式测缝计

埋入式测缝计主要用于测量砼块之间的升降或断面的接缝开度或边界位移。该仪器由一个经过一系列热处理的振弦感应元件构成，一端连接弦的应力释放弹簧，另一端是连接杆，如图2.31所示。由于传递杆从传感器筒体拉出，弹簧拉伸导致应力增加，并由振弦元件感应。弹簧的应力与弦张力成正比，因而裂缝的开度用弦式读数仪通过测量应变的变化可以很精确地确定。该单元是完全密封的并且可以在250psi(1.75MPa)压力下正常工作。同时，在振弦传感器内装有热敏电阻，用以测量测缝计安装部位的温度。另外，在传感器筒内有一个三极等离子体浪涌脉冲放电器，用以保护雷电冲击电荷对传感器的破坏。

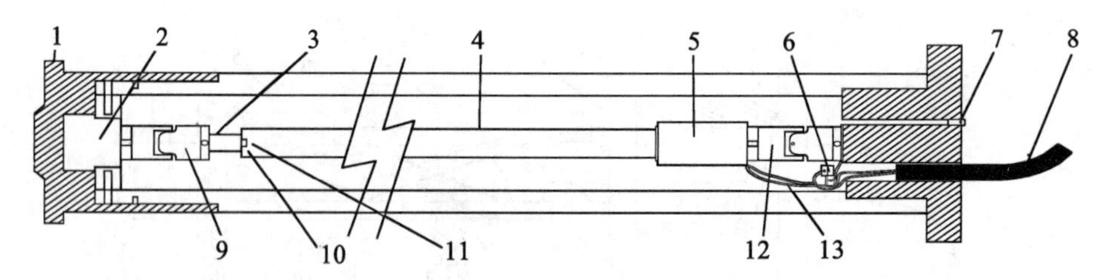

1—套筒底座；2—仪器连接器；3—传递杆；4—传感器外壳；5—线圈组件；6—雷击保护器；7—通气螺丝；8—仪器电缆；9—万向节；10—定位销；11—定位槽；12—万向节；13—导线

图2.31　埋入式测缝计

(十)沉降仪

沉降仪是埋设安装在建筑物及其基础内、外表面用来测其沉降的仪器。主要应用在土坝、土石坝、边坡、开挖和回填等岩土工程的沉降监测中。主要包括横梁管式沉降仪、电磁式沉降仪、水管式沉降仪、钢弦式沉降仪等几种。

1. 横梁管式沉降仪

横梁管式沉降仪主要用于土石坝坝体内部的沉降监测，通常在坝体内逐层埋设。它是由管座、带横梁的细管、中间套管三部分组成。利用细管在套管中的相对运动测定土体垂直位移。当土体发生隆起或沉陷时，埋设在土中的横梁翼板也随之移动，并带动细管在套管中上下移动。测定细管上口与管顶距离变化即可求出各测点的沉降量。每次观测时，用水准仪测出管口高程，再换算出相应各测点的高程。

2. 电磁式沉降仪

电磁式沉降仪主要用于监测土石坝、路堤、基坑等工程施工中土体分层沉降量。它是由测头、三脚架、钢卷尺和沉降管组成的。埋入土体的沉降管根据设计需要每隔一定距离设置一磁环，当土体发生沉降时该磁环也同步沉降，利用电磁探头测出沉降后的磁环位置并与初始值相减，即可求出相应测点的沉降量。观测时将三脚架安置于测孔上方，测头悬挂于钢卷尺端部。将测头缓慢放入管中，跟进电缆并接通电源。测头下降至磁环中间时，仪器立即发出声音并找准其确切位置，让钢卷尺与脚架中的基准尺对齐，即可读出该沉降环所处深度。每次观测时，用水准仪测出孔口高程，结合磁环深度，即可换算出该点的高程。

3. 水管式沉降仪

水管式沉降仪可直接测读各点沉降量，适合于土石坝等结构物内部沉降监测。它是由沉降测头、管路和量测板等组成的。采用连通器原理监测测头的沉降，即用水管将坝体内的测头连通水管的水杯与坝体外量测板上的测量管相连接，使两端处于同一气压中，当水杯充满水后，观测房中的玻璃管中液面高程即为坝内水杯杯口高程。水杯杯口高程变化即为该测点的相对垂直位移量。每次读数前，用水准仪测出量测板上各标点的高程，读出各测点玻璃管上的水位，即可得到各测点沉降量。

4. 钢弦式沉降仪

钢弦式沉降仪主要用于测量填土、堤坝、公路等的沉降。它是由钢弦式探头、充满液体的管路、液体容器、测读装置组成的。传感器作为沉降测头放入测管中，通过充满液体的管路与液体容器相连，由传感器测得探头内液体压力，就可得到探头与容器内水位的高差。容器和测读装置固定于水准基点上的卷筒上，探头的移动体现了测管高程的变化，与起始高程比较，就可得出测管的沉降量。

(十一)应变计

应力应变观测的目的在于了解建筑物及基岩内部应力的实际分布，找到最大拉应力、压应力和剪应力的位置、大小和方向。常用的应变计主要包括埋入式应变计、无应力式应变计和表面应变计。从工作原理上分，应变计有差动电阻式、钢弦式、差动电感式、差动电容式、电阻应变片式等。下面简要介绍几种常用的应变计。

1. 差动电阻式应变计

差动电阻式应变计主要用来埋设在混凝土中观测其应变，也可用来测量浆砌石或基岩内的应变。它是由电阻传感器部件、外壳和电缆组成的。当仪器轴向变形时电阻比产生变化，从而计算应变量。

2. 钢弦式应变计

钢弦式应变计主要用来测量建筑物基础、桩体、桥梁、坝体、隧道衬砌等混凝土的应变值。它是由端头、应变管、钢弦、电磁线圈和导线组成的。当混凝土产生应变时，端头带动应变管产生变形，使钢弦应力发生变化，用频率测定仪测量钢弦变形后的频率值，即可求得混凝土应变值。

3. 无应力应变计

无应力应变计主要用来测量混凝土由于温度、湿度及水化作用产生的自由体积变形。它具有锥形双层套筒，这使埋设在内筒中的混凝土内的应变计不受筒外大体积混凝土荷载变形影响，而筒口和大体积混凝土连成一体，使筒内外保持相同湿度和温度。这样筒内混凝土产生的变形只是由温度、湿度和自身原因引起的，而非应力作用的结果。

4. 表面应变计

表面应变计主要用于测量混凝土、钢筋混凝土及钢结构的桥梁、墩台、桩体、隧道及坝体表面的应变。其传感器有钢弦式和电阻应变片式等，通常使用后者直接粘贴在结构物表面设计规定位置，经防水防潮处理后进行量测。

(十二)应力计、压力计、测力计

1. 钢筋应力计

钢筋应力计又称钢筋计，是用于埋设在混凝土结构物内，测量结构物内部的钢筋应力的仪器。常用的有差动电阻式和钢弦式两种。如图 2.32 所示为钢筋应力计。如图 2.33 所示为安装在基坑支护结构上的钢筋计。

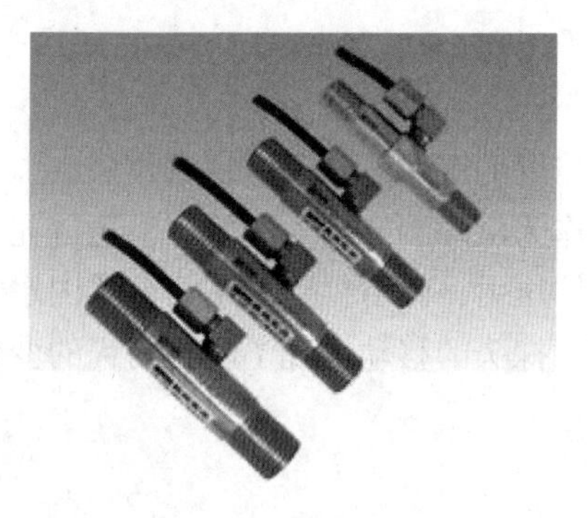

图 2.32 钢筋应力计

图 2.33 安装在基坑支护结构上的钢筋计

2. 孔隙水压力计

孔隙水压力计也常称为渗压计，是指用于测量构筑物内部孔隙水压力或渗透压力的传感器，按仪器类型可以分为差动电阻式孔隙水压力计、钢弦式孔隙水压力计及电阻应变片式孔隙水压力计等，如图 2.34 和图 2.35 所示。孔隙水压力计可用来测量孔隙水或其他流体的压力。所测得的数据可评估地下水流的情况并用于设计和监测，可用于以下项目：水工建造物、基础与挡土墙、大坝与堤防、边坡与开挖工程、隧洞与地下工程、废料堆积场等。

3. 混凝土应力计

混凝土应力计是埋设在混凝土结构物内部，直接测量混凝土内部压应力，同时兼测埋设点的温度的仪器，一般由感应板组件和差动电阻式传感器组成。传压液体将受压面板上受到的混凝土压应力传递到感应背板上，感应背板组件将位移转换成钢丝电阻值差动变化，用测读仪表测出电阻比变化量和电阻值，就可计算出混凝土的压应力和温度。如图 2.36 所示。

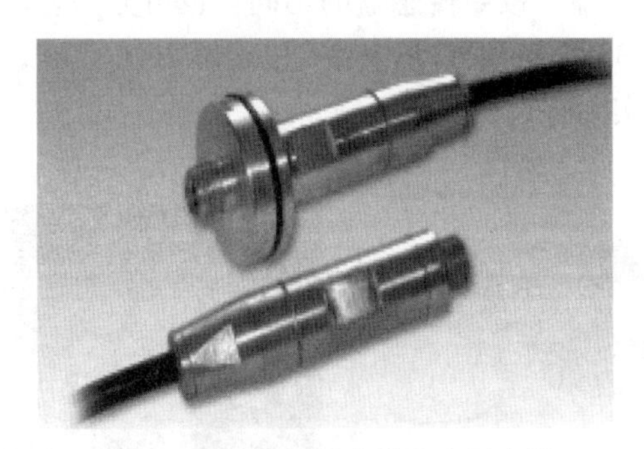

图 2.34　差动电阻式孔隙水压力计

图 2.35　钢弦式孔隙水压力计

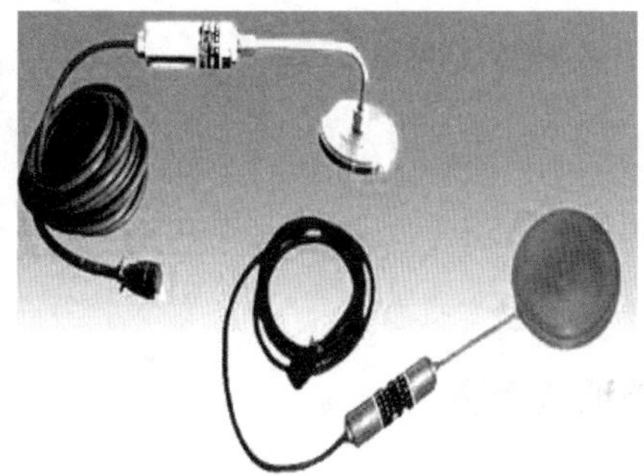

图 2.36　混凝土应力计

4. 土压力计

土压力计是用来测量土石坝、大堤、桥墩、隧道、地铁、高层建筑基础等结构外部土体压应力的仪器。按其埋设方法分为埋入式和边界式；按结构形式分为立式、分离式和卧式。如图 2.37 所示(a)、(b)、(c)分别为立式、分离式和卧式土压力计。

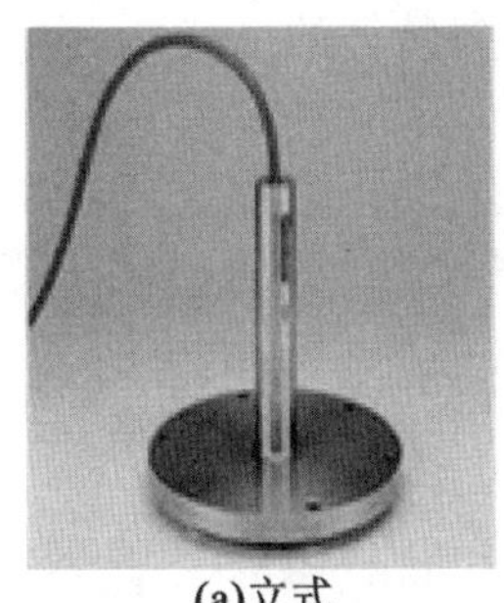

(a)立式

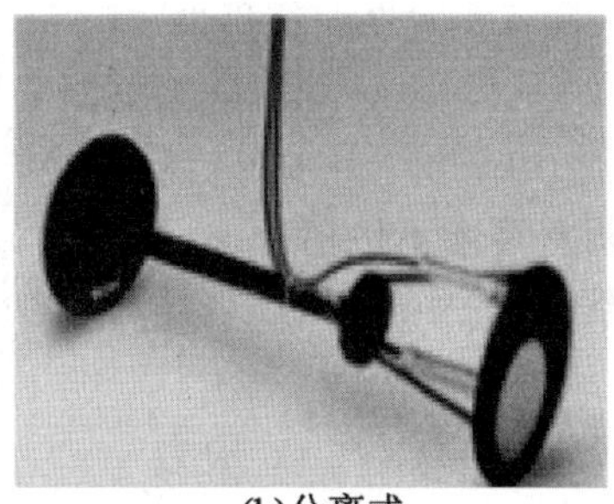

(b)分离式

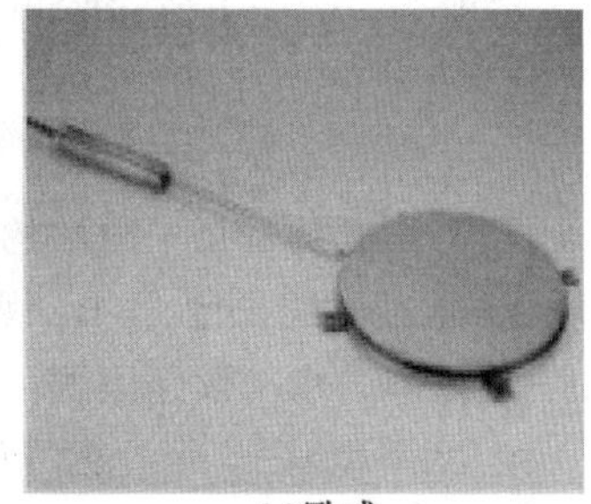

(c)卧式

图 2.37　土压力计

5. 测力计

测力计是用于观测岩土工程的载荷或集中力的仪器，如观测承载桩和支撑桩的载荷，测量锚杆(索)预应力锚固效果和预应力载荷变化时采用锚杆(索)测力计。目前常用的有轮辐式测力计、环式测力计和液压式测力计三种，按照传感器的不同，也可分为差动电阻式、钢弦式和电阻应变片式等几种。如图 2.38 所示为差动电阻式锚索轴力计。如图 2.39 所示为钢弦式锚索轴力计(图(a))及其现场实际布设图(图(b))。

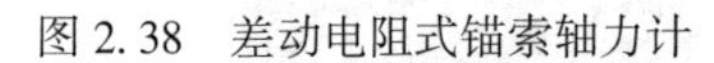

图 2.38　差动电阻式锚索轴力计

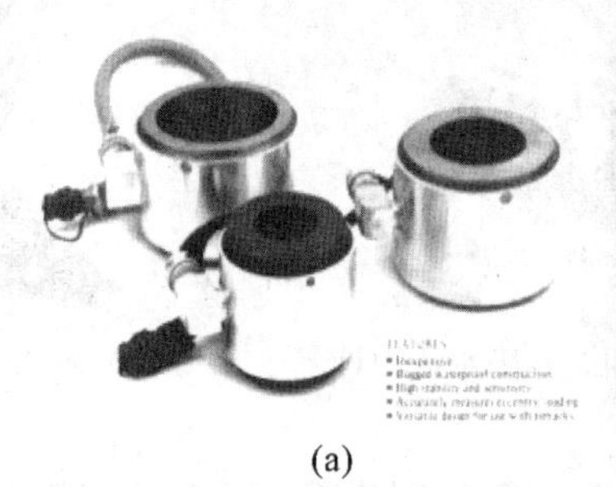

(a)

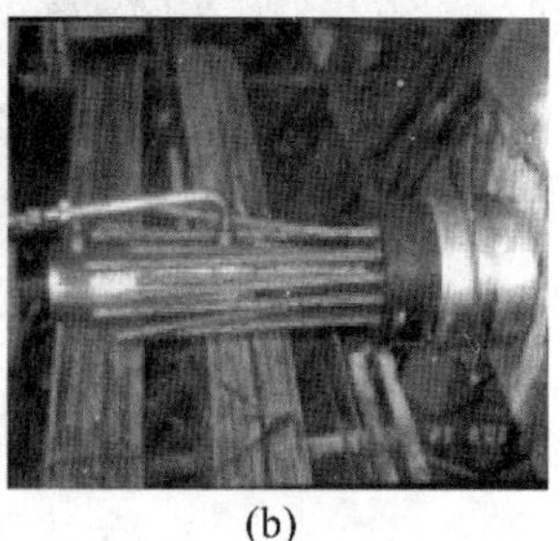

(b)

图 2.39　钢弦式锚索轴力计

习题及答案

一、单项选择题

1. 内部观测法是将仪器(　　)，监测变形体在施工过程中的各种物理量的变化的方法。

A. 放置于变形体表面　　B. 粘贴于变形体表面

C. 埋入变形体内部　　D. 离开变形体表面

2. InSAR 技术是指(　　)

A. 卫星导航定位　　B. 合成孔径雷达干涉

C. 物联网　　D. 大数据

3. 自动化监测系统是指利用一些特定的测量技术和仪器设备来完成某些变形体监测项目，实现全天候无人值守监测，具有实时性、精确性、(　　)等特征的系统。

A. 自动化　　B. 人工观测

C. 人工读数和记录　　D. 人工计算

4. 精密水准测量每一测站的限差要求不包括(　　)。

A. 水准路线长度　　B. 视线长度　　C. 视线高　　D. 视距差

5. 液体静力水准仪是监测(　　)的仪器。

A. 水平位移　　B. 沉降　　C. 应力　　D. 温度

二、多项选择题

1. 以下属于变形监测技术设计内容的有(　　)。

A. 监测目的和依据　　B. 监测项目和要求
C. 监测方法和精度　　D. 监测频率及预警

2. 工程变形监测仪器常分为(　　)三大类。

A. 外部观测仪器　　B. 内部观测仪器　　C. 应力测量仪器　　D. 重力测量仪器

3. 外部观测法的特点是观测点布设在被观测物体的表面，测点和仪器(　　)。

A. 可接触　　B. 可更换　　C. 非完全埋入　　D. 完全埋入

4. 以下属于应力监测的有(　　)。

A. 混凝土应力监测　　B. 土压力监测
C. 孔隙水压力监测　　D. 钢筋应力监测

5. 测量机器人在完成学习测量后可完成以下哪些工作(　　)。

A. 自动识别目标　　B. 自动瞄准目标　　C. 自动跟踪目标　　D. 自动测角测距

三、判断题

1. 内部观测法是将仪器埋入变形体内部，监测变形体在施工过程中的各种物理量变化的方法。(　　)

2. 视准轴误差即为水准管轴和视准轴的夹角在竖直面内的投影，也称 i 角。(　　)

3. 视准轴误差对高差的影响与前后视距差成反比，即视距差越大，影响越小。(　　)

4. 液体静力水准测量的主要原理是利用相互连通的且静力平衡时的液面进行高程传递的测量方法。(　　)

5. 位移计是用于监测变形体相对位移的传感器，主要用于测量水工结构物或其他混凝土结构物的内部变形，也可用于监测土坝、土堤、边坡等结构物的位移、沉陷、应变及滑移。(　　)

四、简答题

1. 变形监测系统设计的基本原则是什么？
2. 外部监测常用的仪器有哪些？
3. 内部监测常用的仪器有哪些？
4. 应力监测常用的仪器有哪些？

答案

项目3 沉降监测技术

【项目简介】

本项目首先介绍沉降监测的基本原理及要求、沉降监测控制网布设方法及要求、沉降监测点的规格及埋设要求等基础知识；然后重点学习使用精密水准测量方法进行沉降监测的基本方法及要求，分别介绍了以光学精密水准仪、电子精密水准仪进行沉降监测的方法；同时简单介绍了以液体静力水准测量及精密三角高程测量进行沉降监测的方法；最后学习沉降监测成果整理、沉降监测数据处理计算及分析、沉降监测预警判断等。

【教学目标】

1. 了解沉降监测技术的基础知识，掌握沉降监测控制网(点)的建立方法。
2. 重点掌握常见的沉降监测方法，掌握沉降监测成果资料的数据处理方法。

项目单元教学目标分解

目标	内　容
知识目标	1. 沉降监测的基本原理和方法；沉降监测点标志的规格及埋设要求； 2. 沉降监测常用仪器设备的使用方法、检验方法、保养维护方法； 3. 沉降监测的外业观测方法，二等精密水准测量的具体技术要求； 4. 沉降监测内业数据处理方法，沉降监测报告的编写内容及方法。
技能目标	1. 能够按照规范要求布设沉降监测基准点、工作基点和监测点，观测并获取准确可靠的初值；能够对精密水准仪的主要参数(如视准轴误差)进行检验； 2. 能够熟练规范地完成二等精密水准的外业观测、记录及计算；能够定期对沉降监测基准点进行观测并分析其稳定可靠情况； 3. 能够完成沉降监测项目各期观测数据资料的整理及计算，制作并提交沉降监测日报表；能够根据各期观测数据判断监测对象沉降变化情况； 4. 能够根据项目的最终各期观测数据进行整理归档、处理计算、汇总分析，绘制沉降监测曲线、编写沉降监测报告。
态度及思政目标	1. 通过二等精密水准项目培养学生“精益求精、敬业笃行、严守规范、质量至上”的测绘工匠精神，锤炼学生对待专业工作一丝不苟的耐心和意志品质，使其明白作为一个工程人应该深刻理解“差之毫厘，谬以千里”的意义； 2. 通过使用精密电子水准仪和水准尺等设备，培养学生精心使用并善于保养维护精密仪器设备的专业素养，培养其严格遵守测绘规范的职业精神。

任务 3.1　沉降监测技术概述

一、任务目标

(1)了解沉降监测工作对工程建设的意义，明确沉降监测工作的基本原理；

(2)理解沉降监测工作中的基本要求，并且能在实际工作中严格按照要求实施。

二、任务分析

沉降监测也称垂直位移监测，是工程建设中一项常见的工作，主要是为了监控建筑物在竖直方向上的沉降变形情况，一方面监测建筑物的安全稳定状况，另一方面通过沉降监测数据分析并反演建筑设计的合理性，从而优化设计。高大、巨型、重型建(构)筑物，如彩电塔、摩天大楼、混凝土重力坝等均要进行沉降监测。

沉降监测的一般工作内容是测定工程建筑物上事先设置的观测点(即变形监测点)相对于高程基准点的高差变化量(即沉降量)、沉降差及沉降速度，根据需要计算基础倾斜、局部倾斜、构件倾斜及相对弯曲，并绘制沉降量随时间及载荷变化的曲线以及建筑物等沉降值分布曲线等。建筑物沉降监测应该在基坑开挖之前进行，贯穿于整个施工过程，并可能延续到建成后若干年，直到沉降现象基本停止为止。

三、主要内容

(一)沉降监测的意义

建筑物沉降是指建筑物及其地基在其载荷作用下产生的竖向移动(也称为垂直位移)。

随着工业与民用建筑业的发展，各种复杂而大型的建筑物日益增多，建筑物的兴建，改变了地面原有的状态，对地基施加了一定的压力，这就必然会引起地基及周围地层的变形。为了保证建(构)筑物的正常使用寿命和建(构)筑物的安全，并为以后的勘察设计施工积累资料，建(构)筑物沉降观测就非常必要且重要了。现行规范也规定，高层建筑物、高耸构筑物、重要古建筑物及连续生产设施基础、动力设备基础、滑坡监测等均要进行沉降观测。特别在高层建筑物施工过程中，应加强过程监控，及时反馈信息，指导施工，预防在施工过程中的不均匀沉降，为勘察设计施工部门提供详尽的一手资料，避免因沉降原因造成产生影响结构使用功能的裂缝或建筑物主体结构的破坏，造成巨大的经济损失。

(二)沉降监测的基本原理

定期测定沉降监测点相对于基准点的高差，求得监测点各周期的高程，不同周期相同监测点的高程之差，即为该点的沉降值，也即沉降量。通过沉降量还可以求出沉降差、沉降速度、基础倾斜、局部倾斜、相对弯曲及构件倾斜等相关数据。

假设某建筑物上有一沉降监测点1，在初始周期、第$(i-1)$周期、第i周期与基准点A的高差分别为$h^{[1]}$、$h^{[i-1]}$、$h^{[i]}$，则可求出监测点1相应周期的高程：

$$H_1^{[1]} = H_A + h^{[1]}，H_1^{[i-1]} = H_A + h^{[i-1]}，H_1^{[i]} = H_A + h^{[i]} \tag{3.1}$$

而监测点1第i周期相对于第$(i-1)$周期的沉降量为

$$S^{i,\ i-1} = H_1^{[i]} - H_1^{[i-1]} \tag{3.2}$$

监测点1第i周期相对于初始周期的累计沉降量为

$$S^i = H_1^{[i]} - H_1^{[1]} \tag{3.3}$$

S的符号为负号时表示下沉，为正号时表示上升。

若已知该点第i周期相对于初始周期总的观测时间为Δt，则沉降速度v为

$$v = s^i / \Delta t \tag{3.4}$$

现假设有m、n两个沉降观测点，它们在第i周期的累计沉降量分别为s_m^i、s_n^i，则第i周期m、n两点间的沉降差Δs为

$$\Delta s = s_m^i - s_n^i \tag{3.5}$$

(三)沉降监测的基本要求

(1)仪器设备、人员素质的要求。根据沉降观测精度要求高的特点，为能精确地反映出建(构)筑物在不断加荷作用下的沉降情况，一般规定测量的误差应小于变形值的1/10~1/20，因此沉降观测应使用精密水准仪(S1或S05级)，水准尺也应使用受环境及温差影响小的高精度铟合金水准尺。人员必须经过专业学习及技能培训，熟练掌握仪器操作规程，熟悉测量理论，能针对不同工程特点、具体情况采用不同的观测方法及观测程序，对工作中出现的问题能够分析原因，能正确地运用误差理论进行平差计算，能做到快速、精确地完成每次观测任务。

(2)观测时间的要求。建构筑物的沉降观测对时间有严格的限制，特别是首次观测必须按时进行，否则可能因为得不到原始数据而使整个观测无法达到目的。其他各阶段的观测，根据工程进展情况必须定时进行，不得漏测或补测。

(3)观测点的要求。为了反映出建(构)筑物的准确沉降情况，沉降观测点要埋设在最能反映沉降特征且便于观测的位置。一般要求建筑物上设置的沉降观测点纵横向要对称，且相邻点之间间距以15~30m为宜，均匀地分布在建筑物的周围。通常情况下，建筑物设计图纸上有专门的沉降观测点布置图。

(4)沉降观测自始至终要遵循“五定”原则。所谓“五定”，即沉降观测依据的基准点、工作基点和变形体上的沉降观测点，点位要稳定；所用仪器、设备要稳定；观测人员要稳定；观测时的环境条件基本一致；观测路线、镜位、程序和方法要固定。以上措施能在客观上尽量减少观测误差的不确定性，使所测的结果具有统一的趋向性，保证各次复测结果与首次观测的结果可比性更一致，使所观测的沉降量更真实。

(5)施测要求。仪器、设备的操作方法与观测程序要熟练、正确。在首次观测前要对仪器的各项指标进行检测校正，必要时应经计量单位鉴定。连续使用3~6个月应重新对所用仪器、设备进行检校。

(6)沉降观测精度的要求。根据建筑物的特性和建设单位、设计单位的要求选择沉降观测精度的等级。一般性的高层建(构)筑物施工过程中，采用二等水准测量就能满足沉降观测的要求。各项观测指标要求如下：①往返较差、附合或环线闭合差≤$4\sqrt{L}$ mm(L为

路线长度，单位为 km)；②前后视距≤50m；③前后视距差≤1.0m；④前后视距累积差≤3.0m；⑤水准仪的精度不低于 S1 级别。

(7)沉降观测成果整理及计算要求。原始数据要真实可靠，记录计算要符合施工测量规范的要求，依据正确、严谨有序、步步校核、结果有效的原则进行成果整理及计算。

任务 3.2　沉降监测网(点)布设

一、任务目标

(1)能够区分沉降监测网(点)的层级体系，明确各级点的布设规格及要求；

(2)能够按照变形监测规范的要求布设各级沉降监测基准点、工作基点、监测点。

二、任务分析

为了测定工程建筑物的变形，通常在建筑物上选择一些有代表性且能反映建筑物变形特征的部位布设观测点，用点的位移来反映建筑物的变形情况，这些点称为变形监测点。为了测定监测点的位置变化，必须设置一些位置稳定不变的参考点作为整个变形监测的起算点和依据，这些点称为监测基准点。为了确保基准点稳定可靠，基准点通常要求远离建筑物沉降影响区域，并且埋设到一定的深度。但是如果基准点距离监测点太远，观测不便，精度也难以保证。因此要求在距离适当、便于观测的地方设置一些相对稳定的工作点，称为工作基点。

三、主要内容

(一)沉降监测网

变形监测网通常由基准点、工作基点、监测点三级点位组成。基准点通常埋设在变形影响范围之外，尽可能使它们长期稳定不动；工作基点是基准点和监测点之间的联系点。基准点和工作基点构成基准网，基准网的复测间隔较长，用来测量工作基点相对于基准点的变化量，这一变化量通常来说很小。工作基点和变形监测点间要有方便的观测条件，两者组成次级网。次级网的观测间隔就是变形监测周期，通常较短。当建筑物规模较小，沉降观测精度要求较低时，可直接布设基准和监测点两级，而不再布设工作基点。

(二)沉降监测网(点)的布设要求

《建筑变形测量规范》(JGJ 8—2016)对沉降监测网点的布设作出了如下规定：

(1)特等、一等沉降观测，基准点不应少于 4 个；其他等级沉降观测，基准点不应少于 3 个。基准点之间应该形成闭合环。

(2)高程基准点的点位选择应符合下列规定：

①基准点应避开交通干道主路、地下管线、仓库堆栈、水源地、河岸、松软填土、滑坡地段、机器振动区以及其他可能使标石、标志易遭腐蚀和破坏的地方。

②密集建筑区内，基准点与待测建筑的距离应大于该建筑物基础深度的2倍。

③二等、三等和四等沉降观测，基准点可选择在满足前款距离要求的其他稳固的建筑上。

④对地铁、高铁等大型工程以及大范围建设区域或长期变形测量工程，宜埋设2~3个基岩标作为基准点。

(3)沉降工作基点可根据作业需要设置，并应符合下列规定：

①工作基点与基准点之间宜便于采用水准测量方法进行联测。

②当采用三角高程测量方法进行联测时，相关各点周围的环境条件宜相近。

③当采用连通管式静力水准测量方法进行沉降观测时，工作基点宜与沉降监测点设在同一高程面上，偏差不应超过10mm。不能满足这一要求时，应在不同高程面上设置上下位置垂直对应的辅助点传递高程。

(4)沉降基准点和工作基点标石、标志的选型及埋设应符合下列规定：

①基准点的标石应埋设在基岩层或原状土层中，在冻土地区，应埋至当地冻土线0.5m以下。根据点位所在位置的地质条件，可选埋基岩水准基点标石、深埋双金属管水准基点标石、深埋钢管水准基点标石或混凝土基本水准标石。在基岩壁或稳固的建筑上，可埋设墙上水准标志。

②工作基点的标石可根据现场条件选用浅埋钢管水准标石、混凝土普通水准标石或墙上水准标志。

(5)沉降基准点观测宜采用水准测量。对三等或四等沉降观测的基准点进行观测，当不便采用水准测量时，可采用三角高程测量方法。

(三)沉降监测网(点)标志的规格及埋设要求

1. 沉降监测基准点的构造与埋设

基准点应埋设在工程建筑物所引起的变形影响范围以外，尽可能埋设在稳定的基岩上。

当观测场地覆盖土层很浅时，基准点可采用图3.1所示的岩层水准基点标石，或者采用图3.2所示的混凝土基本水准标石。

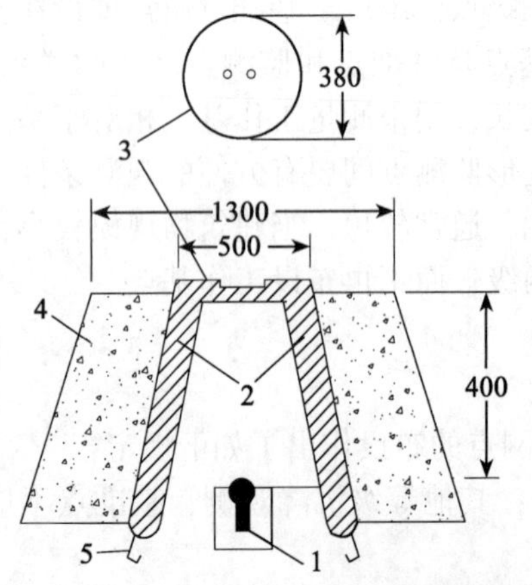

1—抗蚀金属标志；2—钢筋混凝土圈；
3—井盖；4—砌石土丘；5—井圈保护层

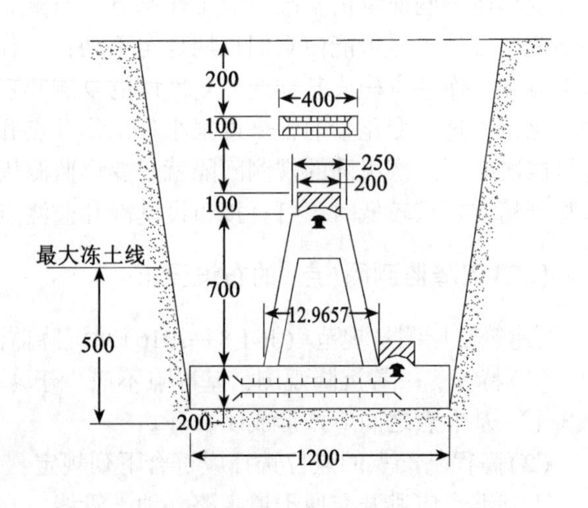

图3.1　岩层水准基点标石(单位：mm)　　图3.2　混凝土基本水准标石(单位：mm)

当覆土层较厚时，可采用如图 3.3 所示的深埋钢管标石。为了避免温度变化对观测标志高程的影响，还可采用如图 3.4 所示的深埋双金属标石。

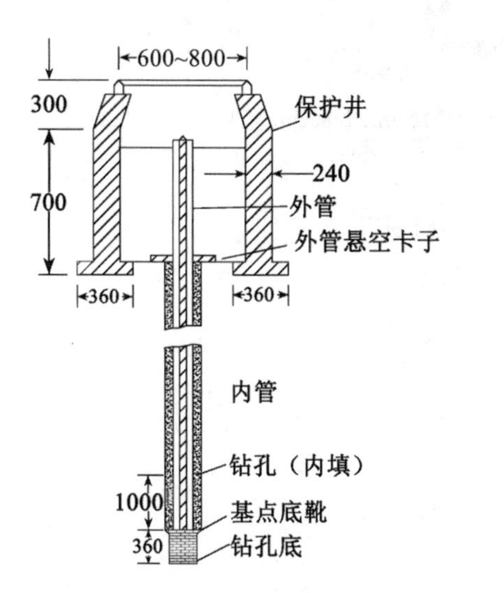

图 3.3　深埋钢管水准基点标石(单位：mm)

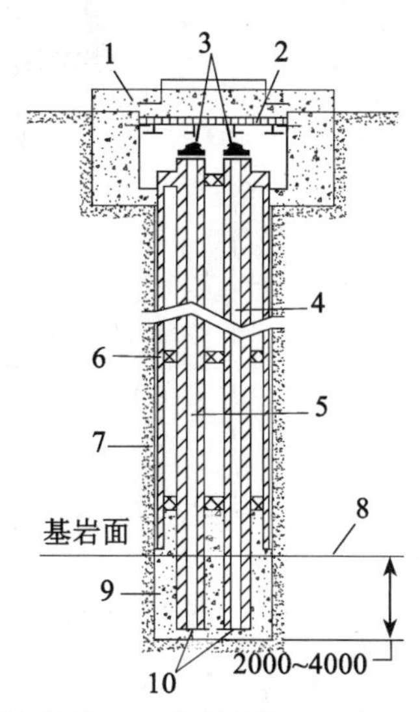

1—钢筋混凝土标盖；2—钢板标盖；3—标心；4—钢心管；5—铝心管；6—橡胶环；7—钻孔保护钢管；8—新鲜基岩面；9—M20 水泥砂浆；10—钢心管底板与根络

图 3.4　深埋双金属管水准基点标石(单位：mm)

2. 沉降监测工作基点的构造与埋设

工作基点的标石，可按点位的不同要求选埋如图 3.5 所示的浅埋钢管标石，或者如图 3.6 所示的混凝土普通水准标石。工作基点埋设时，与邻近建筑物的距离不得小于建筑物基础深度的 1.5~2.0 倍。

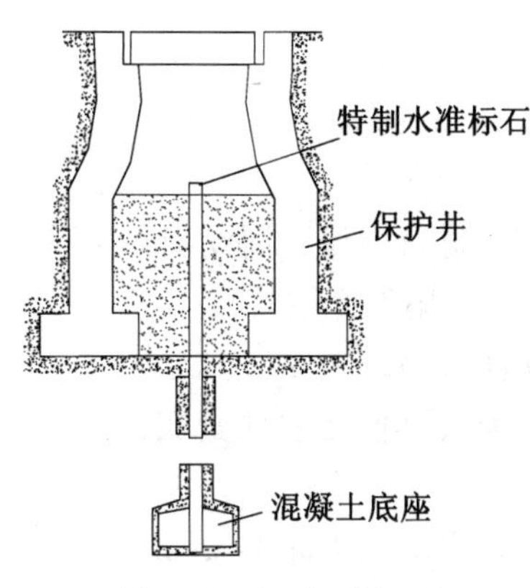

图 3.5　浅埋钢管标石

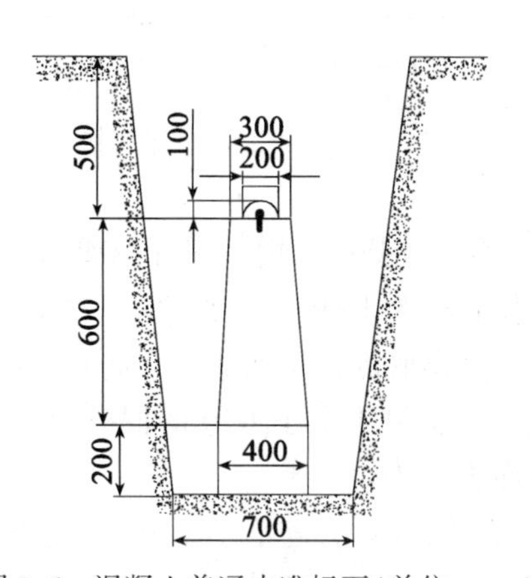

图 3.6　混凝土普通水准标石(单位：mm)

实际工程中，沉降监测工作基点还可以埋设成如图 3.7 所示的地表工作基点形式或图 3.8 所示的建筑物上工作基点形式，其埋设方法如下。

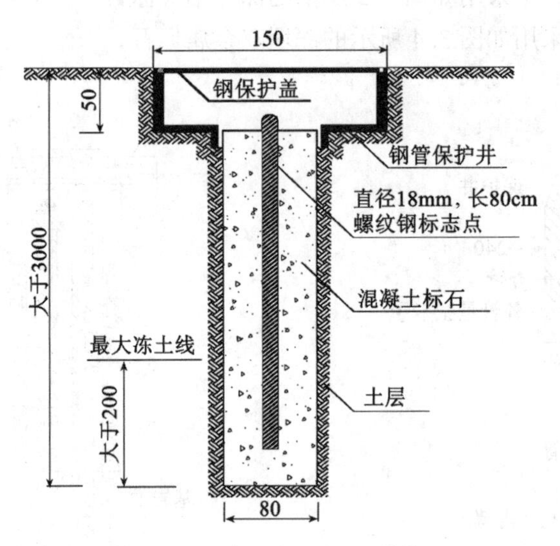

图3.7　地表工作基点形式图(单位：mm)

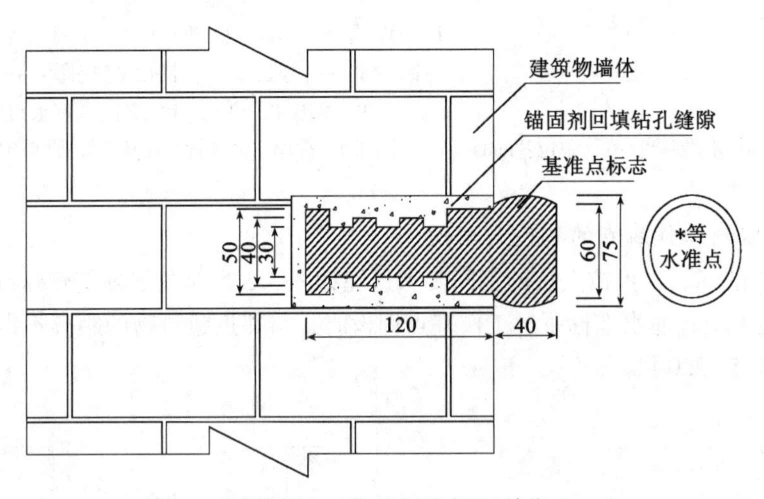

图3.8　建筑物上工作基点形式图(单位：mm)

(1)地表工作基点采用人工开挖或钻具成孔的方式进行埋设，埋设步骤如下：

①开挖直径约100mm、深度大于3m的孔洞(通常使用工程钻具)；

②夯实孔洞底部，清除渣土，向孔洞内部注入适量清水养护；

③灌注入标号不低于C20的混凝土，并使用震动机具使之灌注密实，混凝土顶面与地表距离在5cm左右；

④在孔中心置入长度不小于80cm的钢筋标志，露出混凝土面1～2cm；

⑤上部加装钢制保护盖；

⑥养护15天以上。

(2)建筑物上工作基点采用钻具成孔方式进行埋设，埋设步骤如下：

①使用电动钻具在选定建筑物部位钻直径65mm、深度约122mm的孔洞；

②清除孔洞内渣质，注入适量清水养护；

③向孔洞内注入适量搅拌均匀的锚固剂；

④放入观测点标志；

⑤使用锚固剂回填标志与孔洞之间的空隙；

⑥养护 15 天以上。

3. 沉降监测点的构造与埋设

沉降监测点通常使用隐蔽式标志和显式标志。隐蔽式标志包括窨井式标志、盒式标志和螺栓式标志。

窨井式标志适用于在建筑内部埋设，如图 3.9 所示。

盒式标志适用于在设备基础上埋设，如图 3.10 所示。

螺栓式标志适合于在墙体上埋设，如图 3.11 所示。

显式标志如图 3.12 所示，是埋设在建筑物墙上或基础地面上的沉降监测点。图 3.13 所示为实物图。

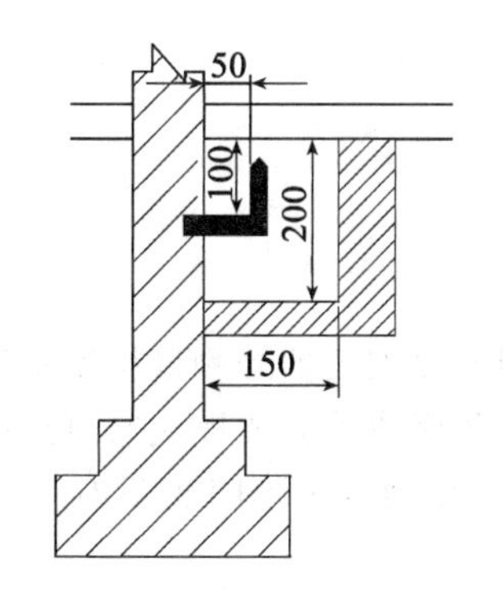

图 3.9　窨井式标志(单位：mm)

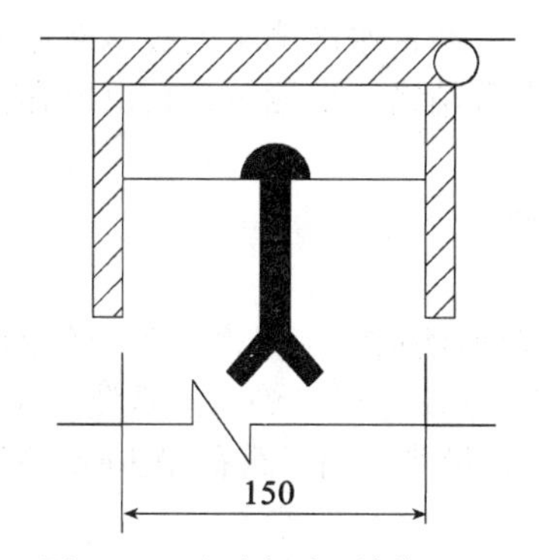

图 3.10　盒式标志(单位：mm)

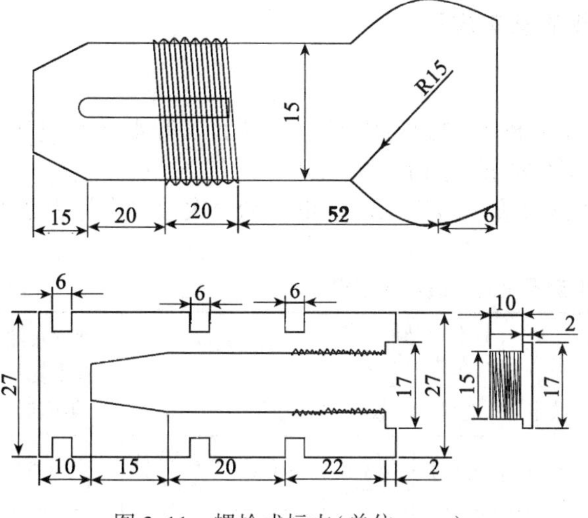

图 3.11　螺栓式标志(单位：mm)

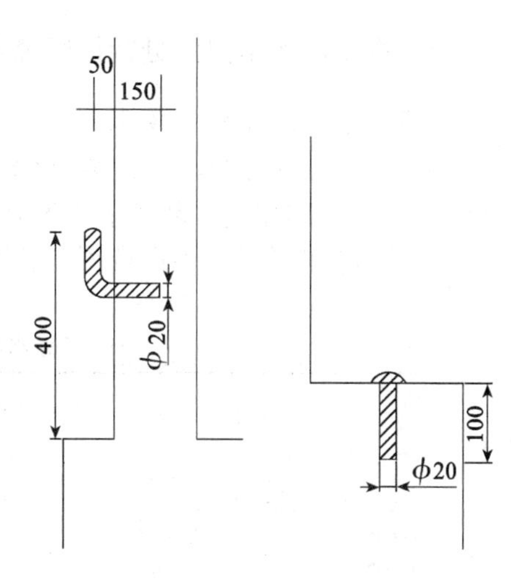

图 3.12　显式标志(单位：mm)

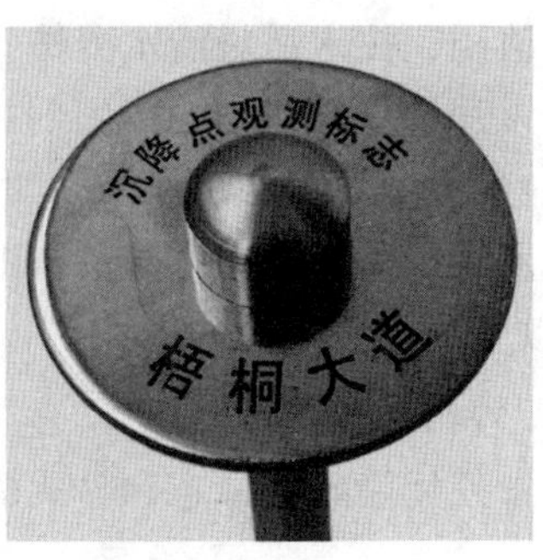

图3.13　墙上和基础上沉降监测点实物图

任务3.3　几何水准测量法

一、任务目标

(1)掌握二等精密水准测量的技术要求；
(2)使用二等精密水准测量进行沉降监测。

二、任务分析

建筑物沉降监测通常是以毫米为单位的，因此要求仪器的测量精度精确到毫米，通常需要使用精密水准仪进行二等水准观测。沉降监测完成后需要提交监测点布置图、观测成果表、时间-沉降量曲线图、载荷-沉降量曲线图、场地等沉降曲线图等。

三、主要内容

(一)用水准测量方法进行沉降监测的基本规定

1. 国家水准测量规范要求

《国家一、二等水准测量规范》(GB/T 12897—2006)中规定一等和二等水准测量属于精密水准测量，对精密水准测量的各项技术要求有如下规定。

(1)测站视线长度、前后视距差、视线高度、数字水准仪重复测量次数要求见表3.1。

表3.1　一、二等水准测量测站视线要求规定

等级	仪器类别	视线长度/m		前后视距差/m		任意测站前后视距累积差/m		视线高度/m		数字水准仪重复测量次数
		光学	数字	光学	数字	光学	数字	光学	数字	
一等	DSZ05，DS05	≤30	≥4且≤30	≤0.5	≤1.0	≤1.5	≤3.0	≥0.5	≤2.80且≥0.65	≥3次
二等	DSZ1，DS1	≤50	≥3且≤50	≤1.0	≤1.5	≤3.0	≤6.0	≥0.3	≤2.80且≥0.55	≥2次

(2)测站观测限差要求见表 3.2。

表 3.2　　一、二等水准测量测站限差要求规定

等级	上下丝读数平均值与中丝读数之差/mm		基辅分划读数差/mm	基辅分划所测高差之差/mm	检测间歇点高差之差/mm
	0.5cm 刻划标尺	1cm 刻划标尺			
一等	1.5	3.0	0.3	0.4	0.7
二等	1.5	3.0	0.4	0.6	1.0

注：1. 使用双摆位自动安平水准仪观测时，不计算基辅分划读数差；

2. 对于数字水准仪，同一标尺两次读数差不设限差，两次读数所测高差之差执行基辅分划所测高差之差；

3. 测站观测限差超限，在本站发现可立即重测，若迁站后才检查发现，则应从水准点或间歇点开始重新观测。

(3)往返测高差不符值、附合路线闭合差、环闭合差和检测高差之差的限差要求见表 3.3。

表 3.3　　一、二等水准测量路线不符值限差规定

等级	测段、区段、路线往返测高差不符值/mm	附合路线闭合差/mm	环闭合差/mm	监测已测测段高差之差/mm
一等	$1.8\sqrt{K}$	—	$2\sqrt{F}$	$3\sqrt{R}$
二等	$4\sqrt{K}$	$4\sqrt{L}$	$4\sqrt{F}$	$6\sqrt{R}$

注：K 为测段、区段或路线长度，单位为 km，当测段长度小于 0.1km 时，按 0.1km 计算；L 为附合路线长度，单位为 km；F 为环线长度，单位为 km；R 为检测测段长度，单位为 km。

2. 建筑变形测量规范的要求

《建筑变形测量规范》(JGJ 8—2016)中将建筑变形测量的级别分为特等、一等、二等、三等、四等共五个等级。其中对沉降观测的要求，应符合下列规定。

(1)各等级水准测量使用的仪器型号和标尺类型应符合表 3.4 的规定。

表 3.4　　沉降观测的仪器型号和标尺类型

等级	水准仪型号	标尺类型
一等	DS05	因瓦条码标尺
二等	DS05	因瓦条码标尺、玻璃钢条码标尺
	DS1	因瓦条码标尺
三等	DS05、DS1	因瓦条码标尺、玻璃钢条码标尺
	DS3	玻璃钢条码标尺
四等	DS1	因瓦条码标尺、玻璃钢条码标尺
	DS3	玻璃钢条码标尺

(2)一、二、三、四等沉降观测的观测方式应符合表3.5的规定。

表3.5 一、二、三、四等沉降观测作业方式

级别	高程控制测量、工作基点联测及首期沉降观测			其他各期沉降观测			观测顺序
	DS05型仪器	DS1型仪器	DS3型仪器	DS05型仪器	DS1型仪器	DS3型仪器	
一等	往返测	—	—	往返测或单程双测站	—	—	奇数站：后前前后 偶数站：前后后前
二等	往返测	往返测或单程双测站	—	单程观测	单程双测站	—	奇数站：后前前后 偶数站：前后后前
三等	单程双测站	单程双测站	往返测或单程双测站	单程观测	单程观测	单程双测站	后前前后
四等	—	单程双测站	往返测或单程双测站	—	单程观测	单程双测站	后后前前

(3)水准观测的视线长度、前后视距差和视线高度应符合表3.6的规定。

表3.6 数字水准仪的观测要求

沉降观测等级	视线长度/m	前后视距差/m	前后视距差累积/m	视线高度/m	重复测量次数/次
一等	≥4且≤30	≤1.0	≤3.0	≥0.65	≥3
二等	≥3且≤50	≤1.5	≤5.0	≥0.55	≥2
三等	≥3且≤75	≤2.0	≤6.0	≥0.45	≥2
四等	≥3且≤100	≤3.0	≤10.0	≥0.35	≥2

注：1. 在室内作业时，视线高度不受本表的限制；

2. 当采用光学水准仪时，观测要求与表中相同。

(4)水准观测的限差应符合表3.7的规定。

表3.7 数字水准仪观测限差 单位：mm

沉降观测等级	两次读数所测高差之差限差	往返较差及附合或环线闭合差限差	单程双测站所测高差较差限差	检测已测测段高差之差限差
一等	0.5	$\leqslant 0.3\sqrt{n}$	$\leqslant 0.2\sqrt{n}$	$\leqslant 0.45\sqrt{n}$
二等	0.7	$\leqslant 1.0\sqrt{n}$	$\leqslant 0.7\sqrt{n}$	$\leqslant 1.5\sqrt{n}$
三等	3.0	$\leqslant 3.0\sqrt{n}$	$\leqslant 2.0\sqrt{n}$	$\leqslant 4.5\sqrt{n}$
四等	5.0	$\leqslant 6.0\sqrt{n}$	$\leqslant 4.0\sqrt{n}$	$\leqslant 8.5\sqrt{n}$

注：1. 表中n为测站数；

2. 当采用光学水准仪观测时，基、辅分划或黑、红面读数较差应满足表中两次读数所测高差之差限差。

(二)水准仪及水准尺的要求

使用的水准仪、水准标尺在项目开始前和结束后应进行检验，项目进行中也应定期检验。当观测成果出现异常，经分析与仪器有关时，应及时对仪器进行检验与校正。检验和校正应按现行国家标准《建筑变形测量规范》(JGJ 8—2016)的规定执行。检验后应符合下列要求：

(1)每期观测开始前，应测定数字水准仪的 i 角。当其值对一、二等沉降观测超过15″，对三、四等沉降观测超过20″时，应停止使用，立即送检。

(2)水准标尺分划线的分米分划线误差和米分划间隔真长与名义长度之差，对线条式因瓦合金标尺不应大于0.1mm，对区格式木质标尺不应大于0.5mm。

(三)水准观测作业的要求

(1)应在标尺分划线成像清晰和稳定的条件下进行观测。不得在日出后或日落前半小时、太阳中天前后、风力大于四级、气温突变时以及标尺分划线的成像跳动而难以照准时观测。阴天可全天观测。

(2)观测前半小时，应将仪器置于露天阴影下，使仪器与外界气温趋于一致。观测前，应进行不少于20次单次测量的预热。晴天观测时，应用测伞遮蔽阳光。

(3)使用数字水准仪，应避免望远镜直接对着太阳，并避免视线被遮挡。仪器应在其生产厂家规定的温度范围内工作。振动源造成的振动消失后，才能启动测量键。当地面振动较大时，应随时增加重复测量次数。

(4)每测段往测与返测的测站数均应为偶数，否则应加入标尺零点差改正。由往测转向返测时，两标尺应互换位置，并应重新整置仪器。在同一测站上观测时，不得两次调焦。转动仪器的倾斜螺旋和测微鼓时，其最后旋转方向，均应为旋进。

(5)在连续各测站上安置水准仪时，应使其中两只脚螺旋与水准路线方向一致，而第三只脚螺旋轮换置于路线方向的左侧与右侧。

(6)每一测段的水准路线上，应进行往测和返测，一个测段的水准路线的往、返测应尽可能在不同的气象条件下进行(如上午或下午)。

(7)对各周期观测过程中发现的相邻观测点高差变动迹象、地质地貌异常、附近建筑基础和墙体裂缝等情况，应做好记录，并画草图。

(四)观测成果的重测和取舍规定

(1)凡超出表3.7规定限差的成果，均应在分析原因的基础上进行重测。当测站观测限差超限时，对在本站观测时发现的，应立即重测；当迁站后发现超限时，应从稳固可靠的点开始重测。

(2)当测段往返测高差较差超限时，应先对可靠性小的往测或返测测段进行重测，并应符合下列规定：

①当重测的高差与同方向原测高差的不符值大于往返测高差不符值的限差，但与另一单程的高差不符值未超出限差时，可取用重测结果；

②当同方向两高差的不符值未超出限差，且其算术平均值与另一单程原测高差的不符

值亦不超出限差时，可取同方向两高差算术平均值作为该单程的高差；

③当重测高差或同方向两高差算术平均值与另一单程高差的不符值超出限差时，应重测另一单程；

④当出现同向不超限但异向超限时，若同方向高差不符值小于限差的1/2，可取原测的往返高差算术平均值作为往测结果，取重测的往返高差算术平均值作为返测结果。

(3)单程双测站所测高差较差超限时，可只重测一个单线，并应与原测结果中符合限差的一个单线取算术平均值后采用。若重测结果与原测结果均符合限差，可取三个单线的算术平均值。当重测结果与原测两个单线结果均超限时，应再重测一个单线。

(4)当线路往返测高差较差、附合路线或环线闭合差超限时，应对路线上可靠性小的测段进行重测。

(五)二等精密水准测量的实施

二等水准测量按往返测进行，往测奇数站的观测程序为“后前前后”，偶数站的观测程序为“前后后前”。返测的观测程序与往测相反，即奇数测站采用“前后后前”，而偶数测站采用“后前前后”的观测程序。

所谓“后前前后”即为：

(1)照准并读取后视水准标尺的基本分划；

(2)照准并读取前视水准标尺的基本分划；

(3)照准并读取前视水准标尺的辅助分划；

(4)照准并读取后视水准标尺的辅助分划。

而所谓“前后后前”即为：

(1)照准并读取前视水准标尺的基本分划；

(2)照准并读取后视水准标尺的基本分划；

(3)照准并读取后视水准标尺的辅助分划；

(4)照准并读取前视水准标尺的辅助分划。

1. 光学精密水准仪二等精密水准测量外业观测方法

下面以“后前前后”为例说明用光学精密水准仪二等水准测量每一站的操作步骤。

(1)整平仪器。要求望远镜转至任何方向时，符合水准器气泡两端影像分离不超过1cm，对于自动安平水准仪，要求圆气泡位于指标圆环中央。

(2)照准后视水准标尺，旋转倾斜螺旋使符合水准器气泡近于符合，随后用上、下视距丝照准基本分划进行视距读数，读至毫米即可。然后使符合水准器两端影像精密符合，转动测微器使楔形平分丝精确夹准基本分划，并读取基本分划和测微器读数，尺面上读取3位数(m、dm、cm)，测微器里读取3位数(mm及以下)，共6位数，精确到0.1mm，估读到0.01mm。

(3)照准前视水准标尺，并使符合水准器气泡两端影像精密符合，用楔形平分丝精确夹准基本分划，读取基本分划和测微器读数。然后用上、下视距丝照准基本分划读取视距读数。

(4)用水平微动螺旋转动望远镜，照准前视水准标尺的辅助分划使符合水准器气泡精密符合，读取辅助分划和测微器读数，共6位读数。

(5)照准后视水准标尺的辅助分划，使符合水准器气泡精密符合，读取辅助分划和测微器读数，共 6 位读数。

2. 电子精密水准仪二等精密水准测量外业观测方法

下面以“后前前后”为例说明用电子精密水准仪二等水准测量每一站的操作步骤。

(1)首先整平仪器(望远镜绕垂直轴旋转，圆气泡始终位于指标环中央)；

(2)将望远镜对准后视标尺(此时标尺应按圆水准器整置于垂直位置)，用垂直丝照准条码中央，精确调焦至条码影像清晰，按测量键；

(3)显示读数后，旋转望远镜照准前视标尺中央，精确调焦至条码影像清晰，按测量键；

(4)显示读数后，重新照准前视标尺，按测量键；

(5)显示读数后，旋转望远镜照准后视标尺条码中央，精确调焦至条码影像清晰，按测量键；显示测站成果。测站检查合格后迁站。

3. 电子精密水准仪二等精密水准测量参数设置方法

开始测量前对精密电子水准仪进行如下设置：往返测设置、测量等级设置为二等、读数次数设置为 2 次、观测顺序设置为 aBFFB、高程显示位数设置为 0.01mm、距离显示位数设置为 0.1m、视距长上限值设置为 50m、视距长下限值设置为 3m、视线高上限值设置为 2.8m、视线高下限值设置为 0.55m、前后视距差限值设置为 1.5m、视距差累积值限值设置为 6m、两次所测高差之差限值设置为 0.6mm 等。

(六)精密水准仪及水准尺的检验

精密水准仪的检验项目包括：

(1)水准仪及脚架各部件的检视。

(2)圆水准器安置正确性的检验与校正。

(3)光学测微器效用正确性的检验及分划值的测定。

(4)视准轴与水准管轴相互关系的检验及校正(必检项目)。

精密水准尺的检验项目包括：

(1)检视水准尺各部件是否牢固无损。

(2)水准标尺上圆水准器安置正确性的检验与校正。

(3)水准标尺分划面弯曲差(矢矩)的测定。

(4)水准标尺分划线每米分划间隔真长的测定(必检项目)。

(5)一对水准标尺零点与零点差及基辅分划读数差常数的测定。

(七)i 角误差的检验与校正

在精密水准测量中测定 i 角的通用方法及步骤如下：

(1)在平坦地面上选择 A、B 两个立尺点，其距离为 $S=20.6\text{m}$；再在同一直线上，选择两个仪器点 J_1 和 J_2，如图 3.14 所示，J_1A 和 J_2B 的距离也是 $S=20.6\text{m}$。

(2)先在 J_1 点观测，照准 A、B 两点的水准尺，各读取 4 次读数，取 4 次读数平均值分别为 a_1 和 b_1。如果 $i=0$，正确读数应该是 a'_1 和 b'_1，所以由 i 角引起的读数误差，在 A 点是 Δ，在 B 点是 2Δ。

(3)同样，在 J_2 点观测时，照准 A 点和 B 点水准标尺所得读数的平均数分别为 a_2 和 b_2，正确读数是 a'_2 和 b'_2，读数误差分别是 2Δ 和 Δ。

(4)最后结果计算：

$$\Delta = \frac{1}{2}[(a_2 - b_2) - (a_1 - b_1)] \tag{3.6}$$

$$i = \frac{\Delta}{S}\rho'' = 10\Delta \tag{3.7}$$

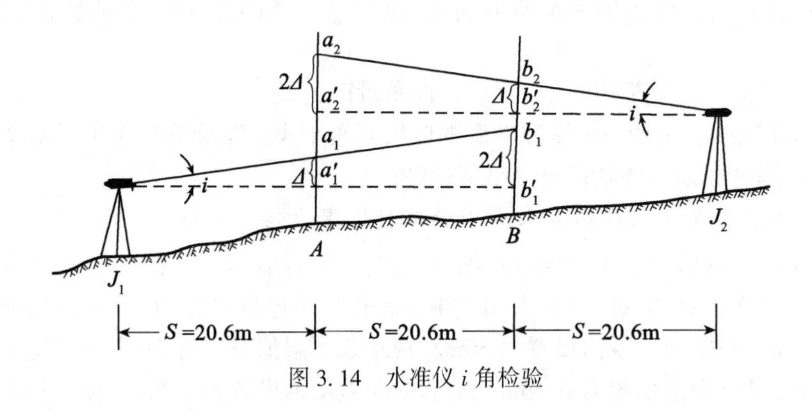

图3.14　水准仪 i 角检验

式中，(a_2-b_2) 和 (a_1-b_1) 分别为仪器在 J_2 点和 J_1 点读数平均数之差，Δ 以 mm 为单位。如果 i 角大于 15″，就需要进行校正。校正方法及步骤是：

(1)校正在 J_2 站上进行，先计算照准水准标尺 A 上的正确读数 a'_2($a'_2=a_2-2\Delta$)。将 a'_2 的后三位数字安置在测微器上，转动倾斜螺旋使楔形丝夹准 a'_2 的前三位数字的分划线。

(2)校正水准器的上、下两个改正螺旋直至气泡居中。

(3)再检查另一水准标尺 B 的正确读数是否为 b'_2($b'_2=b_2-\Delta$)。

(4)校正后，应重新测定一次 i 角，必要时再进行校正，直至 i 角符合要求为止。

任务3.4　液体静力水准测量法

一、任务目标

(1)掌握液体静力水准测量的技术要求；

(2)掌握液体静力水准测量的实施方法。

二、任务分析

静力水准测量可用于自动化沉降观测。应根据观测精度要求和预估沉降量，选取相应精度和量程的静力水准传感器。对一等、二等沉降观测，宜采用连通管式静力水准；对二等及以下等级沉降观测，可采用压力式静力水准。采用静力水准测量进行沉降观测，宜将传感器稳固安装在待测结构上。

一组静力水准测量系统可由一个参考点和多个监测点组成。当采用多组串联方式构成观测路线时，在相邻组的交接处，应在同一建筑结构的上下位置设置转接点。当观测范围小于 300m，且转接点数不大于 2 个时，可将一端的参考点设置在相对稳定的区域作为工作基点；否则，宜在观测路线的两端分别布设工作基点。工作基点应采用水准测量方法定期与基准点联测。

三、主要内容

(一)液体静力水准测量的适用条件

液体静力水准测量又称连通管测量，经常应用在不便于使用几何水准测量的情况下进行沉降监测，其优点是两测点间无须通视，观测精度高，可实现自动化观测。如在人不能达到、有爆炸危险、内部通道窄小、通视状况不佳、光线昏暗、严重污染、超量辐射的地方，用流体静力水准测量比较有利。

液体静力水准测量是利用静止液面原理来传递高程的方法，利用连通器原理测量各点位容器内液面高差，以测定各点沉降的观测方法，它可以测出两点或多点间的高差，经常应用于混凝土坝基础廊道和土石坝表面沉降观测中，也可应用在地震、地质、电站、大坝、核电站、地铁、隧道等科学研究领域和精密工程监测领域。如图 3.15 所示为埋入式液体水准测量示意图。

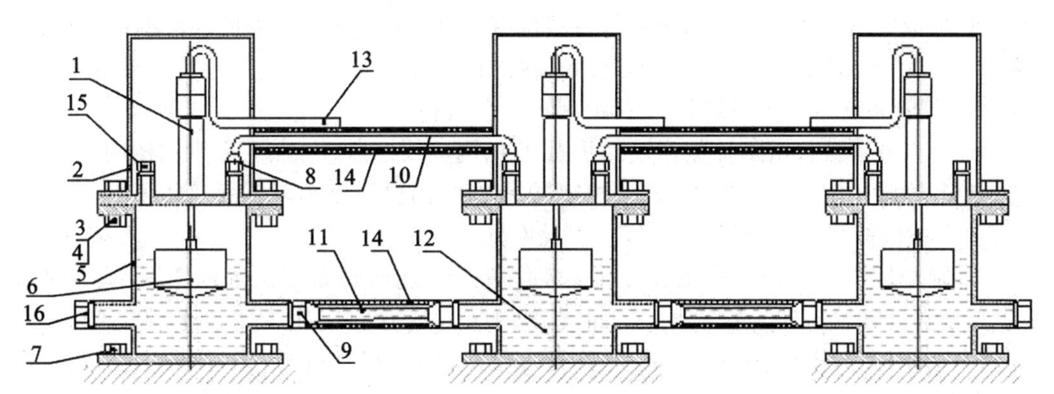

1—液位传感器；2—保护罩；3—螺母；4—螺栓；5—液缸；6—浮筒；
7—地脚螺栓；8—气管接头；9—液管接头；10—气管；11—液管；
12—防冻液；13—导线；14—PVC 钢丝软管；15—气管堵头；16—液管堵头

图 3.15　埋入式液体水准测量示意图

(二)液体静力水准测量的使用方法

1. 液体静力水准仪安装方法及注意事项

(1)准备工作：测量出各沉降测试点标高。通过标高数据，确定沉降观测点安装孔(ϕ400mm)开挖深度，确保沉降观测点与基准点标高一致(即在同一水平面上)，基准点也可略低于沉降观测点(一般为全量程30%左右)，以充分利用其量程范围。在各沉降测试点之间挖一条沟槽，用以埋设连通管。准备好安装时要用到的扳手，生料带，注水工具，液、气管(ϕ1418铝塑管)，防冻液(冰点-25℃)，硅油，气管接头(ϕ1418、1/2搭接、一头带内丝、铜质)、纯净水、PVC钢丝软管、读数仪、水平尺。将防冻液与纯净水按3∶1的比例调配好。

(2)根据各测试点的距离，剪切好适当长度的液、气管(根据设计要求，静力水准仪一般布置在桥台、隧道与路基结构物分界处中心线上，每侧各1个，相距2m)。将其套上钢丝软管，并将液、气口裹好生料带。用液管和接头将所有液位沉降计液口接通(接头带内丝端接液口，另一端接水管)。用堵头封闭液位沉降计的气口和末端液口。

(3)在输入防冻液时，把首、尾两端沉降计的气口打开，使其形成高低差，往高端沉降计(首端)输液口灌注调配好的防冻液，另一端则排气(注意只能一直从选定的一端灌注防冻液，否则连通管内的空气无法排尽)，灌注适量防冻液后，把液位沉降计、液管一起放入安装孔内和沟槽中，用地脚螺栓将液位沉降计固定好，并用水平尺确定其水平，打开其他液位沉降计气口。在液位表面倒上适量硅油，防止液体水汽蒸发。

(4)用读数仪读出各液位沉降计的读数，并判断各液位沉降计是否处于要求的合适位置(基准点和各沉降观测点的液位沉降计液位浮至全量程的中间值即可，若基准点是略低于各沉降观测点全量程30%左右，就只使各沉降观测点的液位沉降计液位浮至全量程中间值偏下15%左右，若基准点高于观测点则在中间值偏上15%左右)，若不够，则添加至要求液位为止。

(5)加液完毕后，用气管和接头将各液位沉降计气口连通(接头带内丝端接气口，另一端接气管)。将首端液位沉降计的气口、输液口及尾端液位沉降计的气口用堵头封闭，检查液、气管各连接头密封情况，必须保证其完全密封。

(6)连接好各液位沉降计数据线，并用PVC钢丝软管套好，布于布管沟槽内。

(7)装好液位沉降计的保护罩，将安装孔和布管沟槽回填至碾压面，并压实。记录好各液位沉降计埋设位置、编号、天气、埋设人员。

(8)制作标示牌，插在液位沉降计安装位置及其连通管布管位置以作标示。液位沉降计上方填筑层较薄时，仪器附近1m范围内土方或碎石应用人工摊平及小型机具碾压，不得采用大型机械碾压。派专人负责看管，以防液位沉降计及总线因施工或自然因素破坏。

(9)校零、取初值。做好静力水准仪安装记录。进行校零并存档。

(10)根据测试要求进行测试。若连通液位沉降计用自动采集系统进行数据采集，校零后，将电源、数据总线对接于总线接口数据采集模块接线端子，设定自动采集。

2. 液体静力水准测量的计算方法

静力水准仪由液缸、浮筒、精密液位计、保护罩等部件组成。适用于测量参考点与测试点之间土体的相对位移，主要用于各种过渡段线形沉降、结构物之间的沉降差的监测。静力水准仪利用连通器的原理，连接在一起的储液罐的液面总是在同一水平面，通过测量不同储液罐的液面高度，可以计算出各个静力水准仪的相对沉降。假设共有1，…，n个观测点，各个观测点之间已用连通管连通。

安装完毕后，初始状态时各测点的安装高程分别为 Y_{01}，…，Y_{0i}，…，Y_{0j}，…，Y_{0n}，各测点的液面高度分别为 h_{01}，…，h_{0i}，…，h_{0j}，…，h_{0n}。如图 3.16 所示。

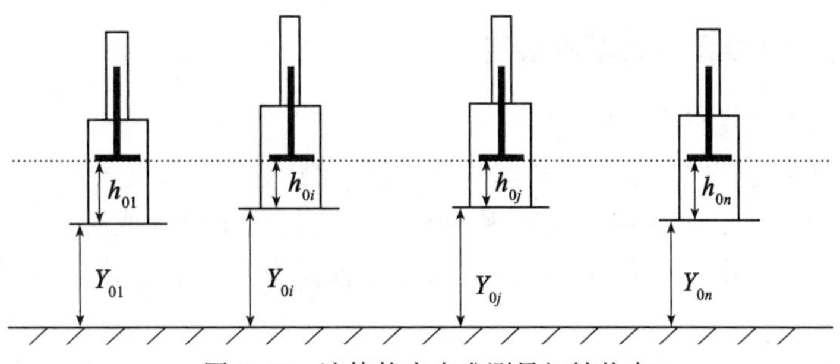

图 3.16　液体静力水准测量初始状态

对于初始状态，显然有：$Y_{01}+h_{01}=\cdots=Y_{0i}+h_{0i}=\cdots=Y_{0j}+h_{0j}=\cdots=Y_{0n}+h_{0n}$　(3.8)

当第 k 次发生不均匀沉降后，各测点由于沉降而引起的变化量分别为：Δh_1，…，Δh_i，…，Δh_j，…，Δh_n，各测点的液面高度变化为 h_{k1}，…，h_{ki}，…，h_{kj}，…，h_{kn}。如图 3.17 所示。

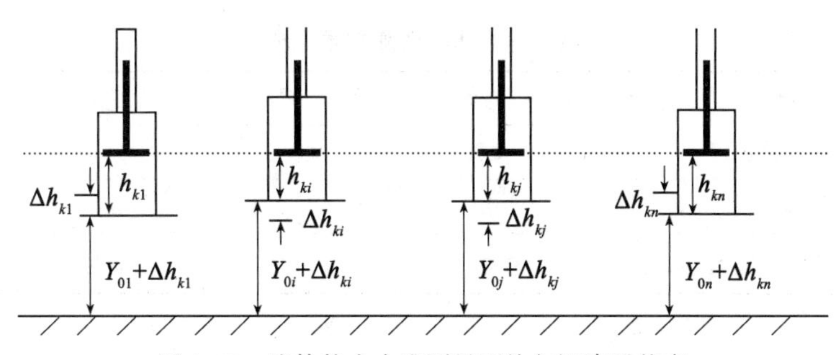

图 3.17　液体静力水准测量不均匀沉降后状态

由于液面的高度还是相同的，因此有：

第 j 个观测点相对于基准点 i 的相对沉降量为：

$$(Y_{01}+\Delta h_{k1})+h_{k1}=\cdots=(Y_{0i}+\Delta h_{ki})+h_{k1}=\cdots=(Y_{0j}+\Delta h_{kj})+h_{kj}=\cdots=(Y_{0n}+\Delta h_{kn})+h_{kn} \tag{3.9}$$

由式(3.9)可以得出：

$$H_{ji}=\Delta h_{kj}-\Delta h_{ki} \tag{3.10}$$

由式(3.8)可以得出：

$$\Delta h_{kj}-\Delta h_{ki}=(Y_{0j}+h_{kj})-(Y_{0i}+h_{ki})=(Y_{0j}-Y_{0i})+(h_{kj}-h_{ki}) \tag{3.11}$$

$$Y_{0j}-Y_{0i}=-(h_{0j}-h_{0i}) \tag{3.12}$$

将式(3.12)代入式(3.11)，即可得出第 j 个观测点相对于基准点 i 的相对沉降量：

$$H_{ji}=(h_{kj}-h_{ki})-(h_{0j}-h_{0i}) \tag{3.13}$$

由式(3.13)可以看出，只要能够测出各点在某个观测时段末时刻的液面高度值 h_k，即可计算出各点在该时段的差异沉降值。

安装完毕待液面稳定后，可以先对传感器调零，此时各个液面的初始高度值 h_0(偏差值)均为零，于是式(3.13)可以简化为：

$$H_{ji}=(h_{kj}-h_{ki}) \tag{3.14}$$

即只需读出各个静力水准仪的液面度化值 h_k，相减即可求出各点之间的差异沉降。

(三)液体静力水准测量的基本规定

(1)管路内液体应具有流动性；

(2)观测前向连通管内充水时，可采用自然压力排气充水法或人工排气充水法，不得将空气带入，管路应平顺，管路不应出现Ω形，管路转角不应形成滞气死角；

(3)安装在室外的静力水准系统，应采取措施保证全部连通管管路温度均匀，避免阳光直射；

(4)对连通管式静力水准系统，同组中的传感器应安装在同一高度，安装标高差异不得消耗其量程的20%；管路中任何一段的高度均应低于蓄水罐底部，但不宜低于0.2m。

(四)液体静力水准测量的技术要求

各种变形监测规范对各级液体静力水准测量都有一定的要求，《建筑变形测量规范》(JGJ 8—2016)技术要求见表3.8。

表3.8 **液体静力水准观测技术要求** 单位：mm

沉降观测等级	一等	二等	三等	四等
传感器标称精度	≤0.1	≤0.3	≤1.0	≤2.0
两次观测高差较差限差	0.3	1.0	3.0	6.0
环线及附合路线闭合差限差	$0.3\sqrt{n}$	$1.0\sqrt{n}$	$3.0\sqrt{n}$	$6.0\sqrt{n}$

注：n 为高差数。

(五)静力水准测量系统数据采集与计算规定

(1)观测时间应选在气温最稳定的时段，观测读数应在液体完全呈静态时进行。

(2)每次观测应读数3次，读数较差应小于表3.8中相应等级的仪器标称精度，取读数的算术平均值作为观测值。

(3)多组串联组成静力水准观测路线时，应先按测段进行闭合差分配后再计算各组参考点的高程，再根据参考点计算各监测点的高程。

任务3.5 精密三角高程测量法

一、任务目标

(1)掌握精密三角高程测量的技术要求；

(2)掌握精密三角高程测量的实施方法。

二、任务分析

基于全站仪的三角高程测量可用于三等、四等沉降观测。三角高程测量应采用中间设站观测方式，所用全站仪的标称精度应符合表 3.9 的规定，并宜采用高低棱镜组及配件。

表 3.9　　三角高程测量所用全站仪标称精度要求

沉降观测等级	一测回水平方向标准差/(″)	测距中误差/mm
三等	≤1.0	≤(1mm+2ppm)
四等	≤2.0	≤(2mm+2ppm)

注：1ppm 表示每千米 1mm，2ppm 表示每千米 2mm。

尽管精密水准测量是沉降监测的最主要方法，但在一些高差起伏较大、路线状况较差的地区，水准测量实施将很困难，若能用精密三角高程代替精密水准测量进行沉降监测，则可大大降低工作强度，提高效率，而随着可自动照准的高精度全站仪的发展，电磁波测距三角高程的应用更加广泛。

如果使用两台仪器同时对向观测，则有利于削减大气垂直折光影响；在一个测段上对向观测的边为偶数条边，避免量取仪器高和觇标高；限制观测边的长度和高度角，减少大气垂直折光和相对垂线偏差的影响；这些手段都可以有效地提高电磁波测距三角高程的精度。

三、主要内容

(一)单向观测及其精度

单向观测法即将仪器安置在一个已知的高程点上(通常为工作基点)，观测工作基点到沉降监测点的水平距离 D、垂直角 α，结合仪器高 i 计算目标高 v 和两点之间的高差。考虑大气折光系数 K 和垂线偏差的影响，单向观测计算高差的公式为

$$h = D \cdot \tan\alpha + \frac{1-K}{2R} \cdot D^2 + i - v + (u_1 - u_m) \cdot D \tag{3.15}$$

式中：u_1——测站在观测方向上的垂线偏差；

u_m——观测方向上各点的平均垂线偏差。

垂线偏差对高差的影响随距离的增大而增大，但在平坦地区边长较短时，垂线偏差的影响极小，且在各期沉降量的相对变化中得到抵消，通常可忽略不计。因此式(3.15)可写为

$$h = D \cdot \tan\alpha + \frac{1-K}{2R} \cdot D^2 + i - v \tag{3.16}$$

高差中误差为：

$$m_h^2 = \tan^2\alpha \cdot m_D^2 + D^2 \cdot \sec^2\alpha \frac{m_\alpha^2}{\rho^2} + m_i^2 + m_v^2 + \frac{D^2}{4R^2}m_K^2 \tag{3.17}$$

由式(3.17)可以看出，影响三角高程测量精度的因素有测距误差 m_D、垂直角观测误差 m_α、仪器高量测误差 m_i、目标高量测误差 m_v、大气折光误差 m_K，采用高精度的测距仪器和短距离测量，可大大减弱测距误差的影响。垂直角观测误差对高差中误差的影响较大，且与距离成正比，观测时应采用高精度的测角仪器并采取措施提高观测精度；监测基准点一般采用强制对中设备，仪器高的量测误差相对较小，对非强制对中点位，可采用适当的方法提高量测精度；监测项目不同，监测点的标志有多种，应根据具体情况采用适当的方法减少目标高的量测误差；大气折光误差随地区、气候、季节、地面覆盖物、视线超出地面的高度等不同而变化，其影响与距离的平方成正比，其取值误差是影响三角高程精度的主要部分，对小区域短边三角高程测量影响较小。

(二)对向观测及其精度

若采用对向观测，根据式(3.15)，设 $D_{12}\approx D_{21}=D$，$\Delta k=K_1-K_2$，计算高差的公式为

$$h = \frac{1}{2}D(\tan\alpha_{12} - \tan\alpha_{21}) - \frac{\Delta K}{4R} \cdot D^2 + \frac{1}{2}(i_1 - i_2) + \frac{1}{2}(v_1 - v_2) \tag{3.18}$$

若设 $m_i\approx m_i=m_i$，对向观测高差中误差可写为

$$m_h^2 = \frac{1}{4}(\tan\alpha_{12} - \tan\alpha_{21})^2 \cdot m_D^2 + \frac{1}{4}D^2(\sec^4\alpha_{12} + \sec^4\alpha_{21})\frac{m_\alpha^2}{\rho^2} + \frac{D^4}{16R^2}m_{\Delta K}^2 + \frac{m_i^2 + m_v^2}{2} \tag{3.19}$$

采用对向观测时，K_1 和 K_2 严格意义上不完全相同，但对高差的影响不是 K 值取值误差本身，而是体现在 K 值的差值 ΔK 上。在较短的时间内进行对向观测可以更好地减少 ΔK 值，视线较短时 ΔK 值对高差的影响甚至可忽略不计。但这种方法对监测点标志的选择有较高的要求，作业难度也较大，一般的监测工程较少采用。

(三)中间法观测及其精度

中间法是将仪器安置于已知高程的测点 1 和测点 2 之间，通过观测站点 1、2 两点的距离 D_1 和 D_2，垂直角 α_1 和 α_2，目标 1、2 的高度 v_1 和 v_2，计算 1、2 两点之间的高差。中间法适用距离较短，若不考虑垂线偏差的影响，其计算公式为

$$h = (D_2\tan\alpha_2 - D_1\tan\alpha_1) + \frac{D_2^2 - D_1^2}{2R} - \left(\frac{D_2^2}{2R}K_2 - \frac{D_1^2}{2R}K_1\right) - (v_2 - v_1) \tag{3.20}$$

若设 $D_1\approx D_2=D$，$\Delta k=K_1-K_2$，$m_{\alpha_1}=m_{\alpha_2}=ma$，$m_{D_1}\approx m_{D_2}=m_D$，$m_{v_1}\approx m_{v_2}=m_v$，则有

$$h = D(\tan\alpha_2 - \tan\alpha_1) + \frac{D^2}{2R}\Delta k + (v_1 - v_2) \tag{3.21}$$

$$m_h^2 = (\tan\alpha_2 - \tan\alpha_1)^2 \cdot m_D^2 + D^2(\sec^4\alpha_2 + \sec^4\alpha_1)\frac{m_\alpha^2}{\rho^2} + \frac{D^4}{4R^2}m_{\Delta K}^2 + 2m_v^2 \tag{3.22}$$

由式(3.20)可以看出，大气折光对高差的影响不是 K 值取值误差本身，而体现在 K 值的差值 Δk 上，虽然 Δk 对三角高程精度的影响仍与距离的平方成正比，但由于视线大

大缩短，在小区域选择良好的观测条件和观测时段可以极大地减少 Δk，Δk 对高差的影响甚至可以忽略不计。这种方法对测站点的位置选择有较高的要求。

(四)电磁波测距三角高程技术要求

《建筑变形测量规范》(JGJ 8—2016)对电磁波测距三角高程有如下规定：

(1)应在后视点、前视点上设置棱镜，中间设置全站仪。观测视线长度不宜大于 300m，最长不宜超过 500m，视线垂直角不应超过 20°。每站的前后视线长度之差，对三等观测不宜超过 30m，四等观测不宜超过 50m。

(2)视线高度及与障碍物的间距宜大于 1.3m。

(3)当采用单棱镜观测时，每站应变动 1 次仪器高进行 2 次独立测量。当 2 次独立测量所计算高差的较差符合表 3.10 的规定时，取其算术平均值作为最终高差值。

(4)当采用高低棱镜组观测时，每站应分别以高、低棱镜中心为照准目标各进行 1 次距离和垂直角观测；观测宜采用全站仪自动照准和跟踪测量功能按自动化测量模式进行；当分别以高、低棱镜中心所测成果计算高差的较差符合表 3.10 的规定时，取其算术平均值作为最终高差值。

表 3.10　**两次测量高差较差限差**

沉降观测等级	两次测量高差较差限差/mm
三等	$10\sqrt{D}$
四等	$20\sqrt{D}$

注：D 为两点间距离，以 km 为单位。

(5)电磁波测距三角高程测量的施测应符合下列规定：

①三角高程测量边长的测定，应采用相应精度等级的电磁波测距仪往返观测各 2 测回。当采取中间设站观测方式时，前后视各观测 2 测回。

②垂直角观测应采用觇牌为照准目标，按要求采用中丝双照准法观测。当采用中间设站观测方式分两组观测时，垂直角观测的顺序宜为：

第一组：后视—前视—前视—后视(照准上目标)；

第二组：前视—后视—后视—前视(照准下目标)。

每次照准后视或前视时，一次正倒镜完成该分组测回数的 1/2。中间设站观测方式的垂直角总测回数应等于每点设站、往返观测方式的垂直角总测回数。

③垂直角观测宜在日出后 2h 至日落前 2h 期间内目标成像清晰稳定时进行。阴天和多云天气可全天观测。

④仪器高、觇标高应在观测前后用经过检验的量杆或钢尺各量测 1 次，精确读至 0.5mm，当较差不大于 1mm 时取用中数。采用中间设站观测方式时可不量测仪器高。

⑤测定边长和垂直角时，当测距仪光轴和经纬仪照准轴不共轴，或在不同觇牌高度上分两组观测垂直角时，必须进行边长和垂直角归算后才能计算和比较两组高差。

(五)三角高程测量中距离和垂直角观测的规定

《建筑变形测量规范》(JGJ 8—2016)对三角高程测量中的距离和垂直角观测，有如下规定：

(1)每次距离观测时，前后视各测2个测回。每测回应照准目标1次、读数4次。距离观测应符合表3.11的规定。

表3.11　**距离观测要求**

全站仪测距标称精度	一测回读数间较差限差/mm	测回间较差限差/mm	气象数据测定最小读数	
			温度/℃	气压/mmHg
1mm+1ppm	3	4.0	0.2	0.5
2mm+2ppm	5	7.0	0.2	0.5

(2)每次垂直角观测时，应采用中丝双照准法观测，观测测回数和限差应符合表3.12的规定。

表3.12　**垂直角观测要求**

全站仪测角标称精度	测回数		两次照准目标读数差限差/(″)	垂直角测回差限差/(″)	指标差较差限差/(″)
	三等	四等			
0.5″	2	1	1.5	3	3
1″	4	2	4	5	5
2″	—	4	6	7	7

(3)观测宜在日出后2h至日落前2h期间内目标成像清晰稳定时进行，阴天和多云天气可全天观测。

任务3.6　沉降观测成果整理

一、任务目标

(1)整理沉降观测成果数据，计算平均沉降量、基础倾斜量、基础相对弯曲量等；

(2)分析沉降监测数据成果，分析监测点的稳定性情况，根据监测数据进行预警判断。

二、任务分析

每周期观测后，应及时整理观测资料，计算观测点的沉降量、沉降差以及本周期平均沉降量、沉降速率和累计沉降量。

三、主要内容

(一)沉降监测数据计算的基本原理

1. 平均沉降量

由建筑物中所有沉降点的沉降量计算出它的平均沉降量：

$$S_{平} = \frac{\sum_{i=1}^{n} S_i}{n} \tag{3.23}$$

式中：n——建筑物上沉降监测点的个数。

2. 基础倾斜量

设建筑物上同一轴线上有 i、j 两个沉降监测点，其间距为 L，它们在某时刻的沉降量为 S_i 和 S_j，则可计算出轴线方向上的倾斜量 τ_{ij}：

$$\tau_{ij} = \frac{S_j - S_i}{L} \tag{3.24}$$

3. 基础相对弯曲量(或相对挠度)

设建筑物上同一轴线上有 3 个沉降监测点 i、k、j，其中 k 到 i 和 j 的距离分别为 l_{ik} 和 l_{kj}，$l_{ij}=l_{ik}+l_{kj}$，3 点的沉降量分别为 S_i、S_k、S_j，则相对弯曲量 f 为

$$f = \frac{\Delta S}{l_{ij}} \tag{3.25}$$

其中

$$\Delta S = S_k - \frac{S_i \cdot l_{kj} + S_j \cdot l_{ik}}{l_{ij}} = \frac{(S_k - S_i)l_{kj} + (S_k - S_j)l_{ik}}{l_{ij}} \tag{3.26}$$

也即

$$f = \frac{(S_k - S_i)l_{kj} + (S_k - S_j)l_{ik}}{l_{ij}^2} \tag{3.27}$$

如果，$l_{ik}=l_{kj}=\frac{l_{ij}}{2}$，则上式可简化为

$$f = \frac{2S_k - (S_i + S_j)}{2l_{ij}} \tag{3.28}$$

(二)沉降监测数据处理分析

1. 沉降监测数据平差计算

平差计算要求如下：

(1)平差前对控制点的稳定性进行检验，对各期相邻控制点间的夹角、距离或坐标进行比较，确保起算数据的可靠；平差后数据取位应精确到 0.1mm；

(2)通过各期沉降监测数据，计算各阶段沉降量、阶段沉降速率、累计沉降量等数据。

2. 沉降监测数据分析原则

1)观测点稳定性分析原则如下：

(1)观测点的稳定性分析是基于稳定的基准点作为基准点而进行的平差计算成果；

(2)相邻两期观测点的沉降分析通过比较相邻两期的最大沉降量与最大沉降观测误差(取两倍中误差)来进行，当沉降量小于最大误差时，可认为该观测点在这两个周期内没有沉降或沉降不显著；

(3)对多期沉降观测成果，当相邻周期沉降量小，但多期呈现出明显的变化趋势时，应视为有沉降。

2)监测点预警判断分析原则如下：

(1)将阶段变形速率及累计变形量与控制标准进行比较，如阶段变形速率或累计变形值小于预警值，则为正常状态，如阶段变形速率或累计变形值大于预警值而小于报警值则为预警状态，如阶段变形速率或累计变形值大于报警值而小于控制值则为报警状态，如阶段变形速率或累计变形值大于控制值则为控制状态。

(2)监控预警值和报警值。国家标准《建筑地基基础设计规范》(GB 50007—2011)第5.3.4条规定：对砌体承重结构和框架结构的工业与民用建筑物相邻柱基的沉降差，变形允许值≤0.002L，取规范变形允许值为监控报警值。取监控报警值的70%作为监控预警值，即建筑物相邻柱基的沉降差监控预警值≤0.0014L(0.002L×70%＝0.0014L)，其中L为相邻柱基的中心距离(mm)。

(3)如数据显示达到警戒标准时，应结合巡视信息，综合分析施工进度、施工措施情况、基坑围护结构稳定性、周边环境稳定性状态，进行综合判断。

(4)分析确认有异常情况时，应立即通知有关各方，并采取相应措施。

3. 建筑物沉降稳定判断标准

根据《建筑变形测量规范》(JGJ 8—2016)要求：“当最后100d的沉降速率小于0.01～0.04mm/d，可认为已进入稳定阶段，具体取值根据各地区地基土的压缩性能确定。”

4. 沉降监测数据统计分析方法

(1)截至最后一期观测，统计得最大累计沉降量为××mm(××观测点)，最小累计沉降量为××mm(××观测点)，最大沉降差为××mm(××观测点～××观测点)，平均累计沉降量为××mm。

(2)在相邻两个观测周期之间，可计算出该观测周期内建筑物的平均沉降速率。如在××××年××月××日～××××年××月××日，时间间隔为××天，其平均沉降量为××mm，平均沉降速率为××mm/d。

(3)计算至最后一次观测(××××年××月××日)止，相邻柱基的最大沉降差为××mm(××观测点～××观测点，这两点相邻柱基的中心距为××mm)。

(4)从荷载-时间-沉降量(P-T-S)关系曲线图的分布情况来看，××观测点沉降曲线与其余观测点沉降曲线相比存在一定离散现象，分析其原因。

(5)从沉降速度-时间-沉降量(V-T-S)关系曲线图的分布情况来看，××观测点沉降速度明显快(慢)于其他观测点，分析其原因。

(6)从沉降曲线的沉降趋势来看，观测点沉降曲线在××××年××月以后开始逐渐趋缓，并小于规定值，则表明建筑物基础在××××年××月以后开始逐步进入稳定沉降阶段。

(三)沉降监测成果上交资料

沉降观测完成后应提交下列图表：

(1)沉降观测成果表；

(2)沉降观测点位布置图及基准点图；

(3)*P-T-S*(荷载-时间-沉降量)曲线图；

(4)*V-T-S*(沉降速度-时间-沉降量)曲线图；

(5)建筑物等沉降曲线图；

(6)沉降观测分析报告。

习题及答案

一、单项选择题

1. 沉降监测也叫作(　　)。

A. 水平位移监测　　B. 垂直位移监测

C. 倾斜检测　　D. 裂缝监测

2. *P-T-S* 曲线图是指(　　)。

A. 荷载-时间-沉降量　　B. 沉降速度-时间-沉降量

C. 时间-速度-沉降量　　D. 以上都不对

3.《建筑变形测量规范》(JGJ 8—2016)规定，特等、一等沉降观测，基准点不应少于(　　)个。

A. 2　　B. 3　　C. 4　　D. 5

4. 电子精密水准仪进行二等精密水准测量，使用 3m 尺，则最大读数不应超过(　　)m。

A. 1.8　　B. 2.8　　C. 1.85　　D. 2.85

5. 二等精密水准测量往测偶数站的观测顺序为(　　)。

A. 后前前后　　B. 前后后前　　C. 后后前前　　D. 前前后后

二、多项选择题

1. 沉降监测通常需要计算监测点的(　　)。

A. 沉降量　　B. 沉降差　　C. 沉降速度　　D. 沉降面积

2. 以下属于沉降监测网(点)的是(　　)。

A. 后视定向点　　B. 沉降监测基准点

C. 沉降监测工作基点　　D. 沉降监测点

3. 沉降监测基准点的点位选择应符合下列规定(　　)。

A. 基准点应避开交通干道主路、地下管线、仓库堆栈、水源地、河岸、松软填土、滑坡地段、机器振动区以及其他可能使标石、标志易遭腐蚀和破坏的地方。

B. 密集建筑区内，基准点与待测建筑的距离应大于该建筑物基础深度的2倍。

C. 对地铁、高铁等大型工程，以及大范围建设区域或长期变形测量工程，宜埋设2~3个基岩标作为基准点。

D. 特等、一等沉降观测，基准点不应少于4个；其他等级沉降观测，基准点不应少于3个。基准点之间应该形成闭合环。

4. 使用电子精密水准仪进行二等精密水准测量前需要设置(　　)等参数。

A. 观测顺序　　B. 读数次数　　C. 视线长度　　D. 视线高度

5. 沉降监测成果提交的资料通常包括(　　)。

A. 沉降观测成果表　　B. 沉降观测点位布置图及基准点图

C. 沉降曲线图　　D. 沉降监测分析报告

三、判断题

1. 不同周期相同监测点的高程之差，即为该点的沉降值，也叫作沉降量。(　　)

2. 为了反映出建(构)筑物的准确沉降情况，沉降观测点要埋设在最能反映沉降特征且便于观测的位置。(　　)

3. 变形监测网通常由基准点、工作基点、监测点三级点位组成。(　　)

4. 液体静力水准测量时，相邻两监测点间必须通视。(　　)

5. 根据《建筑变形测量规范》(JGJ 8—2016)要求：“当最后100d的沉降速率小于0.01~0.04mm/d，可认为已进入稳定阶段，具体取值根据各地区地基土的压缩性能确定”。(　　)

四、简答题

1. 沉降监测技术有哪些？

2. 何谓沉降监测技术中的“五定”原则？

3. 使用精密电子水准仪沉降观测之前仪器中应设置哪些测量参数？

4. 沉降监测完成后应上交哪些资料？

答案

项目4　水平位移监测技术

【项目简介】

本项目首先介绍水平位移监测的基本原理、水平位移监测控制网布设方法、监测点标志的规格及埋设要求等基础知识；然后重点学习水平位移监测的基本方法，分别介绍了常规大地测量法、光学基准线法、激光准直法、垂线法、GNSS测量法、测量机器人法等具体方法；最后学习水平位移监测成果整理、水平位移监测数据处理计算及分析、水平位移监测预警判断等。

【教学目标】

1. 了解水平位移监测技术的基础知识，掌握水平位移监测控制网(点)的建立方法。
2. 重点掌握常见的水平位移监测方法，掌握水平位移监测成果资料的数据处理方法。

项目单元教学目标分解

目标	内　　容
知识目标	1. 水平位移监测的基本原理和方法；水平位移监测点标志的规格及埋设要求； 2. 水平位移监测常用仪器设备的使用方法、检验方法、保养维护方法； 3. 六大类水平位移监测方法的具体实施过程及各自的技术细节要求； 4. 水平位移监测内业数据处理方法，水平位移监测报告的编写内容及方法。
技能目标	1. 能够按照规范要求布设水平位移监测基准点、工作基点和监测点，观测并获取准确可靠的初值；能够熟练使用各类水平位移监测仪器设备； 2. 能够熟练规范地完成各类水平位移监测的外业观测、记录及计算。能够定期对水平位移监测基准点进行观测并分析其稳定可靠情况；充分理解光学基准线法和激光准直法的区别；充分理解光学基准线法中活动觇牌法、引张线法二者的异同； 3. 能够完成水平位移监测项目各期观测数据资料的整理及计算，制作并提交水平位移监测日报表；能够根据各期观测数据判断监测对象水平位移变化情况； 4. 能够将项目的最终各期观测数据整理归档、处理计算、汇总分析，绘制载荷-时间-位移量(*P-T-S*)曲线图、位移速率-时间-位移量(*V-T-S*)曲线图等，能够编写水平位移监测报告。
态度及思政目标	1. 通过水平位移监测项目培养学生“精益求精、敬业笃行、严守规范、质量至上”的测绘工匠精神，锤炼学生对待专业工作一丝不苟的耐心和意志品质，使其明白作为一个工程人应该深刻理解“差之毫厘，谬以千里”的意义； 2. 通过使用精密电子全站仪、GNSS接收机等设备，培养学生精心使用并妥善保养维护精密仪器设备的专业素养，培养其严格遵守测绘规范的职业精神。

任务4.1　水平位移监测技术概述

一、任务目标

(1)了解水平位移监测工作对工程建设的意义，明确水平位移监测工作的基本原理；
(2)理解水平位移监测工作的基本要求，能在实际工作中严格按照要求实施；
(3)了解水平位移监测的几大类常用方法。

二、任务分析

水平位移是指建筑物及其地基在水平应力作用下产生的水平移动。水平位移监测是指监测变形体的平面位置随时间的变化情况，并提供变形预报的测量工作。

三、主要内容

(一)水平位移监测的意义

大型建筑物由于自重、混凝土的收缩、基础的沉陷、地基不稳定及温度的变化等因素，可能受到水平方向应力的影响而产生平面位置的变化。适时监测建筑物的水平位移量，能有效地监控建筑物的安全运行状态，并可及时采取措施防止事故发生。

(二)水平位移监测的基本原理

假设建筑物上某个观测点在第 i 次水平位移监测中测得的坐标为 X_i、Y_i，此点的原始坐标为 X_0、Y_0，则该点的水平位移为

$$\begin{aligned} \delta_x &= X_i - X_0 \\ \delta_y &= Y_i - Y_0 \end{aligned} \tag{4.1}$$

若第 i 次和第 j 次观测之间时间间隔为 t，在时间 t 内水平位移值的变化程度可用平均变形速度来表示，即在第 i 次和第 j 次观测之间的观测周期内，水平位移监测点的平均变形速度为

$$V_{均} = \frac{\delta_i - \delta_j}{t} \tag{4.2}$$

当时间段 t 以年或月为单位时，$V_{均}$ 为年平均变形速度和月平均变形速度。

(三)水平位移监测常用方法

水平位移监测既可监测建筑物在某个轴线上的变化量，也可监测其点位的变化量。常用的方法有如下几类：

(1)传统大地测量法。传统大地测量法是水平位移监测的传统方法，主要包括交会法、精密导线测量法、三角形网测量法。大地测量法的基本原理是利用交会法、三角测量

法等方法重复观测监测点，利用监测点坐标的变化量计算水平位移量，从而判断建筑物的水平位移情况。这类方法通常需要人工观测，工作强度大，效率较低。交会法受到观测条件限制，图形强度差，不易达到很高的精度。

(2)基准线法。基准线法是指测定变形点到基准线的几何垂直距离，通过距离变化量判断建筑物的水平位移情况。这类方法特别适用于直线型建筑物的水平位移监测，如大坝水平位移监测。具体方法包括：视准线法、引张线法、激光准直法和垂线法等。

(3)GNSS 测量法。GNSS 具有全天候观测、自动化程度高、观测精度高等优点，它将逐步成为水平位移监测的主要方法。利用 GNSS 有助于实现全自动的水平位移监测，这项技术已在我国的部分水利工程监测中得到应用。这种方法要求监测点布置在卫星信号良好的地方。

(4)应变测量法。即用专门的仪器和方法测量两点之间的水平位移。根据工作原理可以分为两种，即通过测量两点间的距离变化来计算应变和直接用传感器测量应变两种。

(5)测量机器人法。测量机器人是一种能自动搜索、辨识、跟踪和精确照准目标并自动获取角度、距离、坐标以及影像等信息的智能型电子全站仪，在实际变形监测中，有固定式全自动持续监测方式和移动式半自动监测方式两种。

任务 4.2　水平位移监测网(点)布设

一、任务目标

(1)能够区分水平位移监测网(点)的层级体系，明确各级点的布设规格及要求；

(2)能够按照变形监测规范要求布设各级水平位移监测基准点、工作基点、监测点。

二、任务分析

为了测定建筑物或场地的水平位移，需在监测对象的变形特征点处设置一些监测点，这些点称为水平位移监测点。为了测定水平位移监测点的绝对水平位移值，需要设置稳固的点作参考，这样的参考点叫作水平位移监测基准点。基准点通常要求在变形影响范围以外，离监测点较远。有时为了观测方便，在离监测点较近的地方设置相对比较稳固的点，称为工作基点。在工作基点上对监测点进行周期性监测。

三、主要内容

(一)水平位移监测网

水平位移监测基准点通常布设三个以上，由基准点组成的网称为基准网。为了确保基准点数据的可靠性，基准网也需要定期重复观测。条件允许时所有的监测点也可组成网，称为变形网。当变形网不与基准点联系时称为相对网；当其与基准点联系时，称为绝对网。相对网监测变形体的变形，绝对网是为获取变形体的整体变形。

基准点、工作基点、监测点共同组成水平位移监测网。当建筑物规模较小，水平位移监测观测精度要求较低时，则可直接布设基准点和监测点两级，而不再布设工作基点。

(二)水平位移监测网(点)的布设要求

《建筑变形测量规范》(JGJ 8—2016)对水平位移监测网点的布设作出了如下规定：

(1)平面基准点、工作基点的布设应符合下列规定：

①各级别位移监测的基准点(含定向点)不应少于3个，工作基点可根据需要设置；

②基准点、工作基点应便于检核校验；

③当使用GNSS测量方法进行平面或三维控制测量时，基准点位置还应满足下列要求：

a. 应便于接收设备的安置和操作；

b. 视场内障碍物的高度角不宜超过15°；

c. 离电视台、电台、微波站等大功率无线电发射源的距离不应小于200m；离高压输电线和微波无线电信号传输通道的距离不应小于50m；附近不应有强烈反射卫星信号的大面积水域、大型玻璃幕墙以及热源等；

d. 通视条件好，应方便后续采用常规测量手段进行联测。

(2)平面基准点、工作基点标志的形式及埋设应符合下列规定：

①对特级、一级位移观测的平面基准点、工作基点，应建造具有强制对中装置的观测墩或埋设专门观测标石，强制对中装置的对中误差不应超过±0.1mm；

②照准标志应具有明显的几何中心或轴线，并应符合图像反差大、图案对称、相位差小和本身不变形等要求。根据点位不同情况，可选用重力平衡球式标、旋入式杆状标、直插式觇牌、屋顶标和墙上标等形式的标志。

③对用作平面基准点的深埋式标志、兼作高程基准的标石和标志以及特殊土地区或有特殊要求的标石、标志及其埋设应另行设计。

(3)平面控制测量可采用边角测量、导线测量、GNSS测量及三角测量、三边测量等形式。三维控制测量可使用GNSS测量及边角测量、导线测量、水准测量和电磁波测距三角高程测量的组合方法。

(4)平面控制测量的精度应符合下列规定：

①测角网、测边网、边角网、导线网或GNSS网的最弱边边长中误差，不应大于所选级别的观测点坐标中误差；

②工作基点相对于邻近基准点的点位中误差，不应大于相应级别的观测点点位中误差；

③用基准线法测定偏差值的中误差，不应大于所选级别的观测点坐标中误差。

(5)除特级控制网和其他大型、复杂工程以及有特殊要求的控制网应专门设计外，对于一、二、三级平面控制网，其技术要求应符合下列规定：

①测角网、测边网、边角网、GNSS网应符合表4.1的规定：

表 4.1　**平面控制测量技术要求**

级别	平均边长/m	角度中误差/(″)	边长中误差/mm	最弱边边长相对中误差
一级	200	±1.0	±1.0	1∶200000
二级	300	±1.5	±3.0	1∶100000
三级	500	±2.5	±10.0	1∶50000

注：1. 最弱边边长相对中误差中未计及基线边长影响；

2. 有下列情况之一时，不宜按本规定，应另行设计：

(1)最弱边边长相对中误差不同于表列规定时；

(2)实际平均边长与表列数值相差大时；

(3)采用边角组合网时。

②各级测角、测边控制网宜布设为近似等边三角形网，其三角形内角不宜小于 30°；当受地形或其他条件限制时，个别角可放宽，但不应小于 25°。宜优先使用边角网，在边角网中应以测边为主，加测部分角度，并合理配置测角和测边的精度。

③导线测量的技术要求应符合表 4.2 的规定：

表 4.2　**导线测量技术要求**

级别	导线最弱点点位中误差/mm	导线总长/m	平均边长/m	测边中误差/mm	测角中误差/(″)	导线全长相对闭合差
一级	±1.4	$750C_1$	150	$\pm 0.6C_2$	±1.0	1∶100000
二级	±4.2	$1000C_1$	200	$\pm 2.0C_2$	±2.0	1∶45000
三级	±14.0	$1250C_1$	250	$\pm 6.0C_2$	±5.0	1∶17000

注：1. C_1、C_2 为导线类别系数，对附合导线，$C_1=C_2=1$；对独立单一导线，$C_1=1.2$，$C_2=2$；对导线网，导线总长系指附合点与节点或节点间的导线长度，取 $C_1\leqslant 0.7$，$C_2=1$；

2. 有下列情况之一时，不宜按本规定，应另行设计：

(1)导线最弱点点位中误差不同于列表规定时；

(2)实际导线的平均边长和总长与列表数值相差大时。

④选用 GNSS 接收机，应根据需要并符合表 4.3 的规定。

表 4.3　**GNSS 接收机的选用**

级别	一、二级	三级
接收机类型	双频或单频	双频或单频
标称精度	$\leqslant(3\text{mm}+D\times 10^{-6})$	$\leqslant(5\text{mm}+D\times 10^{-6})$

注：GNSS 接收机必须经检定合格后方可用于变形测量作业。接收机在使用过程中应进行必要的检验。

⑤GNSS 测量的基本技术要求应符合表 4.4 的规定。

表 4.4　**GNSS 测量的基本技术要求**

级别		一级	二级	三级
卫星截止高度角/(°)		≥15	≥15	≥15
有效观测卫星数		≥6	≥6	≥4
观测时段长度/min	静态	30~90	20~60	15~45
	快速静态	—	—	≥15
数据采样间隔/s	静态	10~30	10~30	10~30
	快速静态	—	—	5~15
PDOP		≤5	≤6	≤6

⑥电磁波测距技术要求应符合表 4.5 的规定。

表 4.5　**电磁波测距的基本技术要求**

级别	仪器精度等级/mm	每边测回数		一测回读数间较差限差/mm	单程测回间较差限差/mm	气象数据测定最小读数		往返或此段间较差限值
		往	返			温度/℃	气压/mmHg	
一级	≤1	4	4	1	1.4	0.1	0.1	$\sqrt{2}(a+b\cdot D\times10^{-6})$
二级	≤3	4	4	3	5.0	0.2	0.5	
三级	≤5	2	2	5	7.0	0.2	0.5	
	≤10	4	4	10	15.0	0.2	0.5	

注：1. 仪器精度等级系根据仪器标称精度，以相应等级级别的平均边长 D 代入计算的测距中误差划分；
2. 一测回是指照准目标 1 次、读数 4 次的过程；
3. 时段是指测边的时间段，如上午、下午和不同的白天，可采用不同时段观测代替往返观测。

(三)水平位移监测网(点)标志的规格及埋设要求

在水平位移监测的观测标志上，不仅要安放供瞄准用的目标，还要安放全站仪、反光棱镜以及精密测距用的专用标志。所以除加工简单、便于埋设、外形美观、方便使用等一般要求外，标志还要有较高的平面复位精度。所谓较高的平面复位精度就是指在每次观测重复安置仪器或仪器互换位置时，对中的精度要求非常高。所以，标志应要求使用强制对中装置。

水平位移监测网平面控制点标志的形式及埋设应符合以下要求：

(1)对于特级、一级、二级及有需要的三级位移观测的控制点，应建造观测墩或埋设专门观测标石，同时，根据使用的仪器和照准标志的类型，结合观测精度要求，配备强制对中装置，如强制对中观测墩。

(2)水平位移监测照准标志应该具有非常清晰明显的纵向几何中心线，觇牌的图像颜色反差要大、图案对称、相位差小，便于精确瞄准其几何中心线，一般使用特制的专业觇牌。常用的照准标志有重力平衡球式标、旋入式杆状标、直插式觇牌、屋顶标和墙上标等形式，可以根据监测点位置特点选用。

1. 强制对中装置

强制对中观测墩的制作是将带有中心连接螺母孔的强制对中基座嵌入混凝土桩顶部，并使盘面和墩身纵向轴线垂直。埋设观测墩时应用两台经纬仪在两个互相垂直的方向上观测控制，反复调节预制观测墩，使得墩身竖直，然后在墩身周围灌入水泥砂浆使其牢固，这样可确保将全站仪用连接杆连入对中螺母中时，仪器已达到整平状态。

强制对中观测墩主要用于大坝、隧洞、桥梁、滑坡整治等大型工程的监测工作。如图 4.1 所示为强制对中基座，图 4.2 所示为强制对中观测墩。为了保护对中基座，通常在顶部加盖。

图 4.1　强制对中基座

图 4.2　强制对中观测墩

用于水平位移监测的基准点应稳定可靠，能够长期使用。通常情况下，观测墩应建在基岩上；当地表土层覆盖较厚时，可开挖或钻孔至基岩；在条件困难时，可埋设土层混凝土墩，这时墩的基础应适当加大，并且要开挖至冻土层以下，并在基础下埋设几根钢管以增加标墩的稳定性。如图 4.3 所示为基岩点观测墩和土层点观测墩示意图。

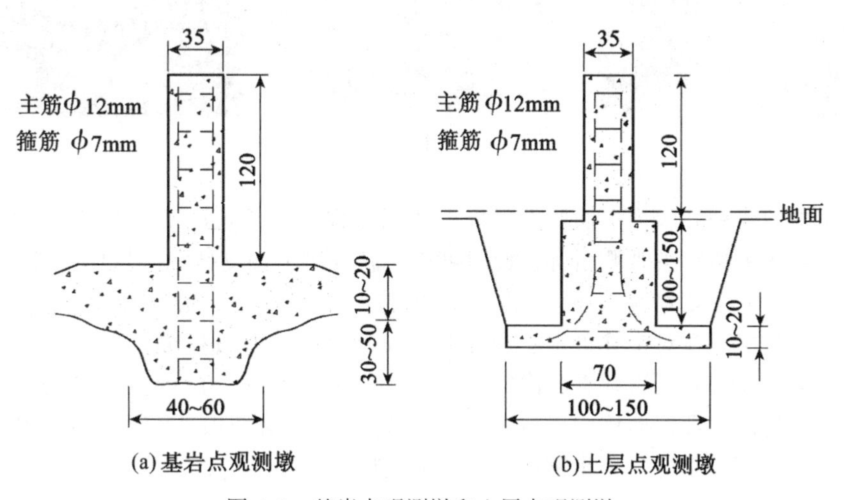

图 4.3　基岩点观测墩和土层点观测墩

2. 水平位移监测照准标志

水平位移监测照准标志的基本要求是易于对中和瞄准，另外还应制作简单，使用方便。实践证明当目标像与望远镜十字丝同宽、同样明亮，且具有同样反差时，瞄准精度最高。

如图4.4所示为各种形式的照准标志：(a)是最简单的条形图案；(b)有两种不同宽度的线条，用于照准远近不同的目标；(c)和(d)是(b)的发展，淡颜色背景上的楔形图案便于双丝观测，而深颜色背景上的楔形图案便于单丝观测；(e)是楔形图案的变形，再加上两个用于竖直角观测的横向楔形；(f)是一种混合图案，细丝用于照准近距离目标，中间的圆孔用于在背面投射灯光从而在夜间观测；(g)用十字丝分别瞄准三条线并读数，取其中数作为最后结果，以提高精度。图4.5所示为照准觇牌实物图。

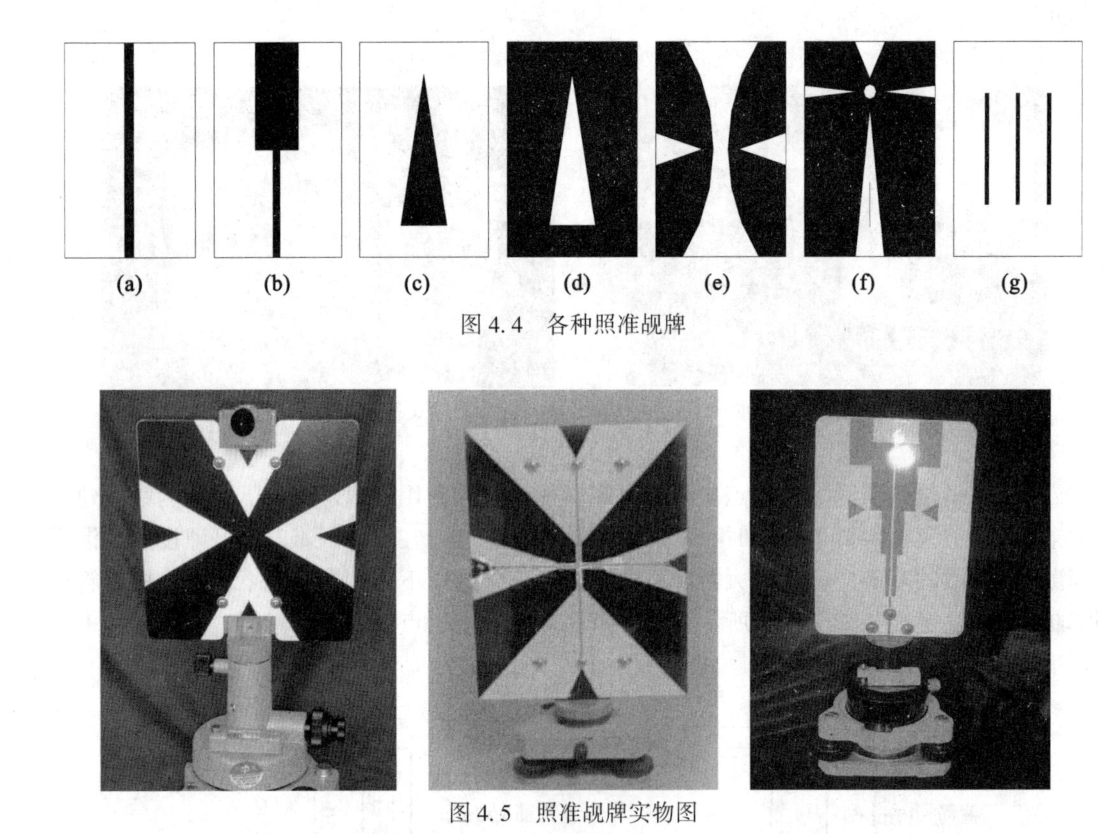

图4.4　各种照准觇牌

图4.5　照准觇牌实物图

图4.4中的几种觇牌为平面照准目标，使用过程中需要正面对准测站。实际生产中，有时候需要从各个角度去观测目标，此时就需旋转觇牌，而立体照准目标则可供任何方向的测站去瞄准。如图4.6所示即为立体照准标志：(a)和(b)是旋入杆式照准标志，其底部有螺纹，可直接旋在对中装置中心螺旋上；(c)和(d)为顶部墙面标志，(c)用于一般建筑，以直径为12mm的钢筋做成弯钩尖形标志，埋入墙体内；(d)用于高级建筑，壁灯式标志，在外墙粉饰时埋入墙体内；(e)和(f)一般用在建筑物顶部，用钢筋焊接成三角形架嵌入建筑物顶部或用混凝土将钢筋标志浇灌在屋顶上。

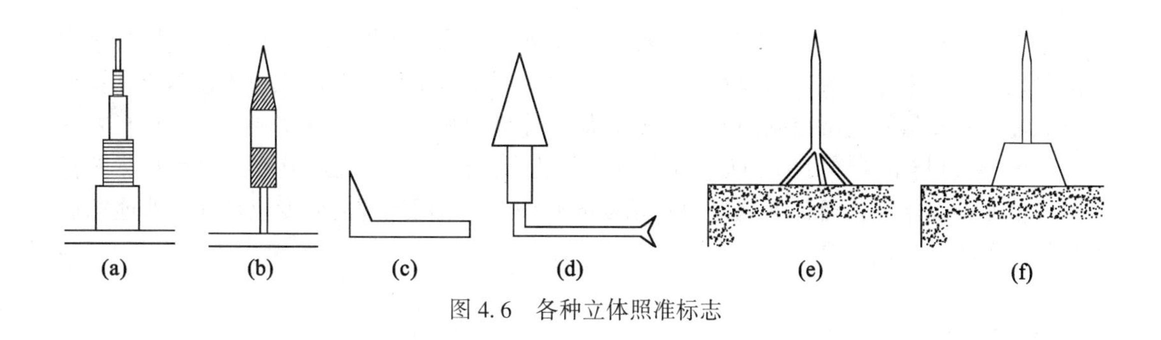

图4.6　各种立体照准标志

任务4.3　全站仪测量法

全站仪边角测量法可用于位移基准点网观测及基准点与工作基点间的联测；全站仪小角法、极坐标法、前方交会法和自由设站法可用于监测点的位移观测；全站仪自动监测系统可用于日照、风振变形测量以及监测点数量多、作业环境差、人员出入不便的变形测量项目。

子任务4.3.1　全站仪边角测量法基准点与工作基点联测

在水平位移监测项目中，监测基准点网的布设及观测是最重要的一个环节，因为监测基准点网是水平位移监测的基准数据和起算数据，所以保证基准数据的精确性、稳定性，是水平位移监测达到精度要求的首要条件。

监测基准点网的测量(即基准点网以及基准点与工作基点间的联测)通常使用全站仪边角测量法。

一、任务目标

如图4.7所示，为确保施工期间主体建筑的安全，对某大型建筑物进行变形监测，要求使用全站仪边角测量法进行变形监测基准网测量。

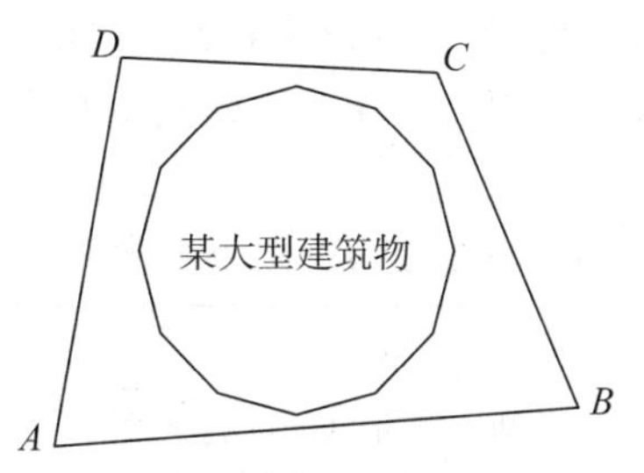

图4.7　某大型建筑物水平位移监测基准网示意图

二、任务分析

边角网测量是利用三角测量和三边测量，推求各个三角形顶点平面坐标的测量方法，观测量主要有水平角、边长(通过观测斜距和天顶距归化水平距离)。边角网测量时多余观测量比较多，平差后成果具有较高的精度。主要用于水平位移基准点、工作基点和变形观测点之间的测量，施工控制网测量以及其他高等级的平面控制测量。

GNSS 测量技术同样可用于施工控制测量及变形监测，但对短边或不利卫星观测的控制点，精度难以保证，而且 B 级及以上精度的 GNSS 网数据处理需要专业软件，普通的后处理软件无法满足精度要求。

三、主要内容

1. 仪器设备

使用徕卡 TS60 智能全站仪(测角精度 0.5″，测距精度(0.6mm+1ppm))，配套设备包括徕卡标准圆棱镜、通风干湿温度计(读数精确至 0.2℃)、空盒气压表(读数精确至 50Pa)、钢卷尺等。要求观测使用的仪器设备及配套设施在作业前均检定合格，并在检定有效期内。

2. 测量等级

使用全站仪按照二等边角测量方法进行观测。

3. 观测方法

测站观测使用徕卡 TS60 智能型全站仪加载多测回测角软件，可实现自动寻找目标与照准、自动观测、自动记录、自动检测各项测角测距限差等一体化操作。

(1)水平角采用方向观测法观测 4 个测回，全站仪设置限差符合表 4.6 的规定。

(2)斜距与水平角同步自动观测，往返均 4 个测回，每测回读数 4 次，距离测量的限差设置与技术要求符合表 4.7 的规定。

(3)气象元素在测站和反射镜站测前、测后分别同时测记，并加修正值改正，然后再取两端平均值进行气象改正。

(4)天顶距采取对向观测，天顶距观测与水平角同步自动观测，其限差设置与技术要求符合表 4.8 的规定。

(5)仪器高和觇标(棱镜高)的量测，在带强制对中基座的观测墩上安置仪器和棱镜后，采用钢卷尺在 3 个方向分别量测，取 3 个方向测量高度的均值作为仪器高(觇标高)。

表 4.6　**水平角方向观测的主要技术要求**

序号	项　　目	限差
1	两次照准目标读数之差	2″
2	半测回归零差	3″
3	一测回内 2*C* 互差	5″
4	归零后同一方向值各测回较差	3″
5	三角形闭合差	3.5″

表 4.7　**边长测量的主要技术要求**

每边测回数		一测回读数间较差限差/mm	单程各测回较差/mm	气象数据测定的最小读数		往返较差/mm
往	返			温度/℃	气压/Pa	
4	4	3	4	0.2	50	6

表 4.8　**天顶距测量的主要技术要求**

测回数	两次照准目标读数之差/(″)	指标差较差/(″)	测回间垂直角较差/(″)
4	1.5	3	3

4. 数据处理

(1)根据测站观测水平角数据计算得到三角形闭合差。

(2)测量的斜距经气象和仪器加、乘常数改正后再归化为水平距离，计算出各测距边往返测水平距离较差，根据其较差计算出平均测距中误差、任一边实际测距中误差、边长相对中误差。

(3)数据处理采用平差软件，以网中 *A* 点作为坐标起算点(2000 国家大地坐标系平面坐标)，*AD* 作为起算方位边(2000 国家大地坐标系平面坐标反算方位角)，边长投影至当地高程面(建筑物设计正负零的绝对高程)，按固定一点一方位的方法进行平差计算。

四、观测要求

当采用全站仪边角测量法进行监测基准点网的测量时，应符合下列规定：

1. 对仪器的要求

位移观测所用全站仪的标称精度应符合表 4.9 的规定。

表 4.9　**全站仪标称精度要求**

位移观测等级	一测回水平方向标准差/(″)	测距中误差/mm
一等	≤0.5	≤(1mm+2ppm)
二等	≤1.0	≤(1mm+2ppm)
三等	≤2.0	≤(2mm+2ppm)
四等	≤2.0	≤(2mm+2ppm)

2. 对监测网基准点间以及基准点与工作基点间边长的要求

(1)基准点及工作基点应组成多边形网，网的边长宜符合表 4.10 的规定。这个要求和一般测量规范相反，其他规范等级越高边长要求越长。与城市控制网不同，建筑变形测量中基准点之间的距离相对较短，但精度要求高。

表 4.10　基准点及工作基点网边长要求

位移观测等级	边长/m
一等	≤300
二等	≤500
三等	≤800
四等	≤1000

(2)应在各基准点、工作基点上设站观测，观测应边角同测。在各基准点或各工作基点设站观测，不允许使用后方交会等方法。这也相当于要求基准点间以及与工作基点至少相邻点要通视。

(3)视线高度，视线与障碍物的间距宜大于1.3m。

3. 水平角观测要求

全站仪水平角观测应符合下列规定：

(1)水平角观测应采用方向观测法，测回数应符合表4.11的规定，观测限差应符合表4.12的规定。

(2)观测应在通视良好、成像清晰稳定时进行。晴天的日出、日落前后和太阳中天前后不宜观测。作业中仪器不得受阳光直接照射，当气泡偏离超过一格时，应在测回间重新整置仪器。当视线靠近吸热或放热强烈的地物时，应选择阴天或有风但不影响仪器稳定的时间进行观测。

(3)每站观测中，宜避免二次调焦。当观测方向的边长悬殊较大需调焦时，宜采用正倒镜同时观测法，该方向的2*C*值可不参与互差计算。对于大倾角方向的观测，水平气泡偏移不应超过一格。

(4)当水平角观测成果超出限差时，应按下列规定进行重测：

①2*C*互差或各测回互差超限时，应重测超限方向，并联测零方向；

②当归零差或零方向的2*C*互差超限时，应重测该测回；

③一测回中，当重测方向数超过所测方向总数的1/3时，应重测该测回；

④一个测站上，当重测的方向测回数超过全部方向测回总数的1/3时，应重测该测站所有方向。

表 4.11　水平角观测测回数

全站仪测角标称精度	位移观测等级			
	一等	二等	三等	四等
0.5″	4	2	1	1
1″	—	4	2	1
2″	—	—	4	2

表 4.12　**水平角观测限差**

全站仪测角标称精度	半测回归零差限差/(″)	一测回内 2C 互差限差/(″)	同一方向值各测回互差限差/(″)
0.5″	3	5	3
1″	6	9	6
2″	8	13	9

4. 距离观测要求

全站仪距离观测应符合下列规定：

(1)一等位移观测，距离应往返各观测 4 个测回；二等、三等、四等位移观测，距离应往返各观测 2 个测回。每测回应照准目标 1 次、读数 4 次。有关技术要求应符合表 4.13 的规定，其中往返测观测值较差应将斜距化算到同一水平面上方可比较。

表 4.13　**距离观测技术要求**

全站仪测距标称精度	一测回读数间较差限差/mm	测回间较差限差/mm	往返测较差限差/mm	气象数据测定最小读数	
				温度/℃	气压/mmHg
1mm+1ppm	3	4.0	6.0	0.2	0.5
1mm+2ppm	4	5.5	8.0	0.2	0.5
2mm+2ppm	5	7.0	10.0	0.2	0.5

(2)测距应在成像清晰、气象条件稳定时进行。阴天、有微风时可全天观测；晴天最佳观测时间宜为日出后 1h 和日落前 1h；雷雨前后、大雾、大风、雨、雪天和大气透明度很差时，不应进行观测。

(3)晴天作业时，应对全站仪和反光镜打伞遮阳，严禁将仪器照准头对准太阳。

(4)观测时的气象数据测定，应采用经检定合格的温度计和气压计。气象数据应在每边观测始末时在两端进行测定，取其算术平均值。

(5)测距边两端点的高差，对一等、二等观测可采用四等水准测量或三等三角高程测量方法测定；对三等、四等观测可采用四等三角高程测量方法测定。

(6)测距边归算到水平距离时，应在观测的斜距中加入气象改正和仪器加常数、乘常数、周期误差改正，并化算到同一水平面上。

(7)当距离观测成果超限时，应按下列规定进行重测：

①当一测回读数间较差超限时，应重测该测回；

②当测回间较差超限时，可加测 2 个测回，去掉其中最大、最小测回观测值后再进行比较，如仍超限，应重测该边的所有测回；

③当往返测较差超限时，应分析原因，重测单方向的距离。如重测后仍超限，应重测往返两方向的距离。

子任务4.3.2　全站仪小角法水平位移观测

一、任务目标

某建筑基坑施工中需要监测基坑安全稳定情况，现要求使用全站仪小角法进行基坑护壁桩顶部水平位移监测。

二、任务分析

测小角法的操作过程是：在基坑一定距离以外设置基准点，设定一条基准线，使水平位移监测点尽量在基准线上，然后在一个基准点上架设精密经纬仪精确测定基准线与测站点到观测点的视线之间微小角度变化。这种方法观测和计算都比较简便，但是要求场地较为开阔，基准点离基坑有一定的距离，避免基坑变形对基准线的影响；同时要求基坑的形状比较规则，否则将大大增加测站点的个数，增加观测成本。

三、监测方法

全站仪小角法是利用精密全站仪(如精度为1″或0.5″的全站仪)精确地测出基准线方向与测站点到观测点的视线方向之间所夹的小角，从而计算变形观测点相对于基准线的偏移值。为了提高精度，视准线(基准线)两端的工作基点宜设置强制对中观测墩，视准线长度不宜过长。

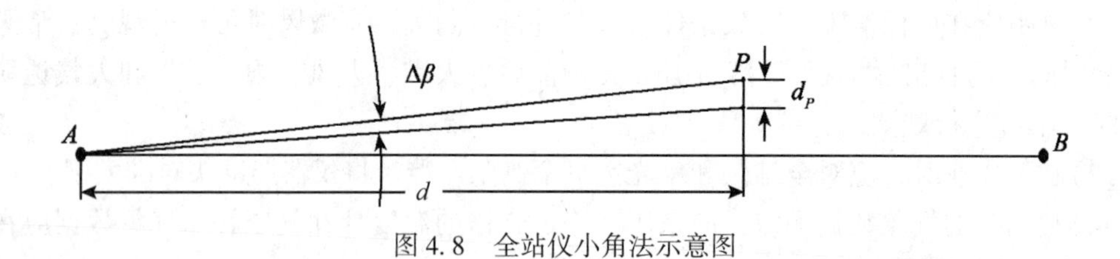

图4.8　全站仪小角法示意图

如图4.8所示为待监测的基坑周边建立的视准线小角法监测水平位移的示意图。A、B为视准线上所布设的工作基点，将精密全站仪安置于工作基点A，在另一工作基点B和变形监测点P上分别安置观测觇牌，用测回法测出$\angle BAP$。设初次的观测值为β_0，第i期观测值为β_i，计算出两次角度的变化量$\Delta\beta=\beta_i-\beta_0$，即可计算出$P$点的水平位移$d_P$。其位移方向根据$\Delta\beta$的符号确定。其水平位移量为

$$d_P=\Delta\beta\times D/\rho$$

式中，D是AP的水平距离；$\Delta\beta$是两次监测水平角之差，单位取“″”；ρ为常数，其值为206265″。

四、技术要求

《建筑变形测量规范》(JGJ 8—2016)规定，当采用全站仪小角法测定某个方向上的水平位移时，应符合下列规定：

(1)应垂直于所测位移方向布设视准线，并以工作基点作为测站点。

(2)测站点与监测点之间的距离宜符合表 4.14 的规定。

(3)监测点偏离视准线的角度不应超过 30′。

(4)每期观测时，利用全站仪观测各监测点的小角值，观测不应少于 1 测回。

表 4.14　**全站仪小角法观测距离要求**　单位：m

全站仪测角标称精度	位移观测等级			
	一等	二等	三等	四等
0.5″	≤300	≤500	≤800	≤1200
1″	—	≤300	≤500	≤800
2″	—	—	≤300	≤500

子任务 4.3.3　全站仪极坐标法水平位移观测

一、任务目标

如图 4.9 所示的某建筑基坑需要进行基坑壁水平位移监测，现要求使用高精度全站仪配合反射片，采用全站仪极坐标法观测坐标，进而判断基坑壁变形情况。

二、任务分析

极坐标法的操作过程是：将高精度全站仪架设在一个固定测站点上，选择另一固定点作为后视点，分别测定各变形观测点的平面坐标，然后将每次测量的结果与首次测量的结果相比较，可得出水平位移变化值。这种方法观测和计算都比较简便，且克服了测小角法的不足之处，应该是最好的一种方法。但是它对角度观测要求很高，必须精确照准标志，因此在光照不好时(例如薄雾、夜晚、工地扬尘等情况)这种方法就会受到影响。

三、监测方法

(1)监测基准网的布设。按照基坑形状及周边环境布设基坑水平位移监测基准点和工作基点。

(2)监测点的布设。通常将反射片布设在基坑冠梁上，如图 4.10 所示。反射片应朝向测站方向，便于观测。反射片布设完毕后周围要有醒目的保护设施，防止被破坏。

图 4.9　基坑监测标志布设图

图 4.10　反射片布设实物图

(3)观测过程。使用高精度全站仪进行观测，先将全站仪安置在工作基点上(强制对中观测墩或者地面标志)，进行测站设置、后视定向、定向检查，再进行监测点坐标采集。为了减少人为照准误差，通常使用测量机器人进行周期性监测，从而提高监测精度。

(4)基准点和工作基点的联测。定期联测水平位移监测基准点和工作基点，分析工作基点的稳定性。此项任务按照子任务 4.3.1 进行。

(5)数据处理。使用表格或软件计算坐标差值和点位位移值，再将点位位移值投影计算到与基坑边垂直方向的量，从而判断基坑壁的变形量及移动方向。

四、技术要求

《建筑变形测量规范》(JGJ 8—2016)规定，当采用全站仪极坐标法进行位移观测时，应符合下列规定：

(1)测站点与监测点之间的距离宜符合表 4.15 的规定。

表 4.15　**全站仪观测距离长度要求**　单位：m

全站仪标称精度	位移观测等级			
	一等	二等	三等	四等
0.5″/1mm+1ppm	≤300	≤500	≤800	≤1200
1″/1mm+2ppm	—	≤300	≤500	≤800
2″/2mm+2ppm	—	—	≤300	≤500

(2)边长和角度观测测回数应符合表 4.16 的规定。

表 4.16　**全站仪观测测回数**

全站仪标称精度	位移观测等级			
	一等	二等	三等	四等
0.5″/1mm+1ppm	2	1	1	1
1″/1mm+2ppm	—	2	1	1
2″/2mm+2ppm	—	—	2	1

子任务 4.3.4　全站仪距离交会法水平位移观测

一、任务目标

如图 4.9 所示的某建筑基坑需要进行基坑壁水平位移监测，现要求使用全站仪距离交会法进行水平位移监测，进而判断基坑壁变形情况。

二、任务分析

交会法的原理是：利用两个基准点和变形观测点构成一个三角形，测定这个三角形的一些边角元素，从而求得变形观测点的位移变化量。这种方法适用于一些不规则形状的基坑监测。这种方法可以细分为方向交会与距离交会。方向交会具有和极坐标法一样的局限性(即对角度观测的精度要求很高)，而距离交会法则没有这个局限性，特别是高精度的全站仪出现，距离交会法在基坑监测中更显优势。另外，在目标照准方面，也没有前面几种方法那么严格的要求，在目标不易精确照准，或者可见度不好的状况下，这一优势尤为突出。还有，各观测站观测过程中，由于不需要观测后视，所以基本互不干扰，可以多台仪器同时作业，操作简单，对野外作业人员的技术含量要求低，成果可靠性高。

三、监测方法

1. 监测基准网的布设

如图 4.11 所示，在基坑一侧的安全稳定地带布设两个工作基点 A、B，同时布设若干个基准点，并定期联测基准点和工作基点，分析工作基点的稳定性情况。

2. 监测点的布设

在不规则的基坑边缘布设监测点(N_1，N_2，…，N_{13})，监测点可以是小棱镜(球面棱镜最佳)或者反射片，布设时注意棱镜和反射片的朝向，使位于两个工作基点上的全站仪都可观测距离。

3. 监测方法

在工作基点上架设两台高精度全站仪(或者一台全站仪架设两次)，依次观测工作基

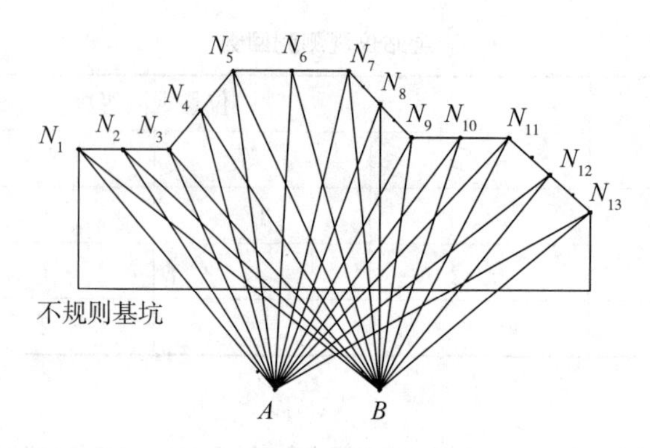

图 4.11　全站仪距离前方交会法示意图

点到所有监测点的距离。

4. 数据计算

按照距离前方交会的公式计算各监测点的坐标。

5. 数据分析

使用表格或软件计算坐标差值和点位位移值，再将点位位移值投影计算到与基坑边垂直方向的量，从而判断基坑壁的变形量及移动方向。

四、技术要求

《建筑变形测量规范》(JGJ 8—2016)规定，当采用全站仪前方交会法进行位移观测时，应符合下列规定：

(1)应选择合适的测站位置，使各监测点与其之间形成的交会角在60°~120°之间。测站点与监测点之间的距离宜符合表4.15的规定。

(2)水平角、距离观测测回数应符合表4.16的规定。

(3)当采用边角交会时，应在2个测站上测定各监测点的水平角和水平距离。

(4)当仅采用测角或测边交会时，应至少在3个测站点上测定各监测点的水平角或水平距离。

子任务4.3.5　全站仪自由设站法水平位移观测

一、任务目标

如图4.9所示的某建筑基坑需要进行基坑壁水平位移监测，现要求使用全站仪自由设站法进行水平位移监测，进而判断基坑壁变形情况。

二、任务分析

自由设站法即根据测区的现场条件和测设任务，利用全站仪测距、测角的功能，选择最有利于工作开展的地点架设仪器，通过对有限已知点的观测，获取必要的计算参数，进而解算测站坐标，达到“一站到位”的工作效果，大大提高设站的灵活性和便捷性。依据已知的两个控制点，解算一个中间加密点坐标，是自由设站法最典型的解算条件。

三、监测方法

1. 基本原理

所谓全站仪自由设站法，其实质是边角后方交会测量，如图 4.12 所示，根据现场条件选择基坑附近方便观测的任意位置作为测站架设全站仪，观测与其通视的基准点和变形点的方向值及距离值，只要每测站联测两个以上的基准点，经过平差计算，便可得到测站点和变形点的坐标值。

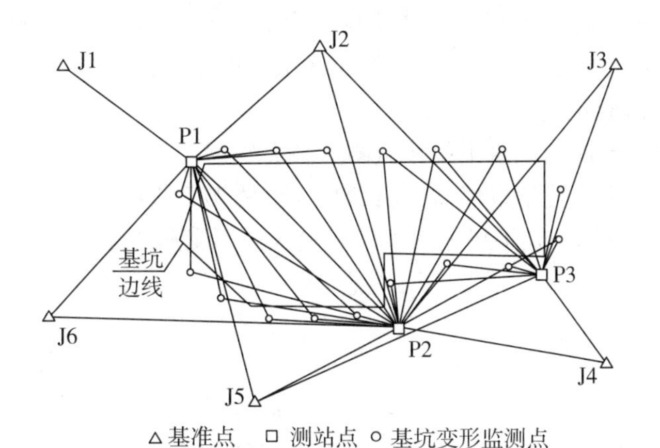

图 4.12　全站仪自由设站法水平位移监测示意图

通过计算变形点不同期次的坐标变化量，直接反映基坑水平位移变形情况。由上述原理可知，自由设站法的基本观测量为测站至各基准点的水平方向和水平距离。确定测站点坐标的必要条件有 3 个：两个方向值和一条边长。即在任意测站只要联测至少两个控制点，就可以采用间接平差方法列出误差方程式计算出测站点的坐标和点位精度。

2. 监测流程

1) 埋设基准点

《建筑变形测量规范》(JGJ 8—2016) 规定：“对水平位移观测、基坑监测或边坡监测，应设置位移基准点。基准点数对特等和一等不应少于 4 个，对其他等级不应少于 3 个。”如图 4.12 所示，布设了 J1、J2、J3、J4、J5、J6 等 6 个基准点。

基准点可以根据情况使用混凝土桩强制对中点，也可根据现场施工条件和周边建筑物分布情况布设反光贴。反光贴位置尽量选择在周边建筑物墙面高处，布设前应用干布擦拭墙面，待墙面光滑干净后再将专用反光贴贴于墙面上。监测期间应定期检查反光贴的稳定性，如有破坏应再次补粘。

2) 布设水平位移监测点

基坑支护的水平位移监测点沿支护侧壁的周边布置，监测点均设置在冠梁侧壁上，冠梁施工过程中(或完成后)即可埋设位移监测点，利用反光贴进行测量。监测期间，采取专人保护、定期巡视擦拭等措施，尽最大可能确保位移监测点反光贴稳定和正常使用。如图4.12所示用小圆圈表示的即为基坑水平位移监测点。

3)选择测站点(即自由设站点)

根据现场条件选择基坑附近方便观测的任意位置作为测站架设全站仪，如图4.12所示的P1、P2、P3点。

4)在测站点后视基准点并观测变形点

在P1点后视观测J1、J2、J5、J6，然后观测基坑西侧共计9个点；在P2点后视观测J2、J3、J4、J5、J6，然后观测基坑周边共计13个点；在P3点后视观测J2、J3、J4、J5，然后观测基坑东侧共计8个点。

5)首次观测

挖土开始前，进行首次观测。全站仪自由设站后利用后方交会测定测站点平面坐标后，依次测定水平位移监测点平面坐标(测定3次，取平均值作为首次观测值)。

6)计算水平位移变化量

根据监测周期，定期测定水平位移监测点平面坐标。为了提高测量可靠性及精度，观测过程中应在合适稳定位置架设仪器，至少与3个后视点通视，每个位移监测点至少观测3个测回；由于设站点位于施工场地内，应尽量选择不受施工干扰的时间段观测；观测时尽量减少设站次数。

四、技术要求

《建筑变形测量规范》(JGJ 8—2016)规定，当使用全站仪自由设站法进行位移观测时，应符合下列规定：

(1)设站点应与3个基准点或工作基点通视，且该部分基准点或工作基点的平面分布范围应大于90°，设站点与监测点之间的距离宜符合表4.15的规定。

(2)所观测的监测点中，至少有个点应在其他测站同期观测。

(3)宜边角同测。水平角和距离观测测回数应符合表4.16的规定。

任务4.4　基准线法

一、任务目标

(1)掌握活动觇牌法和引张线法的联系与区别；

(2)掌握活动觇牌法和引张线法的具体操作方法和流程。

二、任务分析

在许多直线型建(构)筑物变形监测中，人们关心的是它们在某一特定方向上的水平位移，如大坝监测中主要是监测大坝轴线在上下游方向上的位移。基准线法的基本原理是以建筑物轴线(如桥梁轴线、大坝轴线)或平行于建筑物的轴线的固定不变的铅垂平面作为基准面，来测定建筑物的水平位移。依据建立此基准面使用的工具和方法的不同，基准线法可分为视准线法、引张线法、激光准直法和垂线法等。

三、主要内容

(一)活动觇牌法

活动觇牌法是将活动标牌分别安置在各个观测点上，观测时使标牌中心在视线内，观测点相对于基准线的偏离值可以在活动标牌的读数尺上直接测定。这种方法不需要计算，可直接观测到变形结果，但是它对活动标牌上的读数尺有很高的要求，成本较高。

以两固定点的连线作为基准线，测量变形监测点到基准线的距离，通过距离变化量来确定监测点位移的方法叫作视准线法。为了保证基准线的稳定，应在视准线的两端设置基准点或工作基点。视准线法设备普通，比较经济，在直线型建筑物水平位移监测中广为使用。但这种方法受多种因素影响，如大气折光、照准目标清晰度等。

活动觇牌法是通过一种精密的附有读数设备的活动觇牌直接测定监测点相对于基准面的偏离值。它需要专用的仪器和照准设备，包括精密测角仪器和活动觇牌，活动觇牌如图4.13所示，上部为觇牌，下部为可对中整平的基座，中间横向安置一个带有游标尺的分划尺，最小分划为1mm，用游标尺可直接读到0.1~0.01mm。分划尺两端有微动螺旋，转动微动螺旋就可调节觇牌左右移动。

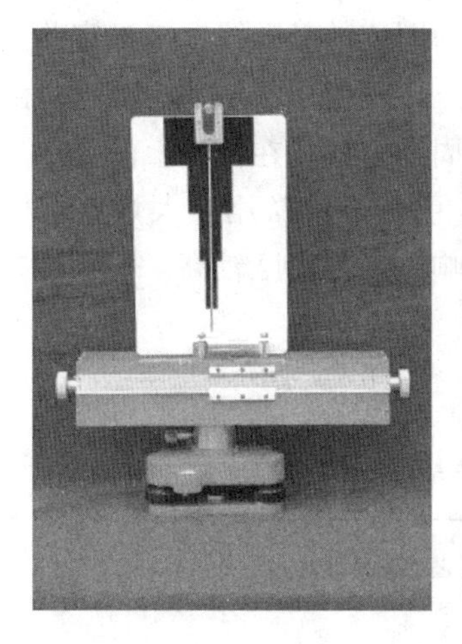
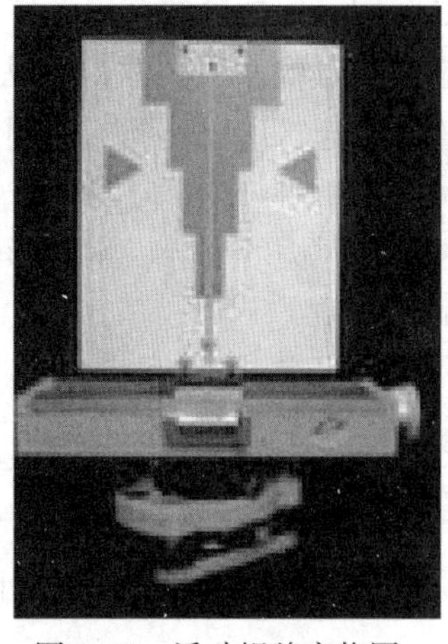

图4.13　活动觇牌实物图

如图4.14所示为活动觇牌法测偏移值的示意图，测量方法如下：

(1)将全站仪安置在基准线端点A上，固定觇牌安置在端点B上，分别对中整平，如果A、B两点都是强制对中观测，则用连接杆连接即可。

(2)用全站仪瞄准B点的固定觇牌，将视线固定，此时全站仪的水平制动螺旋和水平

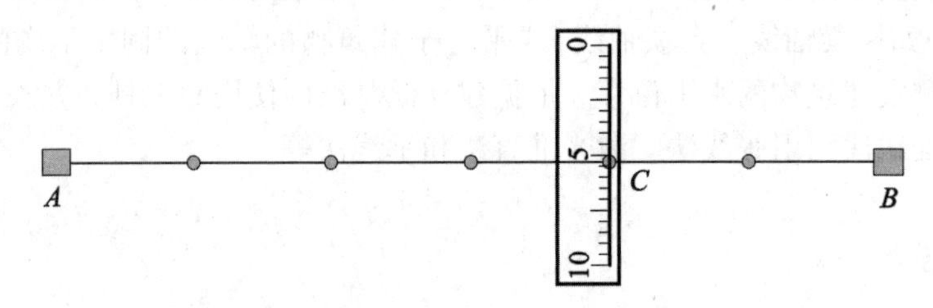

图 4.14　活动觇牌法测偏移值示意图

微动螺旋都不能再转动，全站仪视线即为视准线。

(3)把活动觇牌安置于观测点 C 上并对中整平，此时如果 C 点不在视准线 AB 上，则对中整平后的活动觇牌标志中心不与全站仪十字丝竖丝重合，调节活动觇牌使照准标志与全站仪的十字丝竖丝重合，在分划尺与游标尺上读数，并与觇牌的零位值相减，就获得待测点偏离 AB 基准线的偏移值。

(4)然后转动觇牌微动螺旋重新瞄准，再次读数，如此进行 2~4 次，取其读数的平均值作为上半测回的成果，转动全站仪到盘右位置，重新严格照准 B 点觇牌，按上述方法测下半测回，取上下两半测回读数的平均值作为一测回的成果。

第二测回开始前仪器应重新整平。根据需要每个观测点需测量 2~4 个测回。一般来说当用 DJ1 型经纬仪观测，测距在 300m 以内时，可测 2~3 测回，其测回差不得大于 3mm，否则应重测。

(二)引张线法

引张线法是在两个固定点之间用一根拉紧的金属丝作为固定的基准线，来测定监测点到基准线的偏离距离，从而确定监测点的水平位移的方法。其原理如图 4.15 所示。由于各监测点上的标尺与建筑物固连在一起，所以不同的观测周期金属丝在标尺上的读数变化值，就是该监测点在垂直于基准线方向上的水平位移量。引张线法常用在大坝变形监测中，引张线安置在坝体廊道内，不受风力等外界因素的影响，观测精度较高，但这种方法不适用于室外受风力影响较大的环境中。

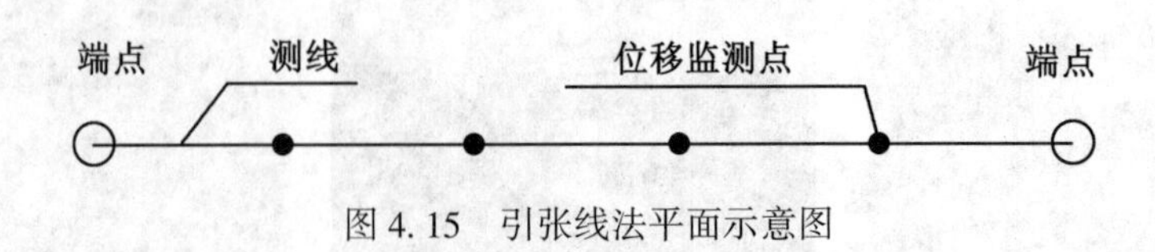

图 4.15　引张线法平面示意图

引张线由端点装置、测点装置、测线装置三部分组成。端点装置包括墩座、夹线、滑轮和重锤，如图 4.16 所示；测点装置包括水箱、浮船、标尺和保护箱等，如图 4.17 所示；测线装置包括一根 0.6~1.2mm 的不锈钢丝和直径大于 10cm 的测线保护管，保护管保护测线不受损坏，同时起防风作用，保护管通常由塑料管制作。

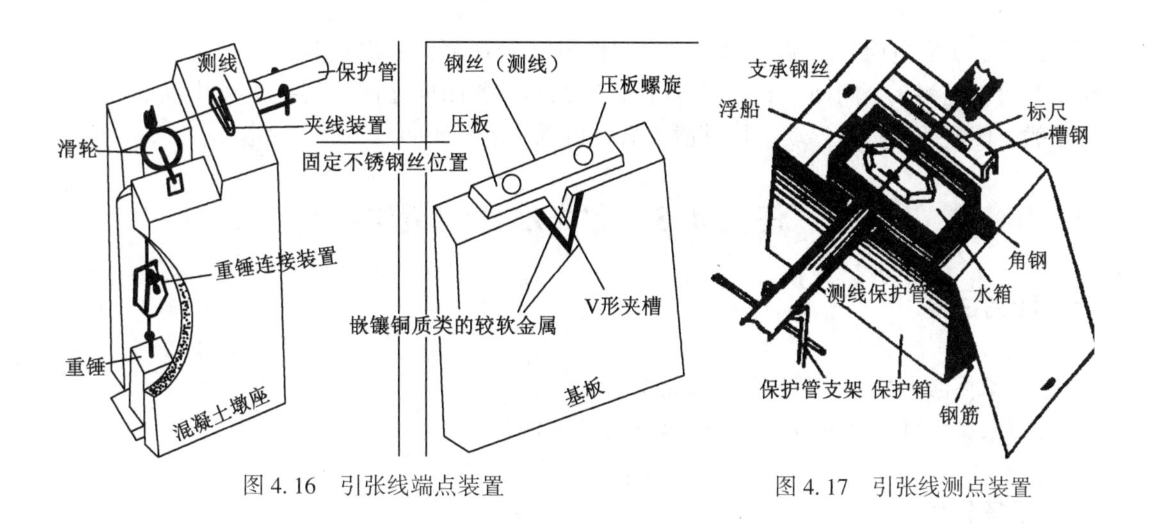

图4.16 引张线端点装置

图4.17 引张线测点装置

固定在两点间的钢丝在两端重锤作用下形成一条直线，它在竖直面内呈悬链线形状，在水平面内的投影是一条直线，这条投影直线构成固定的基准线。由于测点上的标尺是与建筑物(大坝)固定在一起的，利用读数显微镜可读出标尺刻划中心偏离钢丝中心的偏离值。

引张线法观测水平位移的步骤：首先检查引张线各处有无障碍，设备是否完好；然后在两端点处同时悬挂重锤，拉紧钢丝，用夹线夹将钢丝固定，使引张线在端点处固定；然后给每个水箱加水，使浮船把测线抬高，高出不锈钢标尺面0.3～0.5mm；同时检查各观测箱，使水箱边缘和读数尺不与钢丝接触，并且使浮船处于自由状态。

观测时利用刻有测微分划线的读数显微镜进行读数。测微分划尺最小刻划为0.1mm，可以估读到0.01mm。由于通过显微镜后钢丝与标尺分划线的像都变得很粗大，所以采用测微分划线量取标尺分划(靠近钢丝的一根分划)左边缘与钢丝左边缘的距离 a，再用测微分划线量取它们右边缘线之间的距离 b，a 和 b 的平均值即为标尺分划中心和钢丝中心的距离，将它加到相应的标尺整分划值上，即量得钢丝在标尺上的读数。

图4.18显示了显微镜中的成像情况，图中 $a=2.40$mm，$b=3.20$mm，故标尺刻划中心与钢丝中心之间的距离为 $(a+b)/2=2.80$mm，因为相应的标尺整刻划线为70mm，所以钢丝在标尺上的读数为70mm+2.80mm=72.80mm。

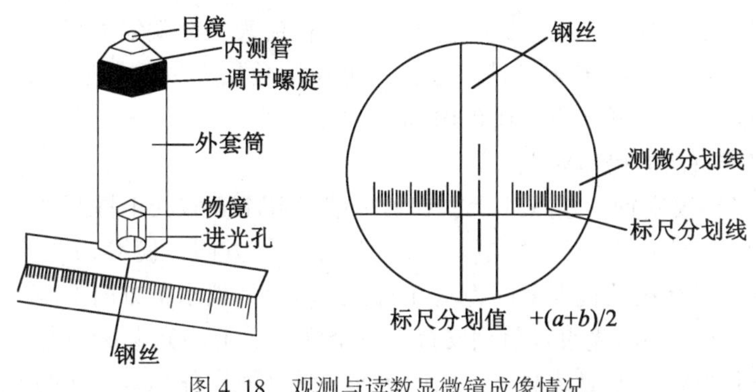

图4.18 观测与读数显微镜成像情况

通常是从靠近引张线端点的第一个观测点开始观测，依次观测到另一端点为一个测回，每次应观测3个测回，其互差应小于0.2mm。各测回之间应轻微拨动中间观测点上的浮船，使整条引张线浮动，待其静止后，再观测下一测回。

任务4.5　激光准直测量法

一、任务目标

(1)掌握激光准直测量法的基本原理；
(2)掌握三种激光准直法的具体操作方法和流程。

二、任务分析

激光测量可分为激光准直测量、激光垂准测量和激光扫描测量。激光准直测量可用于测定建筑水平位移；激光垂准测量可用于测定建筑倾斜；激光扫描测量可用于测定建筑沉降及水平位移。

三、主要内容

激光准直法是指将激光发射系统发出的激光束作为基准线，在需要监测的点上安置激光束接收装置来确定监测点位移的方法。根据其测定偏离值原理的不同，可以分为激光经纬仪准直法、波带板激光准直法和真空管激光准直法。

(一)激光经纬仪准直法

激光经纬仪准直法是通过望远镜发射激光束，在需要监测的点上用光电探测器接收，常用于施工机械导向的自动化和变形监测中。与活动觇牌法类似，激光经纬仪准直法其实是将活动觇牌法中的光学经纬仪用激光经纬仪代替，望远镜光学视线用可见激光束代替，而觇牌用光电探测器代替。光电探测器能自动探测激光点的中心位置，光电探测器中的两个硅光电池分别接在检流表上，当激光束通过光电探测器中心时，硅光电池左右两半圆上接受相同的激光能量，检流表指针此时指零，否则检流表指针就偏离零位。若指针偏离零位，移动光电探测器，使检流表指针归零，即可在读数尺上读数。通常利用游标尺读到0.1mm，当采用测微器时可直接读到0.01mm。

激光经纬仪准直法的操作要点：

(1)将激光经纬仪安置在端点A上，在另一端点B上安置光电探测器。将光电探测器的读数归零，调整经纬仪水平微动螺旋，移动激光束的方向，使B端光电探测器的检流表指针为零。这时经纬仪的视准面即为基准面，此时经纬仪水平方向不能再转动。

(2)依次将望远镜的激光束投射到安置于每个观测点上的光电探测器上，移动光电探测器使检流表指针归零，此时读数尺上的读数就是该观测点偏离基准线的偏离值。用同样的方法依次观测各个监测点的偏离值。将各期观测得到的偏离值进行比较即可确定监测点的水平位移情况。为了提高精度，在每个监测点上观测时，探测器的探测需进行多次，取其平均值作为偏离值。

(二)波带板激光准直法

波带板激光准直系统由激光器、波带板和接收靶三部分组成，如图4.19所示。

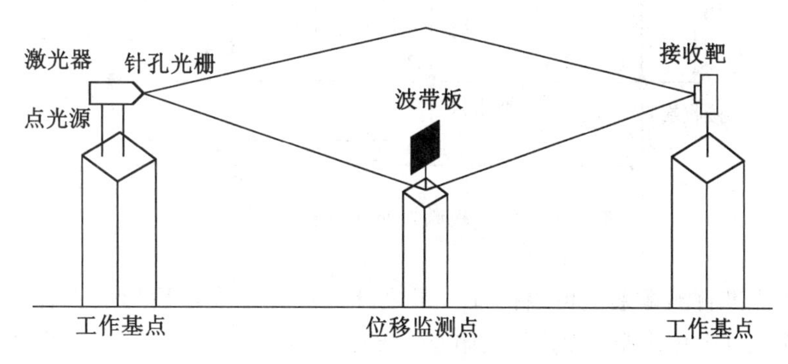

图4.19 波带板激光准直系统

激光器的氦-氖激光管发出的激光束经过聚光透镜聚焦在针孔光栅内，形成近似的点光源，照射至波带板，然后在接收靶上成像。针孔光栅的中心即为固定工作基点的中心，波带板有方形的和圆形的两种，如图4.20所示，方形波带板聚焦呈一个明亮的十字线，圆形波带板聚焦呈一个亮点，成像原理与光学透镜类似。

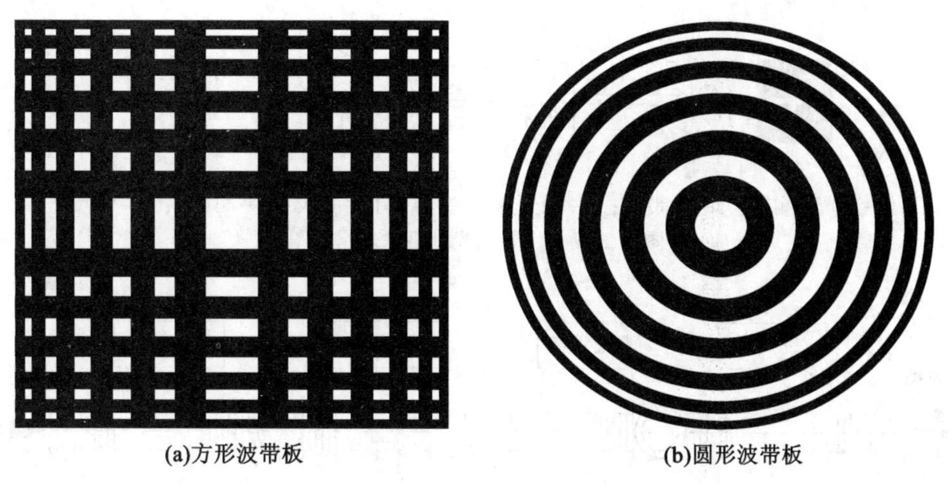

图4.20 激光波带板示意图

如图4.21所示，从发射端①向接收端发射激光束，激光经过布设在各个坝段上的波带板时，发生衍射现象，在接收端形成一个光斑④，当位于测点位置的波带板②，随着测点发生水平位移至③时，通过探测仪观测光斑位置⑤的变化，就可确定测点③的位移值。

$$X_{相} = X_{测} \times \frac{L_n}{L}$$

式中：$X_{相}$为测点位移值；$X_{测}$为接收端观测值；L_n为发射端至波带板的距离；L为发射端至接收端的距离。

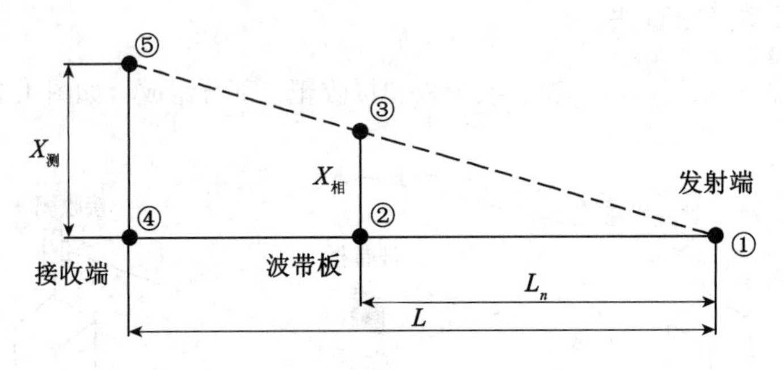

图4.21　波带板激光准直法测水平位移值

波带板激光准直测量系统可以把几百米之外的点光源聚焦后形成直径约1mm的点，因此即使在接收屏上用肉眼判断其中心位置，精度也很高。利用光电探测装置监测位移不仅精度高，而且可以实现自动观测。实验表明，用这种装置测定偏离值的精度可达测线长度的10^{-6}。

(三)真空管激光准直法

真空管激光准直系统由激光准直系统和真空管道系统两部分组成，其原理如图4.22所示，其结构如图4.23所示。

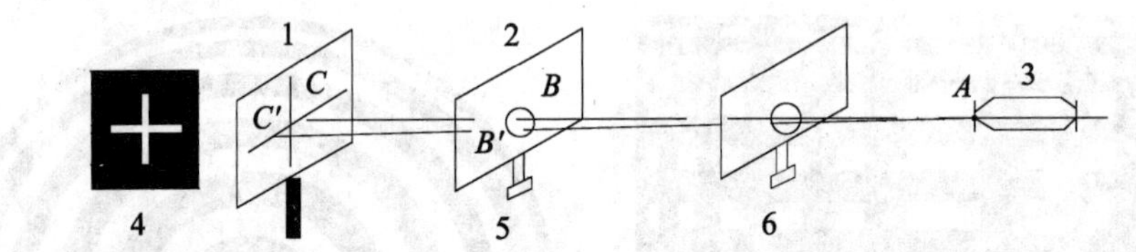

1—激光探测器；2—波带板；3—激光点光源；4—十字亮线；5—测点1；6—测点2

图4.22　真空管激光准直原理示意图

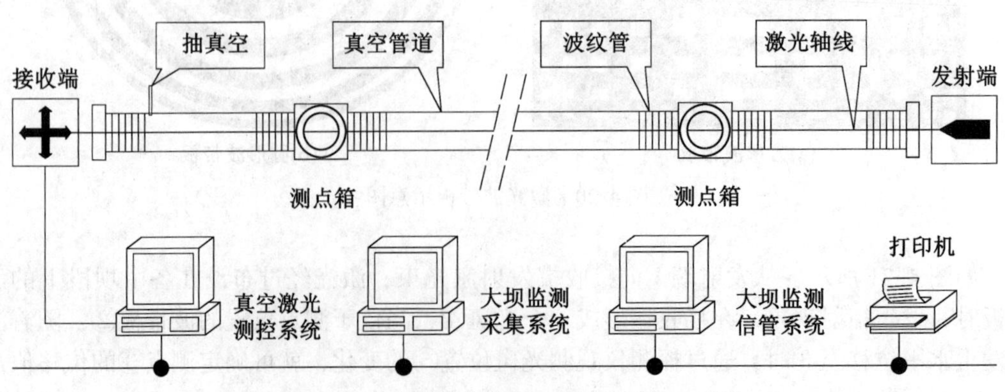

图4.23　真空管激光准直自动测量系统示意图

真空管激光准直系统由激光发射设备、真空管道、测点设备、激光光斑探测设备、端点位移监测设备、抽真空设备以及微机控制等几部分组成，其主要功能如下：

激光发射设备：为系统提供一个可以锁定的激光点光源；

真空管道：为激光束的传输提供一个压强小于40Pa的真空环境；

测点设备：用于安放测点波带板以及波带板起落装置的测点箱；

激光光斑探测设备：安装在接收端，是系统的主要测控设备，能够实现对各个测点波带板的起落控制，以及光斑坐标的探测，具备自动遥测和手动人工观测双重功能；

端点位移监测设备：监测激光发射设备和光斑探测设备的变位，以确定准直线平面坐标。

观测时首先启动真空泵抽真空；然后打开激光发射器，检查激光束中心是否从针孔光栅中心通过，否则应校正激光管位置，激光管预热30min，再启动波带板遥控装置进行观测。

四、技术要求

采用激光准直测量方法测定建筑水平位移时，应符合下列规定：

(1)对一等或二等位移观测，可采用1″级经纬仪配置高稳定性氦-氖激光器或半导体激光器构成激光经纬仪，并采用高精度光电探测器获取读数；对三等或四等位移观测，可采用2″级经纬仪配置氦-氖激光器或半导体激光器构成激光经纬仪，并采用光电探测器或有机玻璃格网板获取读数。

(2)激光经纬仪在使用前必须进行检校，仪器射出的激光束轴线、发射系统轴线和望远镜照准轴应三者重合，观测目标与最小激光斑应重合。

(3)应在视准线一端安置激光经纬仪，瞄准安置在另一端的固定觇牌进行定向，待监测点上的探测器或格网板移至视准线上时读数。

任务4.6　垂　线　法

一、任务目标

使用垂线法进行水平位移监测的具体方法。

二、任务分析

垂线法位移监测一般指用正(倒)垂线来精确测量垂直方向一系列测点的水平相对位移。垂线法的应用包括监测大坝、坝基、核电站、桥梁、高架铁路及桥墩的位移，监测建筑物基础和结构的位移。

三、主要内容

如图4.24所示为垂线法监测位移的实景图。垂线测量分为正垂线和倒垂线两种形式。

正垂线通常用于建筑物水平位移监测、倾斜监测和挠度监测。倒垂线通常应用在岩层错动监测、挠度监测或用作水平位移监测的基准点。如图 4. 25 所示分别为正垂线和倒垂线示意图。

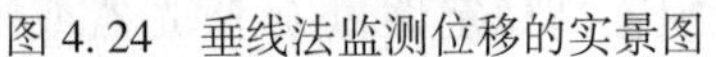

图 4. 24　垂线法监测位移的实景图

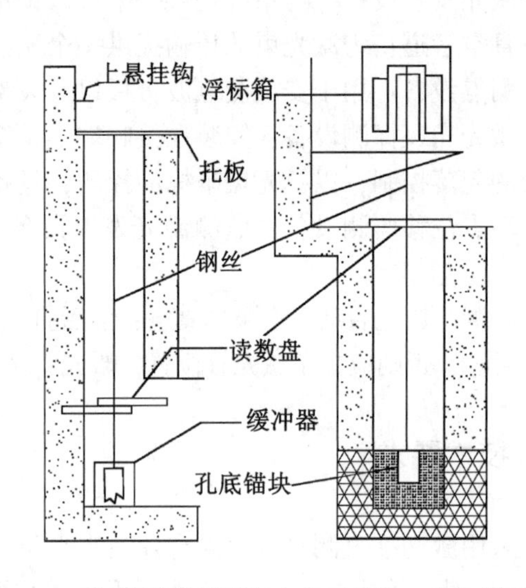

图 4. 25　垂线观测示意图(左为正垂线，右为倒垂线)

观测时移动机械读数盘左右两边读数尺上各自的游标，使它们同时对齐垂线和视准点，读取游标在读数尺位置上的刻度；然后根据读数盘提供的图表把读数换算成位移量。现代垂线观测仪采用线阵 CCD 传感器实现自动读数，两方向上坐标精度优于±0. 1mm。

(一) 正垂线

正垂线装置的主要部件包括：悬线设备、固定线夹、活动线夹、观测墩、垂线、重锤及油箱等，如图 4. 26 所示。

正垂线法的基本原理是将钢丝上端固定于建筑物的顶部，通过竖井连至建筑物的底部，下端悬挂重锤，重锤置于装满稳定液(如废机油)的桶中，使得钢丝稳定，然后以此来测定建筑物顶部到底部的相对位移。实际工作中，为了减小风力对垂线稳定性的影响，同时为了保护垂线，正垂线一般设在保护管内。

正垂线的观测方法有多点观测法和多点夹线法两种。前者是在不同高程位置上安置垂线观测仪，以坐标仪或遥测装置测定各观测点与垂线的相对位移值。后者是将垂线坐标仪设置在垂线底部的观测墩上，在各测点处埋设活动线夹，测量时可自上而下依次在各测点上用活动线夹夹住垂线，同时在观测墩上用垂线坐标仪读取各测点对应的读数。后者适用于各观测点位移变化范围不大的情况。

(二) 倒垂线

倒垂线装置的主要部件包括孔底锚块、不锈钢丝、浮托设备、孔壁衬管和观测墩等，如图 4. 27 所示。倒垂线法的主要工作原理是：在下端将钢丝与锚块固定，并埋设于建筑物基础深层；在上端，钢丝绳与浮托设备相连。在浮力的作用下，钢丝被张紧，只要锚块固定不动，钢丝始终处于同一铅垂线上，从而提供一条稳定的竖向基准线。

图 4.26　正垂线装置实物图

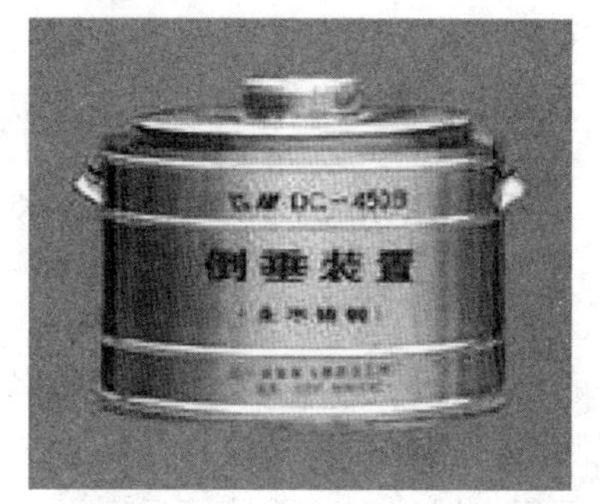

图 4.27　倒垂线装置实物图

倒垂线的保护管(孔壁衬管)一般采用壁厚5~7mm的无缝钢管，其内径不宜小于100mm。各段钢管间应用接管头紧密连接，以防止孔壁上的泥石污物及渗水对倒垂线的损害。

浮托装置是用来拉紧钢丝并使钢丝位于铅垂线上的设备。浮体组一般采用恒定浮力式，浮子的浮力应根据倒垂线的测线长度来确定。浮体安装前必须进行调整实验，以保证浮体产生的拉力在钢丝允许的拉力范围内。承载浮体的油箱要有足够大的尺寸，浮体不能接触箱体。

倒垂观测墩面应埋设强制对中底盘，供安置垂线观测仪。为了便于多种变形监测系统的联系，倒垂观测装置最好能设置在工作基点观测墩上。

倒垂线观测前应检查钢丝是否有足够的张力，浮体是否与容器壁接触，若接触应将容器稍许移动直到两者脱离接触为止，以确保钢丝铅垂。待钢丝静止后，再用坐标仪进行观测。

任务 4.7　卫星导航定位测量法

一、任务目标

学习用 GNSS 设备进行水平位移监测的方法和流程。

二、任务分析

卫星导航定位测量方法可用于二等、三等和四等位移观测。对二等观测，应采用静态测量模式；对三等、四等观测，可采用静态测量模式或动态测量模式。对日照、风振等变形测量，应采用动态测量模式。

三、主要内容

(一)GNSS 应用于变形监测领域的优势

GNSS 定位技术具有观测精度高、自动化程度高、全天候观测、实时性强等优点，在我国的水利、桥梁、高铁、边坡等工程的水平位移监测中得到了广泛应用。在数百米到1~2km的短基线上GNSS测量可以获得亚毫米级的定位精度。

(二)使用GNSS技术测定水平位移的方法

1. GNSS控制网布设方法

通常在变形区以外布设三个以上的基准点，为了提高对中精度，通常都设置强制对中观测墩。点位要选在视野开阔、信号良好、便于安置仪器的地方，尽量避免各类信号塔、大面积水域、玻璃幕墙等反射源。GNSS网的连接形式尽可能选用边连式和混连式，少用点连式。网中各三角形的内角不宜过大或过小，从而提高控制网的图形强度。

2. GNSS外业数据采集相关规定

(1)对于一、二级GNSS测量，应使用零相位天线和强制对中器安置GNSS接收机天线，对中精度应高于±0.5mm，天线应统一指向北方；

(2)作业中应严格按规定的时间计划进行观测；

(3)经检查接收机电源电缆和天线等，各项连接无误方可开机；

(4)开机后，检验有关指示灯与仪表显示正常后，方可进行自测试，输入测站名和时段等控制信息；

(5)接收机启动前与作业过程中，应填写测量手簿中的记录项目；

(6)每时段应进行一次气象观测；

(7)每时段开始、结束时，应分别量测一次天线高，并取其平均值作为天线高；

(8)观测期间应防止接收设备振动，并防止人员和其他物体碰动天线或阻挡信号；

(9)观测期间，不得在天线附近使用电台、对讲机和手机等通信设备；

(10)天气太冷时，接收机应适当保暖。天气很热时，接收机应避免阳光直射，确保接收机正常工作。雷电、风暴天气不宜进行测量；

(11)同一时段观测过程中，不得进行下列操作：

①接收机关闭又重新启动；

②进行自测试；

③改变卫星截止高度角；

④改变数据采样间隔；

⑤改变天线位置；

⑥按动关闭文件和删除文件功能键；

(12)在GNSS快速静态定位测量中，整个作业时间段内，参考站观测不得中断，参考站和流动站采样间隔应相同；

(13)GNSS测量数据的处理应按现行国家标准《全球定位系统(GPS)测量规范》(GB/T 18314—2009)的相应规定执行，数据采用率宜大于95%。对于一、二级变形测量，宜使用精密星历。

3. GNSS内业数据处理

GNSS内业数据处理通常使用与接收机配套的专用软件，常见的有如下几种：

(1)天宝GNSS数据处理软件TGO；

(2)徕卡 GNSS 数据处理软件 LGO；

(3)阿什泰克 GNSS 数据处理软件 Solutions；

(4)南方 GNSS 数据处理软件 GNSSadj；

(5)拓扑康 GNSS 数据处理软件 Pinnacle；

(6)麻省理工学院和斯克里普斯海洋研究所 GAMIT/GLOBK。

GNSS 数据处理过程分为以下几步：

观测数据的预处理、基线向量解算、观测成果的外业检核(包括同步观测环检核、异步观测环检核、重复观测边检核)、GNSS 网平差计算(同步观测的基线向量平差、GNSS 网的无约束平差、GNSS 网的约束平差)、GNSS 网精度评定。

4. 监测点坐标差值计算

将相邻两期观测值平差得到的各个监测点的坐标进行比较，求出坐标增量，就可以求出各点的位移值，根据坐标增量的正负号可以判断监测点的平面位移方向。

任务4.8　全站仪自动监测系统水平位移监测

一、任务目标

(1)了解全站仪自动监测系统在水平位移监测中的应用情况；

(2)掌握使用全站仪自动监测系统进行水平位移监测的主要流程和方法。

二、任务分析

测量机器人又称自动全站仪，是一种能代替人工进行自动搜索、跟踪、辨识和精确照准目标并获取角度、距离、坐标等信息的智能型电子全站仪，通过 CCD 影像传感器等对现实测量环境中的目标进行识别，迅速做出分析、判断与推理，自动完成照准、读数等操作，在人工操作完成"机器学习测量"后便可以按照人工观测的流程自动完成测量任务，尤其是人无法到达或触及的目标及区域。

三、主要内容

(一)全站仪自动监测系统应用于变形监测领域的优势

测量机器人可实现对目标的快速判别、锁定、跟踪、自动照准和高精度测量，可以在大范围内实施高效的遥控测量，被广泛应用于变形体所处环境复杂、监测精度要求较高、监测点数量较多的变形监测领域中，如水库大坝、露天矿、尾矿库、滑坡体、高速铁路等工程的变形监测。如今的测量机器人工作性能强大，如 Leica TCA2003 静态测角精度为 ±0.5″，测距精度为 1mm+1ppm。自动目标识别的有效距离可达 1000m，望远镜照准精度为 2mm/500m。

(二)远程无线遥控测量机器人变形监测系统

1. 系统框架简介

远程无线遥控测量机器人变形监测系统主要由三部分组成：控制部分、无线通信部分和数据采集部分。控制部分发送指令和接收数据；无线通信部分完成控制中心和数据采集设备之间的双向通信；数据采集部分置于作业现场，根据控制中心的指令采集相应数据。

2. 系统硬件构成

(1)测量机器人。主要作用是实现远程遥控控制数据采集过程，要求其具有马达伺服驱动、目标自动识别、自动调焦照准、自动观测记录等功能。

(2)无线通信模块。主要作用是完成测量机器人和控制中心的数据通信，理论上包括四种连接模式：①直接通过数据线将测量机器人与控制中心连接。②通过数传电台建立通信链路。③基于移动或联通信号网络的短信模式。④通过 Internet 建立通信链路。

(3)系统控制中心。主要作用是向测量机器人发送控制指令，同时接收返回的观测数据。

3. 系统软件构成

(1)测量机器人机载软件。主要包括自动目标识别、自动照准、自动测角、自动测距、自动跟踪目标、自动测量并记录、限差超限处理及目标失锁自动处理等功能。

(2)无线通信模块程序。主要功能是建立数据通信链路，用来转发指令或数据，即将控制中心发出的指令解译并转发给测量机器人，同时将测量机器人观测获取的数据按照设定格式发回控制中心。

(3)控制中心软件。主要功能是发送开机、照准、观测、记录、关机等控制指令，监控接收机状态并接收测量数据。

(三)测量机器人自动监测的基本原理

测量机器人系统是基于一台测量机器人与多个目标照准棱镜组成的变形监测系统，其本质是自由设站自动监测极坐标测量系统。

(1)强制观测基站。强制观测基站是全站仪极坐标测量的起始点，设置强制观测装置可以减小测量机器人的对中误差，从而减小观测误差，提高观测精度。

(2)参照点。参照点为后视照准点，其平面坐标已知，点位应布设于变形影响区域外的稳定地带，一般布设于变形影响区域外的高大建筑物上。参照点采用强制对中装置，安置棱镜，一般一个测量机器人应布设 3~4 个后视照准点，相邻后视点方向尽可能均匀分布在整个圆周范围内，并且要覆盖整个变形监测区域。

(3)监测点。监测点根据设计布设于变形体上，能够反映变形特征部位的观测目标。

(四)测量机器人自动监测的作业流程

(1)工程项目管理。建立一个相应的数据库文件，保存该变形监测项目所有的监测数据，包括初始值数据、原始观测数据和计算分析成果等。

(2)系统初始化。系统初始化后自动搜寻目标、测距、测角模式和单位设置等。

(3)学习测量。人工操作全站仪，按照设计的观测顺序逐一照准观测目标，训练测量机器人获取目标点概略空间位置信息；具体方法为：在强制观测基站(强制观测墩)上架设测量机器人，观测后视已知点，得出测站点(仪器架设点)的坐标值，然后采用多测回测角，依次观测目标点，观测结束后利用软件进行平差计算，从而得到观测目标点的坐标值。

(4)自动观测。利用预先设置的限差来控制测量机器人，根据学习测量程序自动搜索监测点并做多测回观测。

(5)数据处理。对原始观测数据进行处理前的检查，进行距离投影计算、目标点坐标平差计算、对比上期的变形量进行对比分析。

(6)成果输出。根据需要用报表、报告的形式输出选定周期和目标点的观测原始数据、平差计算报告和分析成果。

四、技术要求

《建筑变形测量规范》(JGJ 8—2016)规定，当采用全站仪自动监测系统进行水平位移监测时，应符合下列规定：

(1)自动化数据采集的仪器设备应安装牢固，并不应影响监测对象的安全运营。使用期间应定期维护设备，发现性能异常时应及时修复。

(2)全站仪的自动照准应稳定、有效，单点单次照准时间不宜大于10s。

(3)应根据观测精度要求、全站仪精度等级、监测点到仪器测站点的视线长度，进行观测方法设计和精度估算。每点每次观测的测回数宜符合表4.16的规定。

(4)后台控制程序应能按预定顺序逐点观测，数据不正常时应能补测，并应能根据即时指令增加观测。

(5)多台全站仪联合组网观测时，相邻测站应有重叠的观测目标。

(6)每期观测时均应进行基准点联测、稳定性判断和观测精度评定，然后再进行监测点数据计算。

任务4.9　水平位移监测成果整理

一、任务目标

(1)整理水平位移监测成果数据，计算各监测点水平位移值、水平位移速率等；

(2)分析水平位移监测数据成果，分析监测点稳定性情况，根据监测数据进行预警判断。

二、任务分析

水平位移监测的基本方法就是周期性地测定水平位移监测点相对于基准线的偏离值或直接测定监测点的平面坐标，将不同周期同一观测点的偏离值或平面坐标进行比较，即可得到观测点的水平位移值。

三、主要内容

(一)水平位移监测数据计算的基本原理

1. 利用不同周期偏离值计算水平位移

如图4.28所示，某工程建筑物上有一个水平位移监测点P_1，相对于基准线AB，其初始周期的偏离值为$L_1^{[1]}$，第$(i-1)$周期的偏离值为$L_1^{[i-1]}$，第i周期的偏离值为$L_1^{[i]}$，则可求得监测点P_1第i周期相对于第$(i-1)$周期的本期水平位移值为

$$\Delta L_1^{[i-1]} = L_1^{[i]} - L_1^{[i-1]} \tag{4.3}$$

目标点P_1第i周期相对于初始周期的累计水平位移值为

$$\Delta L_1^{i} = L_1^{[i]} - L_1^{[1]} \tag{4.4}$$

2. 利用不同周期坐标值计算水平位移

如图4.29所示，某工程建筑物上有一个水平位移监测点P_1的初始位置为$1^{[1]}$，测得其初始周期的坐标为$(x_1^{[1]}, y_1^{[1]})$；第i周期后，目标点从$1^{[1]}$移动至$1^{[i]}$，其相应的平面坐标为$(x_1^{[i]}, y_1^{[i]})$，则目标点P_1第i周期相对于初始周期，在x，y方向上的累计水平位移值分别为

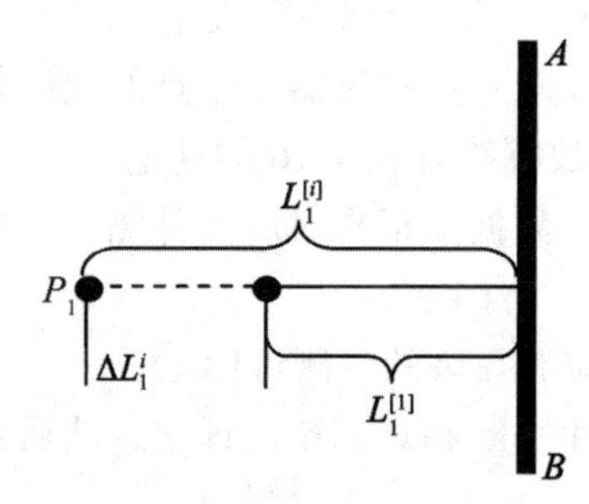

图4.28　利用偏离值计算水平位移

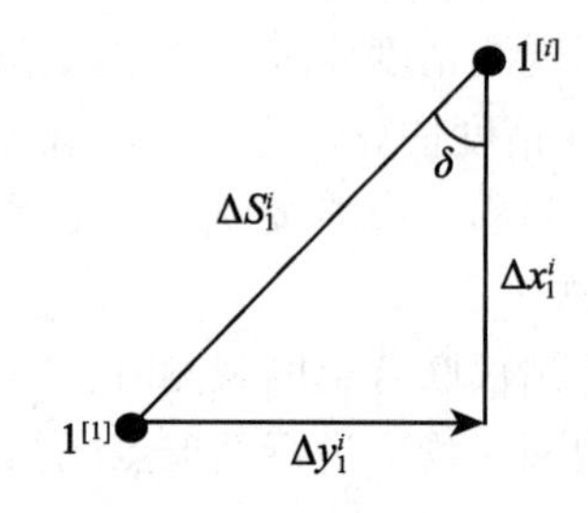

图4.29　利用坐标值计算水平位移

$$\begin{aligned} \Delta x_1^i &= x_1^{[i]} - x_1^{[1]} \\ \Delta y_1^i &= y_1^{[i]} - y_1^{[1]} \end{aligned} \tag{4.5}$$

其合位移Δs_1^i及其位移方向可以用下式计算

$$\Delta s_1^i = \sqrt{(\Delta x_1^i)^2 + (\Delta y_1^i)^2} \tag{4.6}$$

$$\tan\delta = \frac{\Delta y_1^i}{\Delta x_1^i} \tag{4.7}$$

相对于第$(i-1)$期的本次水平位移值计算公式和原理同上面类似，不再赘述。

(二)水平位移监测成果

1. 水平位移监测应提交的成果

(1)水平位移监测点位布置图；

(2)各监测点水平位移值统计表；

(3)各监测点水平位移速率统计表；

(4)载荷-时间-位移量(*P-T-S*)曲线图；

(5)位移速率-时间-位移量(*V-T-S*)曲线图；

(6)水平位移监测报告。

2. 水平位移监测数据统计分析方法(举例)

(1)截至最后一期观测，统计得最大累计水平位移量为××mm(××观测点)，最小累计水平位移量为××mm(××观测点)，平均累计水平位移量为××mm。

(2)截至最后一期观测，统计得最大水平位移速率为××mm/d(发生在××观测点，第××期至第××期)，平均水平位移速率为××mm/d。

(3)从荷载-时间-水平位移量(*P-T-S*)关系曲线图的分布情况来看，××观测点水平位移曲线与其余观测点水平位移曲线相比存在一定离散现象，分析其原因。

(4)从速度-时间-水平位移量(*V-T-S*)关系曲线图的分布情况来看，××观测点水平位移速度明显快(慢)于其他观测点，分析其原因。

(5)从水平位移曲线的变形趋势来看，各观测点水平位移曲线在××××年××月以后开始逐渐趋缓，并小于规定值，表明变形体在××××年××月以后开始逐步进入稳定阶段。

习题及答案

一、单项选择题

1. 在基坑一定距离以外设置基准点，选定一条基准线，水平位移监测点尽量在基准线上，然后在一个基准点上架设精密测角仪器精确测定基线与测站点到观测点的视线之间微小角度变化，然后计算水平位移监测点的位移量，这种方法叫作(　　)。

A. 全站仪距离交会法　　B. 全站仪小角法

C. 全站仪极坐标法　　D. 全站仪自由设站法

2. 全站仪自由设站法的实质是(　　)。

A. 边角后方交会测量　　B. 导线测量

C. 水准测量　　D. 三角高程测量

3. (　　)法是在两个固定点之间用一根拉紧的金属丝作为固定的基准线，来测定监测点到基准线的偏离距离，从而确定监测点水平位移的方法。

A. 激光准直法　　B. 活动觇牌法　　C. 引张线法　　D. 垂线法

4. (　　)常用来精确测量垂直方向一系列测点间的水平相对位移。

A. 激光准直法　　B. 活动觇牌法　　C. 引张线法　　D. 垂线法

5. 全站仪边角测量法可用于位移基准点网观测及基准点与(　　)间的联测。

A. 工作基点　　B. 监测点　　C. 水准点　　D. 导线点

二、多项选择题

1. 水平位移监测常用的方法包括(　　)等几类。

A. 传统大地测量法　　B. 基准线法

C. GNSS 测量法　　D. 三角高程测量法

2.《建筑变形测量规范》(JGJ 8—2016)规定，水平位移监测基准点和工作基点应满足以下要求(　　)。

A. 各级别位移监测的基准点(含定向点)不应少于3个，工作基点可根据需要设置。

B. 基准点、工作基点应便于检核校验。

C. 当使用GNSS测量法进行监测时，应便于安置接收设备和操作。

D. 当使用GNSS测量法进行监测时，应远离电台、微波站等。

3. 使用全站仪进行水平位移监测，可采用如下(　　)等方法。

A. 全站仪小角法　　B. 全站仪极坐标法

C. 全站仪距离交会法　　D. 全站仪自由设站法

4. 依据建立基准面使用的工具和方法的不同，基准线法可分为(　　)。

A. 视准线法　　B. 引张线法　　C. 激光准直法　　D. 垂线法

5. 垂线法进行水平位移监测，包括(　　)等两种方法。

A. 正垂线　　B. 倒垂线　　C. 平行线　　D. 延长线

三、判断题

1. 当建筑物规模较小，水平位移监测观测精度要求较低时，则可直接布设基准点和监测点两级，而不再布设工作基点。(　　)

2. 全站仪自动监测系统可用于日照、风振变形测量，以及监测点数量多、作业环境差、人员出入不便的变形测量项目。(　　)

3. 测小角法非常适用于形状极不规则的基坑水平位移监测。(　　)

4. 全站仪自由设站法，其实质是边角后方交会测量。(　　)

5. 基准线法适合直线型建筑物水平位移监测。(　　)

四、简答题

1. 简述水平位移监测的基本原理。

2. 水平位移监测有哪些主要方法？

3. 水平位移监测应上交的成果包括哪些？

4. 基准线法包括哪些具体方法？

5. 激光准直法包括哪些具体方法？

答案

项目 5　基坑工程变形监测

【项目简介】

本项目主要介绍基坑及其支护工程的种类、变形监测的目的和意义。通过本项目的学习，掌握基坑工程监测的主要仪器设备及其使用方法、基坑工程各项监测方法及其数据处理方法。要求重点掌握基坑变形监测方案制定、监测点的布置、外业观测、数据整理、图表绘制、数据分析、监测报告编写等。基坑变形监测的项目很多，本项目重点介绍的是几何变形监测项目，物理量监测项目仅作简单介绍。

【教学目标】

1. 了解基坑工程施工监测方案的编制方法、常见监测仪器的使用方法，掌握基坑工程监测的常用方法。

2. 重点掌握基坑工程变形监测中常用的沉降监测、位移监测等的选点布网、数据的获取、资料的整理、变形曲线的绘制、监测报告的编写等。本项目结合实例来说明基坑工程监测的具体实施过程。

项目单元教学目标分解

目标	内　　容
知识目标	1. 了解基坑施工的常见方法；了解基坑工程变形监测的目的和意义；了解基坑工程监测方案的编制依据； 2. 基坑工程施工监测的主要内容； 3. 基坑工程监测点布置要求及监测频率；基坑工程变形监测的项目及方法。
技能目标	1. 能够编写基坑工程变形监测技术设计方案及技术总结报告； 2. 能够按照要求完成基坑工程施工变形监测的布点、外业观测工作； 3. 能够完成监测数据资料整理、变形监测曲线绘制、日报告提交、变形趋势及危害情况的分析、变形临界点的判定、变形监测总报告编写等工作。
态度及思政目标	1. 培养学生“热爱祖国、忠诚事业、艰苦奋斗、无私奉献”的测绘行业精神； 2. 培养学生“精益求精、敬业笃行、严守规范、质量至上”的测绘工匠精神； 3. 培养学生的作业安全意识，同时培养吃苦耐劳的专业品质。

任务 5.1　基坑工程变形监测概述

一、任务目标

(1)了解基坑工程施工的常见方法及其特点；

(2)明确基坑工程施工变形监测的主要目的和意义。

二、主要内容

建筑基坑是指为进行建(构)筑物地下部分的施工，由地面向下开挖出的空间，简称基坑。基坑周边环境是指在建筑基坑施工及使用阶段，基坑周围可能受基坑影响的或可能影响基坑的既有建(构)筑物、设施、管线、道路、岩土体及水系等的统称。基坑工程监测是指在建筑基坑施工及使用阶段，采用仪器量测、现场巡视等手段和方法对基坑及周边环境的安全状况、变化特征及其发展趋势实施的定期或连续量测、巡查、监视以及数据采集、分析、反馈等活动。

随着我国城镇化的推进，城市土地利用率的提高及高层建筑的增多，基坑工程在数量、开挖深度等方面发展较快。许多大型建筑的基坑开挖深度已达二十几米甚至更深，以此来扩大空间、稳定建筑物。

自然界的土体千百年来在各种应力的作用下已达到平衡状态，基坑开挖过程中，土体受到扰动，内部的应力必然由平衡状态转为不平衡状态，导致应力的重新分配，基坑支护结构及周围土体就会发生位移。如果变形量超过允许范围，可导致基坑的失稳及破坏，有的甚至可能导致周围建(构)筑物、管线等的破坏。因此，在基坑工程特别是深基坑的施工中采取实时监测动态信息化管理是非常必要的。

(一)基坑监测的目的

深基坑在开挖和支护过程中，一般要对基坑支护结构的应力变化和土体的变形进行监测，目的在于：

(1)保证基坑支护结构和邻近建筑物的安全，为合理制定保护措施提供依据。基坑开挖时，必将破坏土石原有的应力状态，这将影响到周围的建筑物、构筑物。应设法保证基坑支护结构和被支护土体的稳定性，避免和减少破坏性事故的发生，避免支护结构和被支护土体的过大变形导致邻近建筑物的倾斜、开裂和管线的破裂、渗漏等。

(2)检验设计所采取的各种假设和参数的正确性，及时修正与完善设计，指导基坑开挖和支护结构施工。地下工程长期处于经验设计和经验施工的局面，土压力计算大多采用经典的公式，如朗肯土压力理论、库仑土压力理论等，由于其适用条件有限，因此与现场的实际土压力一般都有差异。在基坑开挖和支护过程中进行施工监测，掌握土体和支护的应力和变形的实际量，并将动态信息及时反馈以修改支护系统设计，达到指导施工作业和项目管理的目的。

(3)积累工程经验，为提高基坑工程的设计和施工的整体水平提供依据。基坑的变形监测数据是应力从不平衡到平衡这个过程的外部表现，是支护结构和周围土体变形的反映，通过现场得到的监测数据可以较准确地验证建筑物、构筑物的稳定，为同类项目积累宝贵经验。

(二)基坑工程支护结构的类型

基坑支护结构是指为保证基坑开挖和地下结构的施工安全以及保护基坑周边环境，对基坑侧壁进行支挡、加固的一种结构体系，包括围护墙和支撑(或拉锚)体系。围护墙是指基坑周边承受坑侧土压力、水压力及一定范围内地面荷载的竖向结构。支撑是指基坑内用以承受围护墙传来荷载的构件或结构体系。岩体基坑是指岩石出露地面或岩体上覆盖少量土的基坑。土岩组合基坑是指开挖深度范围内上部为土体，下部为岩体，需要考虑土体对支护结构稳定影响的基坑。常见的支护结构形式有以下几种：

1. 地下连续墙

地下连续墙是在基坑四周浇筑一定厚度的钢筋混凝土封闭墙体，它可以作为建筑物基础外墙结构，也可以是基坑的临时支护。地下连续墙不易透水、刚度大，能承受较大的竖向载荷及土压力、水压力等载荷。地下连续墙的施工过程是在基坑开挖前，先在地面按建筑平面浇筑导墙，以防止沟槽开口处地面泥土坍塌，利用挖槽机或其他机械在泥浆护壁状态下开挖到设计深度，吊装钢筋笼置于挖好的槽段内，浇筑混凝土形成墙体。地下连续墙适用于各类土体，尤其适用于软土区以及距相邻建筑物较近的工程。地下连续墙支护效果好，但接头处较难处理，造价高，需要的设备较多。

2. 土钉支护

土钉支护是在基坑逐层开挖过程中用机械在基坑侧壁钻孔，放入钢筋并注浆，然后挂钢筋网喷射混凝土(混凝土一般采用 C20 强度)以封闭坑壁并形成整体。土钉支护强化受力土体可提高边坡整体稳定性及承受坡顶载荷的能力。由于它是利用土体的握裹力来束缚土钉钢筋来达到加固效果，因此加固地区土体不应有水的侵蚀影响，地下水位以下区域不适用土钉加固。土钉支护性价比较高。

3. 深层搅拌水泥土墙

水泥土墙多用于饱和软土地基的加固，其以水泥作为固化剂，用钻机等设备钻至设计深度，将水泥或水泥浆注入土体并搅拌，一边搅拌一边提升钻头，形成具有一定强度和整体性的桩，施工时让桩体重叠一部分，固化后就形成了水泥土墙。水泥土墙可以提高边坡的稳定性，防止地下水的渗透，工程造价低。

4. 钢板桩支护

在基坑周围将钢板桩用桩机以锤击或震动的方式打入土层，作为基坑开挖的支护。其施工迅速，支护完毕即可进行基坑的开挖。由于钢板桩刚度较小，顶部需要设置拉锚或坑内支撑。钢板桩可以重复利用，但一次性投资较大。

5. 悬臂式支护

悬臂式支护指借助于挡土墙、灌注桩、型钢等的自身刚度及埋深来承受土压力、水压力及上部荷载，以悬臂形式保持平衡和稳定而不需设支撑、拉锚的支护结构。其不需要坑内支撑及桩顶拉锚或锚杆，方便坑内开挖作业，但为保证整体强度和刚度需要设置圈梁。为保证稳定，其悬臂部分不宜太深。

6. 土层锚杆(索)

利用锚索机械将土层锚杆(索)打入基坑壁，一端与挡土墙、桩连接；另一端利用混凝土等与地基土体相连来稳定土体。土层锚杆(索)对一般的黏土、砂土均可应用，而在软土、淤泥土中因握裹力较弱，需进行验证后再应用。

任务5.2　基坑工程变形监测技术方案

基坑工程施工前应由建设方委托具备相应能力的第三方对基坑工程实施现场监测。监测单位应编制监测方案，监测方案应经建设方、设计方等认可，必要时还应与基坑周边涉及的有关管理单位协商一致后方可实施。

一、任务目标

依据任务委托书、工程合同、工程设计图纸、地铁工程监控量测技术规程等完成地铁工程变形监测实施方案的编写。

二、任务分析

监测方案编制前，委托方应提供下列资料：①岩土工程勘察报告；②基坑支护设计文件；③基坑工程施工方案或施工组织设计；④周边环境各监测对象的相关资料；⑤其他资料。

监测单位在现场踏勘、资料收集阶段应进行下列主要工作：①了解建设方和相关单位对监测的要求；②收集并分析岩土工程勘察、水文气象、周边环境、设计、施工等资料；③了解相邻工程的设计和施工情况；④通过现场踏勘，复核相关资料与现场情况是否相符。确定拟监测项目现场实施的可行性。

三、编写依据

监测方案的编制依据包括：

(1)工程设计施工图；

(2)工程投标文件及施工承包合同；

(3)工程有关管理文件及有关的技术规范和要求；

(4)《建筑基坑工程监测技术标准》(GB 50497—2019)；

(5)《建筑变形测量规范》(JGJ 8—2016)；

(6)《工程测量标准》(GB 50026—2020)；

(7)《国家一、二等水准测量规范》(GB/T 12897—2006)。

四、编写内容

基坑工程变形监测实施方案主要包括如下内容：①工程概述；②监测目的、依据和技术要求；③监测项目和监测方法；④监测频率和报警值；⑤监测资料提交；⑥项目组织结构及人员、仪器配置；⑦安全生产管理；⑧监测应急方案；⑨监测预警制度；⑩附件。

任务 5.3　基坑工程变形监测的内容、频率及预警值

一、任务目标

(1)掌握基坑工程监测的主要内容及项目；
(2)掌握基坑工程监测的频率要求；
(3)了解基坑工程监测预警值的确定原则及依据。

二、任务分析

基坑工程设计文件应对监测范围、监测项目及测点布置、监测频率和监测预警值等做出规定。明确基坑工程变形监测的内容是制定变形监测方案的前提，明确每一项监测内容的监测频率和预警值可保证监测工作和监测预警工作按要求有效开展。

三、任务流程

基坑工程监测工作应按如下步骤和流程进行：
(1)现场踏勘，收集资料；
(2)制定监测方案；
(3)基准点、工作基点、监测点布设与验收，仪器设备校验和元器件标定；
(4)实施现场监测；
(5)监测数据的处理、分析及信息反馈；
(6)提交阶段性监测结果和报告；
(7)现场监测工作结束后，提交完整的监测资料。

四、主要内容

《建筑基坑工程监测技术标准》(GB 50497—2019)规定，下列基坑应实施基坑工程监测：

(1)基坑设计安全等级为一、二级的基坑。基坑设计安全等级是指由基坑工程设计文件确定的基坑安全等级。

(2)开挖深度大于或等于 5m 的下列基坑：①土质基坑；②极软岩基坑、破碎的软岩基坑、极破碎的岩体基坑；③上部为土体，下部为极软岩、破碎的软岩、极破碎的岩体构成的土岩组合基坑。

(3)开挖深度小于 5m 但现场地质情况和周围环境较复杂的基坑。

(一)监测项目

监测项目应与基坑工程设计、施工方案相匹配；应针对监测对象的关键部位进行重点

观测；各监测项目的选择应利于形成互为补充、验证的监测体系。

基坑工程施工监测的对象分为围护结构和周围环境两部分。围护结构包括围护桩墙、水平支撑、围檩和圈梁、立柱、坑底土层和坑内地下水等。周围环境包括周围建筑、地下管线等。根据《建筑基坑工程监测技术标准》(GB 50497—2019)规定，土质基坑工程仪器监测项目应根据表5.1进行选择。岩体基坑工程仪器监测项目应根据表5.2进行选择。

表5.1　**土质基坑工程仪器监测项目表**

监测项目		基坑设计安全等级		
		一级	二级	三级
围护墙(边坡)顶部水平位移		应测	应测	应测
围护墙(边坡)顶部竖向位移		应测	应测	应测
深层水平位移		应测	应测	宜测
立柱竖向位移		应测	应测	宜测
围护墙内力		宜测	可测	可测
支撑轴力		应测	应测	宜测
立柱内力		可测	可测	可测
锚杆轴力		应测	宜测	可测
坑底隆起		可测	可测	可测
围护墙侧向土压力		可测	可测	可测
孔隙水压力		可测	可测	可测
地下水位		应测	应测	应测
土体分层竖向位移		可测	可测	可测
周边地表竖向位移		应测	应测	宜测
周边建筑	竖向位移	应测	应测	应测
	倾斜	应测	宜测	可测
	水平位移	宜测	可测	可测
周边建筑、地表裂缝		应测	应测	应测
周边管线	竖向位移	应测	应测	应测
	水平位移	可测	可测	可测
周边道路竖向位移		应测	宜测	可测

表5.2　**岩体基坑工程仪器监测项目表**

监测项目	基坑设计安全等级		
	一级	二级	三级
坑顶水平位移	应测	应测	应测

续表

监测项目		基坑设计安全等级		
		一级	二级	三级
坑顶竖向位移		应测	宜测	可测
锚杆轴力		应测	宜测	可测
地下水、渗水与降雨关系		宜测	可测	可测
周边地表竖向位移		应测	宜测	可测
周边建筑	竖向位移	应测	宜测	可测
	倾斜	宜测	可测	可测
	水平位移	宜测	可测	可测
周边建筑、地表裂缝		应测	宜测	可测
周边管线	竖向位移	应测	宜测	可测
	水平位移	宜测	可测	可测
周边道路竖向位移		应测	宜测	可测

(二)监测频率

监测频率是指一定时间内对监测点实施观测的次数。监测频率的确定应满足能系统反映监测对象所测项目的重要变化过程而又不遗漏其变化时刻的要求。监测工作应贯穿于基坑工程和地下工程施工全过程。监测工作应从基坑工程施工前开始，直至地下工程完成为止。对有特殊要求的基坑周边环境的监测应根据需要延续至变形趋于稳定后结束。仪器监测频率应综合考虑基坑支护、基坑及地下工程的不同施工阶段以及根据周边环境、自然条件的变化和当地经验确定。对于应测项目，在无异常和无事故征兆的情况下，开挖后监测频率可按表 5.3 确定。

表 5.3　**现场仪器监测的监测频率**

基坑设计安全等级	施工进程		监测频率
一级	开挖深度 h	$\leqslant H/3$	1 次/(2~3)d
		$H/3 \sim 2H/3$	1 次/(1~2)d
		$2H/3 \sim H$	(1~2)次/d
	底板浇筑后时间/d	≤7	1 次/1d
		7~14	1 次/3d
		14~28	1 次/5d
		>28	1 次/7d

续表

基坑设计安全等级	施工进程		监测频率
二级	开挖深度 h	$\leqslant H/3$	1次/3d
		$H/3 \sim 2H/3$	1次/2d
		$2H/3 \sim H$	1次/1d
	底板浇筑后时间/d	≤7	1次/2d
		7~14	1次/3d
		14~28	1次/7d
		>28	1次/10d

注：h 为基坑开挖深度；H 为基坑设计深度。支撑结构开始拆除到完成后3d内监测频率为1次/1d；基坑工程施工至开挖前的监测频率视具体情况确定；当基坑设计安全等级为三级时，监测频率可适当降低；宜测、可测项目监测频率可适当降低。

（三）监测预警值

监测预警值是针对基坑及周边环境的保护要求，对监测项目所设定的警戒值。监测预警值应满足基坑支护结构、周边环境的变形和安全控制要求。监测预警值应由基坑工程设计方确定。变形监测预警值应包括监测项目的累计变化预警值和变化速率预警值。基坑及支护结构监测预警值应根据基坑设计安全等级、工程地质条件、设计计算结果及当地工程经验等因素确定；当无当地工程经验时，土质基坑可按表5.4确定。监测数据达到监测预警值时，应立即预警，通知有关各方及时分析原因并采取相应措施。

表5.4　**土质基坑及支护结构监测预警值**

	监测项目	支护类型	基坑设计安全等级								
			一级			二级			三级		
			累计值		变化速率/(mm/d)	累计值		变化速率/(mm/d)	累计值		变化速率/(mm/d)
			绝对值/mm	相对基坑设计深度 H 控制值		绝对值/mm	相对基坑设计深度 H 控制值		绝对值/mm	相对基坑设计深度 H 控制值	
1	围护墙（边坡）顶部水平位移	土钉墙、复合土钉墙、锚喷支护、水泥土墙	30~40	0.3%~0.4%	3~5	40~50	0.5%~0.8%	4~5	50~60	0.7%~1.0%	5~6
		灌注桩、地下连续墙、钢板桩、型钢水泥土墙	20~30	0.2%~0.3%	2~3	30~40	0.3%~0.5%	2~4	40~60	0.6%~0.8%	3~5

续表

	监测项目	支护类型	基坑设计安全等级								
			一级			二级			三级		
			累计值		变化速率/(mm/d)	累计值		变化速率/(mm/d)	累计值		变化速率/(mm/d)
			绝对值/mm	相对基坑设计深度 H 控制值		绝对值/mm	相对基坑设计深度 H 控制值		绝对值/mm	相对基坑设计深度 H 控制值	
2	围护墙(边坡)顶部竖向位移	土钉墙、复合土钉墙、喷锚支护	20~30	0.2%~0.4%	2~3	30~40	0.4%~0.6%	3~4	40~60	0.6%~0.8%	4~5
		水泥土墙、型钢水泥土墙	—	—	—	30~40	0.6%~0.8%	3~4	40~60	0.8%~1.0%	4~5
		灌注桩、地下连续墙、钢板桩	10~20	0.1%~0.2%	2~3	20~30	0.3%~0.5%	2~3	30~40	0.5%~0.6%	3~4
3	深层水平位移	复合土钉墙	40~60	0.4%~0.6%	3~4	50~70	0.6%~0.8%	4~5	60~80	0.7%~1.0%	5~6
		型钢水泥土墙	—	—	—	50~60	0.6%~0.8%	4~5	60~70	0.7%~1.0%	5~6
		钢板桩	50~60	0.6%~0.7%	2~3	60~80	0.7%~0.8%	3~5	70~90	0.8%~0.9%	4~5
		灌注桩、地下连续墙	30~50	0.3%~0.4%		40~60	0.4%~0.6%		50~70	0.6%~0.8%	
4	立柱竖向位移		20~30	—	2~3	20~30	—	2~3	20~40	—	2~4
5	基坑周边地表竖向位移		25~35	—	2~3	35~45	—	3~4	45~55	—	4~5
6	坑底隆起(回弹)		累计值(30~60)mm，变化速率(4~10)mm/d								
7	支撑轴力		最大值：(60%~80%)f_2 最小值：(80%~100%)f_y			最大值：(70%~80%)f_2 最小值：(80%~100%)f_y			最大值：(70%~80%)f_2 最小值：(80%~100%)f_y		
8	锚杆轴力										
9	土压力		(60%~70%)f_1			(70%~80%)f_1			(70%~80%)f_1		
10	孔隙水压力										
11	围护墙内力		(60%~70%)f_2			(60%~70%)f_2			(70%~80%)f_2		
12	立柱内力										

注：H 为基坑设计开挖深度。f_1 为荷载设计值，f_2 为构件承载能力设计值，锚杆为极限抗拔承载力；f_y为钢支撑、锚杆预应力设计值。累计值取绝对值和相对基坑设计深度 H 控制值两者的较小值。

符合下列条件的为一级基坑：①重要工程或支护结构做主体结构的一部分；②开挖深度大于 10m；③与邻近建筑物、重要设施的距离在开挖深度以内的基坑；④基坑范围内有历史文物、近代优秀建筑、重要管线等需严加保护的基坑；

三级基坑为开挖深度小于 7m，周围环境无特别要求的基坑，除此之外为二级基坑。

任务5.4　基坑工程监测

基坑工程现场监测应采用仪器监测与现场巡视检查相结合的方法。

子任务5.4.1　巡视检查

一、任务目标

掌握基坑工程现场巡视检查的内容。

二、任务分析

基坑工程施工和使用期内，每天均应由专人进行巡视检查。现场观察指不借助于任何量测仪器，由有一定工程经验的监测人员用肉眼凭经验获得对判断基坑稳定和环境安全性有用的信息。

观察围护结构和支撑体系的施工质量、围护体系是否渗漏水及渗漏水的位置和多少、施工条件的改变情况、坑边荷载的变化、管道渗漏和施工用水的不适当排放、降雨对基坑稳定和环境安全性关系密切的信息。同时需密切注意基坑周围的地面裂缝、围护结构和支撑体系的工作失常情况、邻近建筑物和构筑物的裂缝、流水或局部管涌现象等安全隐患，发现隐患苗头及时处理，尽量避免发生事故。

三、主要内容

1. 支护结构的巡视检查

(1)支护结构成型质量；

(2)冠梁、支撑、围檩或腰梁是否有裂缝；

(3)冠梁、围檩或腰梁的连续性，有无过大变形；

(4)围檩或腰梁与围护桩的密贴性，围檩与支撑的防坠落措施；

(5)锚杆垫板有无松动、变形；

(6)立柱有无倾斜、沉陷或隆起；

(7)止水帷幕有无开裂、渗漏水；

(8)基坑有无涌土、流砂、管涌；

(9)面层有无开裂、脱落。

2. 施工状况的巡视检查

(1)开挖后暴露的岩土体情况与岩土勘察报告有无差异；

(2)开挖分段长度、分层厚度及支撑(锚杆)设置是否与设计要求一致；

(3)基坑侧壁开挖暴露面是否及时封闭；

(4)支撑、锚杆是否施工及时；
(5)边坡、侧壁及周边地表的截水、排水措施是否到位，坑边或坑底有无积水；
(6)基坑降水、回灌设施运转是否正常；
(7)基坑周边地面有无超载。

3. 周边环境的巡视检查

(1)周边管线有无破损、泄漏情况；
(2)围护墙后土体有无沉陷、裂缝及滑移现象；
(3)周边建筑有无新增裂缝出现；
(4)周边道路(地面)有无裂缝、沉降；
(5)邻近基坑施工(堆载、开挖、降水或回灌、打桩等)变化情况；
(6)存在水力联系的邻近水体(湖泊、河流、水库等)的水位变化情况。

4. 监测设施的巡视检查

(1)基准点、监测点完好状况；
(2)监测元件的完好及保护情况；
(3)有无影响观测工作的障碍物。

5. 其他巡视检查

根据设计要求或当地经验确定的其他巡视检查内容。

子任务 5.4.2　基坑水平位移监测

一、任务目标

掌握基坑水平位移监测的方法和要求。

二、任务分析

基坑水平位移监测主要包括围护墙(边坡)顶部、周边建筑、周边管线的水平位移观测。测定特定方向上的水平位移时，可采用视准线活动觇牌法、视准线测小角法、激光准直法等，适用于较规则的基坑；测定监测点任意方向的水平位移时，可视监测点的分布情况，采用极坐标法、交会法、自由设站法等，适用于相对复杂的基坑。

三、主要方法

1. 布设监测基准网

(1)水平位移监测网宜进行一次布网，并宜采用假定坐标系统或建筑坐标系统。水平位移监测网可采用基准线、单导线、导线网、边角网等形式。

(2)水平位移监测基准点、工作基点的布设和测量应符合下列规定：

①水平位移监测基准点的数量不应少于 3 个，基准点标志的型式和埋设应符合现行行

业标准《建筑变形测量规范》(JGJ 8—2016)的有关规定；基准点应埋设在变形区以外稳定的原状土层内，或将标志镶嵌在裸露基岩上。当受条件限制时，在变形区内也可埋设深层钢管标或双金属标。

②采用视准线活动觇牌法和视准线小角法进行位移观测，当不便设置基准点时，可选择设置在稳定位置的方向标志作为方向基准，采用基准线控制时，每条基准线应在稳定区域设置检核基准点。

③工作基点的埋设，应选在比较稳定且方便使用的位置，设立在大型工程施工区域内的水平位移监测工作基点宜采用带有强制归心装置的观测墩。对通视条件较好的小型工程，可不设立工作基点，在基准点上直接测定变形观测点。当采用光学对中装置时，对中误差不宜大于0.5mm。

④水平位移基准点的测量宜采用全站仪边角测量法(具体见项目4)，水平位移工作基点的测量可采用全站仪边角测量、边角后方交会等方法。

⑤每次水平位移观测前应对相邻控制点(基准点或工作基点)进行稳定性检查。

2. 布设监测点

变形监测点应设立在能反映监测体变形特征的位置或监测断面上。基坑围护墙(边坡)顶部的水平位移监测点应沿基坑周边布置，基坑各侧边中部、阳角处、邻近被保护对象的部位应布置监测点。监测点水平间距不宜大于20m，每边监测点数目不宜少于3个。水平和竖向位移监测点宜为共用点，监测点宜设置在围护墙顶或基坑坡顶上。

3. 监测方法

水平位移监测有全站仪极坐标法、视准线法、全站仪距离前方交会法等，也可以利用GNSS进行监测。由于基坑大多数为规则图形，因此采用视准线法较方便。

1)全站仪极坐标法

采用全站仪极坐标法进行水平位移监测时，应符合下列规定。

(1)全站仪标称精度应符合表5.5的规定。

表5.5　**全站仪标称精度要求**

监测点坐标中误差/mm	一测回水平方向标准差/(″)	测距中误差
1.0	≤0.5	≤(1mm+1ppm)
1.5	≤1.0	≤(1mm+1ppm)
2.0	≤1.0	≤(1mm+2ppm)
3.0	≤2.0	≤(2mm+2ppm)

(2)测站至监测点的距离不宜大于300m。

(3)监测点的测回数应根据观测精度要求、全站仪标称精度、测站至监测点的距离等因素综合确定。

2)视准线活动觇牌法和视准线小角法

当采用视准线活动觇牌法和视准线小角法进行水平位移监测时，应符合下列规定：

(1)全站仪标称精度应符合表5.5的规定；

(2)应垂直于所测位移方向布设视准线，视准线小角法以工作基点作为测站点；

(3)测站点与监测点之间的距离不宜大于300m；

(4)当采用视准线小角法时，小角角度不应超过30′，观测不应少于1个测回。

4. 监测精度

基坑围护墙(边坡)顶部、周边建筑、周边管线的水平位移监测精度应根据其水平位移预警值按表5.6确定。

表5.6　**基坑水平位移监测精度要求**

水平位移预警值	累计值 D/mm	$D\le 40$		$40<D\le 60$	$D>60$
	变化速率 V_D/(mm/d)	$V_D\le 2$	$2<V_D\le 4$	$4<V_D\le 6$	$V_D>6$
监测点坐标中误差/mm		≤1.0	≤1.5	≤2.0	≤3.0

四、监测要求

(1)基准点应选择在施工影响范围以外不受扰动的位置，基准点应稳定可靠；

(2)工作基点应选择在相对稳定和方便使用的位置，在通视条件良好、距离较近的情况下，宜直接将基准点作为工作基点；

(3)工作基点应与基准点进行组网和联测。

子任务5.4.3　基坑竖向位移监测

一、任务目标

掌握基坑竖向位移监测的方法和要求。

二、任务分析

基坑竖向位移监测包括围护墙(边坡)顶部、立柱、周边地表、建筑、管线、道路的竖向位移监测。竖向位移监测宜采用几何水准测量，也可采用三角高程测量或静力水准测量等方法。

三、主要方法

1. 布设监测基准网

(1)竖向位移监测网宜采用国家高程基准或工程所在城市使用的高程基准，也可采用独立的高程基准。监测网应布设成闭合环或附合线路，且宜一次布设。

(2)竖向位移基准点、工作基点的布设和测量应符合下列规定：

①基准点的数量不应少于3个，基准点之间应形成闭合环；基准点标志的型式和埋设应符合现行行业标准《建筑变形测量规范》(JGJ 8—2016)的有关规定；在冻土地区，基准点标石应埋设在当地冻土线以下0.5m，在基岩壁或稳固的建筑上可埋设墙上水准标志。

②密集建筑区内，基准点与待测建筑的距离应大于该建筑基础最大深度的2倍。基准点可选择在沉降影响区以外稳定的建(构)筑物结构上。

③可根据作业需要设置工作基点，工作基点与基准点之间应便于联测。

2. 布设监测点

围护墙或基坑边坡顶部的竖向位移监测点应沿基坑周边布置，基坑各侧边中部、阳角处、邻近被保护对象的部位应布置监测点。监测点水平间距不宜大于20m，每边监测点数目不宜少于3个。水平和竖向位移监测点宜为共用点，监测点宜设置在围护墙顶或基坑坡顶上。

3. 精度要求

围护墙(边坡)顶部、立柱、基坑周边地表、管线和邻近建筑、道路的竖向位移监测精度应根据其竖向位移预警值按表5.7确定。

表5.7 **基坑竖向位移监测精度要求**

竖向位移预警值	累计值 S/mm	$S \leqslant 40$		$40 < S \leqslant 60$	$S > 60$
	变化速率 V_S/(mm/d)	$V_S \leqslant 2$	$2 < V_S \leqslant 4$	$4 < V_S \leqslant 6$	$V_S > 6$
监测点测站高差中误差/mm		≤0.15	≤0.5	≤1.0	≤1.5

4. 监测方法

基坑竖向位移监测通常采用精密水准测量法。测量时由工作基点或基准点起经过各监测点布设成附合水准路线或者闭合水准路线。

四、监测要求

采用几何水准测量进行竖向位移监测时，应符合下列规定。

(1)所用仪器精度与观测限差应符合表5.8的规定。

表5.8 **水准仪精度和观测限差要求**

监测点测站高差中误差/mm	≤0.15	≤0.5	≤1.0	≤1.5
水准仪精度要求/(mm/km)	±0.3	±0.5	±1.0	±1.0
往返较差及附合或环线闭合差限差/mm	$0.3\sqrt{n}$	$1.0\sqrt{n}$	$2.0\sqrt{n}$	$3.0\sqrt{n}$
检测已测测段高差之差限差/mm	$0.45\sqrt{n}$	$1.5\sqrt{n}$	$3.0\sqrt{n}$	$4.5\sqrt{n}$

(2)水准测量作业方式、观测要求应符合现行行业标准《建筑变形测量规范》(JGJ 8—2016)的有关规定。

子任务 5.4.4　基坑深层水平位移监测

一、任务目标

掌握基坑深层水平位移监测的方法和要求。

二、任务分析

深层水平位移监测宜采用在围护墙体或土体中预埋测斜管，通过测斜仪观测各深度处水平位移的方法。

三、主要方法

1. 监测点布设

围护墙或土体深层水平位移监测点宜布置在基坑周边的中部、阳角处及有代表性的部位。监测点水平间距宜为 20~60m，每侧边监测点数目不应少于 1 个。用测斜仪观测深层水平位移时，测斜管埋设深度应符合下列规定：

(1) 埋设在围护墙体内的测斜管，布置深度宜与围护墙入土深度相同；

(2) 埋设在土体中的测斜管，长度不宜小于基坑深度的 1.5 倍，并应大于围护墙的深度，以测斜管底为固定起算点时，管底应嵌入稳定的土体或岩体中。

2. 监测方法

深层水平位移指基坑围护桩墙和土体在不同深度上的水平位移，通常采用测斜仪测量。测斜仪由测斜管、测斜探头、连接线及测读仪组成。

沿基坑边每边布设钻孔。将测斜管连接好，底部和端部密封，调整测斜管导槽至合适方位，安置在钻孔中，钻孔回填使用干沙，注意对测斜管进行保护，严防破坏。

使用活动式测斜仪，采用带导轮的测斜探头，再将测斜管分为 n 个测段，每个测段的长度为 l_i(l_i=500mm)，在某一深度所测得的两对导轮之间的倾角为 θ_i，通过计算可得到这一区段的变位值 Δ_i，计算公式为：

$$\Delta_i = l_i \sin\theta_i \tag{5.1}$$

某一深度的水平变位值 δ_i 可通过区段变位值 Δ_i 的累计值得出：

$$\delta_i = \sum \Delta_i = \sum l_i \sin\theta_i \tag{5.2}$$

设初次测量的变位结果为 $\delta_i^{(0)}$，则在进行第 j 次测量时，所得的某一深度上相对前一次测量时的位移值 Δx_i 即为：

$$\Delta x_i = \delta_i^{(j)} - \delta_i^{(j-1)} \tag{5.3}$$

相对初次测量时总的位移值为：

$$\sum \Delta x_i = \delta_i^{(j)} - \delta_i^{(0)} \tag{5.4}$$

图 5.1 为倾斜仪原理示意图。

根据位移值绘制桩体水平位移-时间的变化曲线，桩体水平位移随开挖深度的变化曲线图。在基坑横断面图上，以一定的比例把水平位移值点画在测点位置上，并将各点连线，可得到土体水平位移分布状态图。

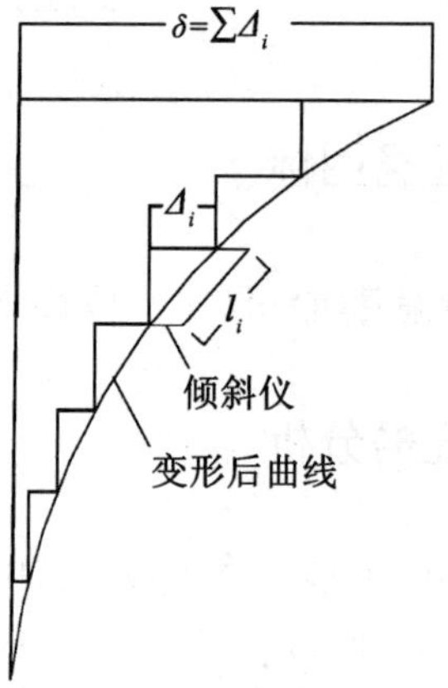

3. 设备精度要求

测斜仪的系统精度不宜低于0.25mm/m，分辨率不宜低于0.02mm/500mm。

图5.1　倾斜仪原理示意图

四、监测要求

(1)测斜管应在基坑开挖和预降水至少1周前埋设，当基坑周边变形要求严格时，应在支护结构施工前埋设，测斜管埋设应符合下列规定：

①测斜管的埋设可采用绑扎法、钻孔法以及抱箍法等；

②埋设前应检查测斜管质量，测斜管连接时应保证上、下管段的导槽相互对准、通畅，各段接头及管底应保证密封，测斜管管口、管底应采取保护措施；

③测斜管埋设时应保持竖直，防止发生上浮、断裂、扭转，测斜管一对导槽的方向应与所需测量的位移方向保持一致；

④当采用钻孔法埋设时，测斜管与钻孔之间的空隙应填充密实；

⑤正式测量前宜使用探头模型检查测斜管导槽顺畅状态。

(2)测斜仪探头置入测斜管底后，应待探头接近管内温度后，自下而上以不大于0.5m间隔逐段测量，每个监测方向均应进行正、反两次量测。

(3)深层水平位移计算时，应确定起算点。当测斜管嵌固在稳定岩土体中时，宜以测斜管底部为位移起算点；当测斜管底部未嵌固在稳定岩土体中时，应以测斜管上部管口为起算点，且每次监测均应测定管口位移，并对深层水平位移值进行修正。

子任务5.4.5　基坑支护结构内力监测

一、任务目标

掌握基坑支护结构内力监测的方法和要求。

二、任务分析

基坑支护结构内力监测适用于围护墙内力、支撑轴力、立柱内力、围檩或腰梁内力等，宜采用安装在结构内部或表面的应力、应变传感器进行量测。

基坑开挖过程中支护结构内力变化可通过在结构内部或表面安装应变计或应力计进行量测。采用钢筋混凝土材料制作的围护支挡构件，宜采用钢筋应力计或混凝土应变计进行量测；对于钢结构支撑，宜采用轴力计进行量测。围护墙、桩及围檩等内力宜在围护墙、桩钢筋制作时，在主筋上焊接钢筋应力计预埋的方法进行量测。支护结构内力监测值应考虑温度变化的影响，对钢筋混凝土支撑应考虑混凝土收缩、徐变以及裂缝的影响。

三、主要方法

1. 监测点布设

围护墙内力监测断面的平面位置应选在设计计算受力、变形较大且有代表性的部位。监测点数量和水平间距应视具体情况而定。竖直方向监测点间距宜为 2~4m 且在设计计算弯矩极值处应布置监测点，每一监测点沿垂直于围护墙方向对称放置的应力计不应少于 1 对。

2. 监测方法

应根据监测对象的结构形式、施工方法选择相应类型的传感器。混凝土支撑、围护桩(墙)宜在钢筋笼制作的同时，在主筋上安装钢筋应力计；钢支撑宜采用轴力计或表面应力计；钢立柱、钢围檩(腰梁)宜采用表面应变计。

3. 设备精度要求

应力计或应变计的量程不宜小于设计值的 1.5 倍，精度不宜低于 0.5%FS，分辨率不宜低于 0.2%FS。

四、监测要求

(1)内力监测传感器埋设前应进行标定和编号，导线应做好标记，并设置导线防护措施。

(2)内力监测值宜取土方开挖前连续 3d 获得的稳定测试数据的平均值作为初始值。

(3)内力监测值宜考虑温度变化等因素的影响。

子任务 5.4.6　土压力监测

一、任务目标

掌握基坑土压力监测的方法和要求。

二、任务分析

土压力是基坑支护结构周围的土体传递给围护结构的压力。压力通常采用在量测的位置上埋设压力传感器进行测量。土压力传感器俗称土压力盒。土压力盒中两片不锈钢焊接在一起，钢片之间是空心腔，腔内注满油。压力腔通过不锈钢管与传感器相连，形成一个密闭的液压系统。压力转化为电信号后，通过读数仪和数据采集系统读取压力值。

三、主要方法

1. 监测点布设

基坑围护墙侧向土压力监测点的布置应符合下列规定：

(1)监测断面的平面位置应布置在受力、土质条件变化较大或其他有代表性的部位；

(2)在平面布置上，基坑每边的监测断面不宜少于 2 个；在竖向布置上，监测点间距宜为 2~5m，下部宜加密；

(3)当按土层分布情况布设时，每层土布设的测点不应少于 1 个，且宜布置在各层土的中部。

2. 监测方法

土压力宜采用土压力计量测。

3. 设备精度要求

土压力计的量程应满足预估被测压力的要求，其上限可取设计压力的 2 倍，精度不宜低于 0.5%FS，分辨率不宜低于 0.2%FS。

四、监测要求

(1)土压力计埋设可采用埋入式或边界式。埋设前应对土压力计进行稳定性、密封性检验和压力、温度标定。埋设时应符合下列规定：

①受力面与所监测的压力方向垂直并紧贴被监测对象；

②埋设过程中应有土压力膜保护措施；

③采用钻孔法埋设时，回填应均匀密实，且回填材料宜与周围岩土体一致；

④土压力计导线中间不宜有接头，导线应按一定线路捆扎，接头应集中引入导线箱中；

⑤做好完整的埋设记录。

(2)土压力计埋设后应立即进行检查测试，基坑开挖前应至少经过 1 周的监测并取得稳定初始值。

子任务 5.4.7　孔隙水压力监测

一、任务目标

掌握基坑孔隙水压力监测的方法和要求。

二、任务分析

孔隙水压力计一般通过钻孔埋设在土层中，埋设时采用砂料填充。孔隙水压力量测的结果可用于固结计算和土体的稳定性分析，在打桩、预压法地基加固的施工进度控制及地表沉降的控制中具有重要作用。

三、主要方法

1. 监测点布设

孔隙水压力监测断面宜布置在基坑受力、变形较大或有代表性的部位。在竖向布置上，监测点宜在水压力变化影响深度范围内按土层分布情况布设，竖向间距宜为 2~5m，数量不宜少于 3 个。

2. 监测方法

孔隙水压力宜通过埋设钢弦式或应变式等孔隙水压力计测试。孔隙水压力计埋设可采用压入法、钻孔法等。

3. 设备精度要求

孔隙水压力计量程应满足被测压力范围的要求，可取静水压力与超孔隙水压力之和的 2 倍，精度不宜低于 0.5%FS，分辨率不宜低于 0.2%FS。

四、监测要求

(1)孔隙水压力计应事前埋设，埋设前应符合下列规定：

①孔隙水压力计应浸泡饱和，排除透水石中的气泡；

②核查标定数据，记录探头编号，测读初始读数。

(2)采用钻孔法埋设孔隙水压力计时，钻孔直径宜为 110~130mm，不宜使用泥浆护壁成孔，钻孔应圆直、干净；封口材料宜采用直径 10~20mm 的干燥膨润土球。

(3)孔隙水压力计埋设后应测量初始值，且宜逐日量测 1 周以上并取得稳定初始值。

(4)应在孔隙水压力监测的同时测量孔隙水压力计埋设位置附近的地下水位。

子任务 5.4.8　地下水位监测

一、任务目标

掌握基坑地下水位监测的方法和要求。

二、任务分析

地下水位的变化对基坑支护结构的稳定性有很大影响。外界降水或地表水强补给引起的地下水位快速上升，会使支护结构受到的压力增大，地下水位明显下降时，可能产生沉降，对周边建(构)筑物产生不利影响。因此，地下水位监测对基坑施工具有重要意义，地下水位监测宜采用钻孔内设置水位管或设置观测井，通过水位计进行量测。

三、主要方法

1. 监测点布设

地下水位监测点的布置应符合下列规定：

(1)当采用深井降水时，基坑内地下水位监测点宜布置在基坑中央和两相邻降水井的中间部位，当采用轻型井点、喷射井点降水时，水位监测点宜布置在基坑中央和周边拐角处，监测点数量应视具体情况确定。

(2)基坑外地下水位监测点应沿基坑、被保护对象的周边或在基坑与被保护对象之间布置，监测点间距宜为20~50m，相邻建筑、重要的管线或管线密集处应布置水位监测点，当有截水帷幕时，宜布置在截水帷幕的外侧约2m处。

(3)水位观测管的管底埋置深度应在最低设计水位或最低允许地下水位之下3~5m，承压水水位监测管的滤管应埋置在所测的承压含水层中。

(4)在降水深度内存在2个以上(含2个)含水层时，宜分层布设地下水位观测孔。

(5)岩体基坑地下水监测点宜布置在出水点和可能滑面部位。

(6)回灌井点观测井应设置在回灌井点与被保护对象之间。

2. 监测方法

地下水一般通过布置一定数量的监测井进行监测，监测井内安装带滤网的硬塑料管。一般情形下，利用水位计进行观测，水位计如图5.2所示。每隔3~5天监测一次，当发现基坑侧壁明显渗漏或坑底产生大量涌水等异常现象时，应增加观测次数。

图5.2 水位计

3. 监测精度要求

地下水位量测精度不宜低于10mm。

四、监测要求

(1)潜水水位管直径不宜小于50mm，饱和软土等渗透性小的土层水位管直径不宜小于70mm，滤管长度应满足量测要求；承压水位监测时被测含水层与其他含水层之间应采取有效的隔水措施。

(2)水位管宜在基坑预降水前至少1周埋设，并逐日连续观测水位取得稳定初始值。

子任务5.4.9 坑底隆起监测

一、任务目标

掌握基坑坑底隆起监测的方法和要求。

二、任务分析

基坑开挖后，由于上覆载荷的减少，必然引起坑底和周围一定影响范围内土体的变形回弹。回弹超过一定量将影响基坑和周围建筑物的安全。

三、主要方法

1. 监测点布设

坑底隆起监测点的布置应符合下列规定：

(1)监测点宜按纵向或横向断面布置，断面宜选择在基坑的中央以及其他能反映变形特征的位置，断面数量不宜少于 2 个；

(2)同一断面上监测点横向间距宜为 10~30m，数量不宜少于 3 个；

(3)监测标志宜埋入坑底以下 20~30cm。

2. 监测方法

坑底隆起采用钻孔等方法埋设深层沉降标时，孔口高程宜用水准测量方法测量，沉降标至孔口垂直距离可采用钢尺量测。

基坑坑底回弹量的测量可利用回弹监测标或深层监测标来观测。回弹监测标的使用方法如下：

(1)利用钻机钻孔，钻杆的直径与回弹监测标相适应。下钻，深度达到设计标高以下 200mm，提钻。将回弹监测标与钻杆用反扣的锁接头连接，缓慢下到孔底，压入孔底土 400~500mm，将回弹监测标留入孔内，提钻。

(2)放入辅助测杆，进行水准测量，确定回弹监测标的高程。回弹监测不少于 3 次：首先在基坑开挖前测量初值，然后在基坑完工、土体清除后进行高程测量，第三次为在浇筑混凝土之前进行高程测量。如考虑分期卸载的回弹量可进行多次测量。当基坑挖完至基础施工的间隔时间较长时，也应适当增加监测次数。

四、监测要求

坑底隆起监测的精度应符合表 5.9 的规定。

表 5.9　**坑底隆起监测的精度要求**　单位：mm

坑底隆起预警值(累计值)	≤40	40~60	>60
监测点测站高差中误差	≤1.0	≤2.0	≤3.0

任务5.5　基坑工程监测报告

一、任务目标

掌握基坑工程监测报告的编写内容及方法。

二、任务分析

监测单位应对整个项目监测方案的实施以及监测技术成果的真实性、可靠性负责，监测技术成果应有相关负责人签字，并加盖成果章。

三、主要方法

(一) 监测数据整理

基坑监测内容较多，应设计各种不同的观测记录表格。对于观测到的异常情况应予以记录。监测成果是施工调整的依据，因此应对外业监测数据采取一定的方法进行处理，以便向建设、监理等参建方提交日报表或监测报告。监测报表的形式一般有当日报表、周报表、阶段报表。报表中应尽可能配有图形，便于阅读人获取信息。报表中体现的是原始数据，不得更改涂抹。日报表形式见表5.10。

表5.10　**水平位移和竖向位移监测日报表**

<table>
<tr><td colspan="10">工程名称：　报表编号：　测试时间：
观测者：　计算者：　校核者：</td></tr>
<tr><td rowspan="2">监测点号</td><td colspan="4">水平位移</td><td colspan="5">竖向位移</td></tr>
<tr><td>本次测试值/mm</td><td>单次变化量/mm</td><td>累计变化量/mm</td><td>变化速率/(mm/d)</td><td>本次测试值/mm</td><td>单次变化量/mm</td><td>累计变化量/mm</td><td>变化速率/(mm/d)</td><td>备注</td></tr>
<tr><td></td><td></td><td></td><td></td><td></td><td></td><td></td><td></td><td></td><td></td></tr>
<tr><td></td><td></td><td></td><td></td><td></td><td></td><td></td><td></td><td></td><td></td></tr>
<tr><td></td><td></td><td></td><td></td><td></td><td></td><td></td><td></td><td></td><td></td></tr>
<tr><td colspan="4">工况：

工程负责人：</td><td colspan="6">当日监测的简要分析及判断性结论：

监测单位：</td></tr>
</table>

(二)变形监测成果的整理

1. 基准点、工作基点的稳定性分析

在变形监测中，工作基点及基准点的稳定性极为重要。当工作基点或基准点确实存在位移时，必须根据它们确定的位移值或高程值施加改正数。

2. 观测资料的整编

当对所测变形值施加工作基点或基准点位移或高程改正数后，为了使这些成果便于分析，通常将变形观测值绘成各种图表，例如：监测点变形过程线、建筑物变形分布图等。

3. 变形值的统计规律及成因分析

根据实测变形值整编的表格和图形，可显示变形趋势、规律、幅度，据此来分析其成因。

(三)监测总结报告

监测工程完工后需提交监测总结报告，监测总结报告包括以下几部分：

(1)工程概况；

(2)监测依据；

(3)监测项目；

(4)监测点布置；

(5)监测设备和监测方法；

(6)监测频率；

(7)监测预警值；

(8)各监测项目全过程的发展变化分析及整体评述；

(9)监测工作结论及建议。

(四)监测结束后监测单位向建设方提交的资料

监测结束阶段，监测单位应向建设方提供监测总结报告，并将下列资料组卷归档：

(1)监测方案；

(2)基准点、监测点布设及验收记录；

(3)阶段性监测报告；

(4)监测总结报告。

任务5.6　基坑工程监测实例

一、任务目标

(1)通过一个完整的工程案例系统地了解基坑工程变形监测基础知识；

(2)掌握基坑工程变形监测方案设计、实施及变形监测报告编写方法。

二、主要内容

(一)工程概况

某基坑(见图5.3)开挖深度为13.1m，面积为8300m^2。基坑安全等级为一级，基坑围护结构采用桩锚支护和复合土钉墙结合的方式。该基坑北临一条主路，南侧有三栋住宅楼，西侧有两栋住宅楼，东侧有一栋住宅楼。在基坑施工阶段进行变形监测，及时掌握工程动态变化。

(二)监测内容和测点布置

1. 监测内容

根据《建筑基坑工程监测技术规范》的规定，基坑工程现场仪器监测项目的选择应充分考虑工程水文地质条件、基坑工程安全等级、支护结构的特点及变形控制要求，结合该工程的特点，确定的监测项目如下：

(1)围护墙顶水平位移、垂直位移监测；

(2)周边建筑物沉降监测；

(3)周围道路沉降监测；

(4)周边地表沉降监测；

(5)围护墙体测斜；

(6)地下水位监测；

(7)锚索内力监测；

(8)裂缝监测。

2. 测点布置

(1)围护墙。将顶端画“十”字的圆头钢筋埋入围护墙冠梁中，用混凝土固定，确保测点牢稳，共计埋入18个监测点(监测点的布置如图5.3所示)，分别标记为N1~N18。监测点间距小于20m，每边监测点数目不少于3个。

(2)建筑物。在邻近基坑的建筑物四角、中部，分别布置沉降监测点，布点同时要考虑方便以后的水准观测。监测点采用圆头钢筋埋入建筑物内，建筑物监测点埋设见图5.3。南侧建筑物埋设16个监测点，编号S1~S16，西侧建筑物埋设10个监测点，编号W1~W10，东侧建筑物埋设4个监测点，编号E1~E4。

(3)道路、地表。沉降监测点间距25~50m，以长80~100cm的圆头螺纹钢埋入，监测点的上部在地表以下。测点埋设稳固，做好标记以便保存。监测点处应平整，防止由于高低不平影响人员及车辆通行，道路、地表监测点分别设6个、4个，编号分别为L1~L6、D1~D4。

(4)围护墙体测斜。利用测斜管进行深层水平位移监测，基坑的周围共埋设测斜管10个。沿基坑边每边钻孔布设，将测斜管连接好，底部和端部密封，调整测斜管导槽至合适方位，安置到钻孔中，钻孔回填使用干沙，注意对测斜管进行保护。

(5)地下水位。基坑周围布设监测孔进行水位监测，其深度一般低于拟降水位深度 0.5m 以上。共布设 6 个监测孔，编号为 SW1~SW6。

(6)锚索内力。锚索内力的监测点应选择在受力较大且有代表性的位置，如基坑每边中部、地质条件复杂区段。本项目共布设 6 个测点，编号为 M1~M6。其中基坑南北面各埋设 2 个，东西面各埋设 1 个。

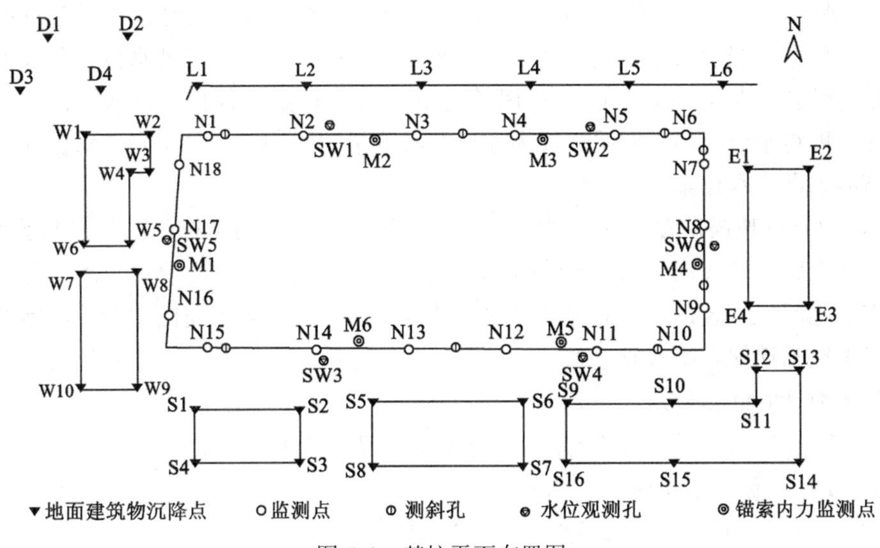

图 5.3　基坑平面布置图

(三)监测、计算方法

(1)桩顶水平位移监测利用 Leica 402 全站仪(其测角精度为 2″，测距精度为 2mm+2ppm)，利用基准线进行观测，即沿基坑的周边工作基点建立一条轴线，以轴线为基准，在工作基点上架设仪器，严格对中整平，分别测出各个监测点相对后视的夹角，通过测量监测点—设站连线与轴线间的小角变化，得到监测点垂直于轴线方向的位移。角度观测采用一测回，距离采用两次测距取平均值。假设观测到监测点的角度差值为 $\Delta\beta$，设站点到监测点的距离均值为 L，则可得到监测点的位移量

$$\Delta = \Delta\beta \times L/206265 \tag{5.5}$$

桩顶垂直位移监测要从基准点引入高程(高程可假设)，利用 DS05(0.5mm/km)，固定测站、人员、仪器等进行闭合线路测量，定期检查基准点的稳定性(联测基准点)。相邻变形点高差中误差及测站高差中误差应满足规范要求，具体测量技术要求见表 5.7 和表 5.8。上次高程减去本次高程为本次沉降量，初始高程减去各次高程为累计沉降量。

(2)周围建筑物沉降监测按照国家二等水准测量规范要求进行，监测方法、计算同桩顶垂直位移监测，具体测量技术要求见表 3.1 和表 3.2。

(3)周边道路及地表沉降按照国家二等水准测量规范要求进行，监测方法、计算同桩顶垂直位移监测，具体测量技术要求见表 3.1 和表 3.2。

(4)深层水平位移监测一般利用测斜仪进行。钻机打好钻孔，将测斜管埋入孔内，测斜管长度超过基坑开挖深度 5m。测斜管一般由塑料管或铝合金管制成，常用直径为 50~75mm，长度每节 2~4m，测斜管内有两对相互垂直的纵向导槽。测量时，测头导轮在导槽内可上下自由滑动。观测时注意带导轮的测斜探头应严密安置在测斜管的导槽中，一般往复测量两次消除安装误差，每次读数位置误差小于 0.5cm，水平位移误差小于 0.5mm。两次位移值的差值即为变形值。

(5)用水位计进行地下水位监测。在基坑开挖前将水位管埋设好，测量时将水位计探头沿管缓慢放下，当探头接触到水面时，探头发出蜂鸣，读取孔口处水位计测尺上的读数 L_i，即为观测水位值。在基坑降水前测得各水位孔孔口标高及各孔水位深度，孔口标高减去水位深度即得水位标高，初始水位为连续两次测量的平均值。每次测得水位标高与初始水位标高的差即为水位累计变化量。

(6)内力是反映锚拉支护结构锚索受力情况和安全状态的指标，根据结构设计要求，锚索计安装在张拉端或锚固端，安装时钢绞线或锚索从锚索计中心穿过，测力计处于钢垫座和工作锚之间，安装过程中应随时对锚索计进行监测，并从中间锚索开始向周围锚索逐步加载以免锚索计偏心受力或过载。

锚索测力计的计算公式：

$$P = K(F - F_0) + b(T - T_0) \tag{5.6}$$

式中：P——被测锚索荷载值(kN)；

K——锚索测力计的最小读数(kN/kHz^2)；

F——实时测量的锚索测力计输出值(kHz^2)；

F_0——锚索测力计的基准值(kHz^2)；

b——锚索测力计的温度修正系数(kN/℃)；

T——锚索测力计的温度实时测量值(℃)；

T_0——锚索测力计的温度基准值(℃)。

(四)监测数据分析

1. 水平位移、垂直位移监测

监测点的水平位移，这里规定监测点向基坑外侧移动为正，向基坑内侧移动为负，监测点的垂直位移以上升为正，下降为负。

桩顶水平位移利用视准线法共进行了 21 次观测，变形值均在允许范围内。表 5.11 为墙顶水平、垂直位移监测点变形值，图 5.4 为代表性基坑监测点 N13、N14 的水平位位移-时间关系曲线图。结合图表可以看出，围护墙顶各监测点沉降变化规律基本相同，主要特征为：

(1)各水平位移监测点变化均为向基坑内位移，变形量均小于 16mm。

(2)各垂直位移监测点均以下降为主，变化量均小于 12mm。

(3)在整个监测过程中各点虽出现过上下波动现象，但各点均未出现报警。

(4)接近施工后期，即底板形成后各点变化趋于稳定。

表 5.11 围护墙顶水平、垂直位移监测点变形值

监测点号		N1	N2	N3	N4	N5	N6
最大累积变形量/mm	水平位移	-8.3	-14.0	-15.6	-14.5	-8.2	-7.9
	垂直位移	-5.71	-7.66	-8.71	-8.34	-8.14	-7.78
监测点号		N7	N8	N9	N10	N11	N12
最大累积变形量/mm	水平位移	-11.6	-10.8	-9.5	-10.1	-12.1	-11.9
	垂直位移	-9.52	-7.16	-11.48	-11.31	-9.31	-10.10
监测点号		N13	N14	N15	N16	N17	N18
最大累积变形量/mm	水平位移	-15.2	-13.7	-11.6	-10.4	-10.6	-9.1
	垂直位移	-9.95	-10.24	-8.84	-8.10	-9.13	-8.70

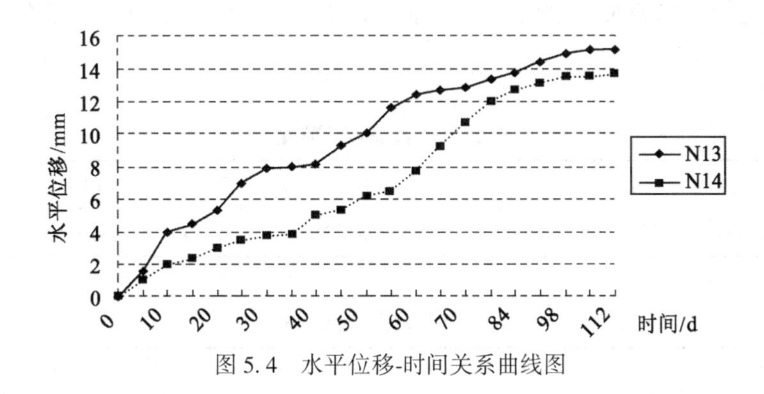

图 5.4 水平位移-时间关系曲线图

2. 周边建筑物沉降

采用国家二等水准测量周边建筑物沉降监测点的沉降，这里规定上升为正，下降为负。

建筑物沉降的变化规律，与基坑开挖深度、基坑距离远近、施工工况有密切关系：开挖深度越深，沉降量越大；距基坑越近，沉降量越大。

图 5.5 为监测点 S9 垂直位移变化曲线。从图中可以看出：基坑开挖过程中，监测点变化曲线表现为沉降，前期幅度较大，底板完成后，变化幅度较小，趋于稳定。表 5.12 为建筑物沉降监测点沉降值。

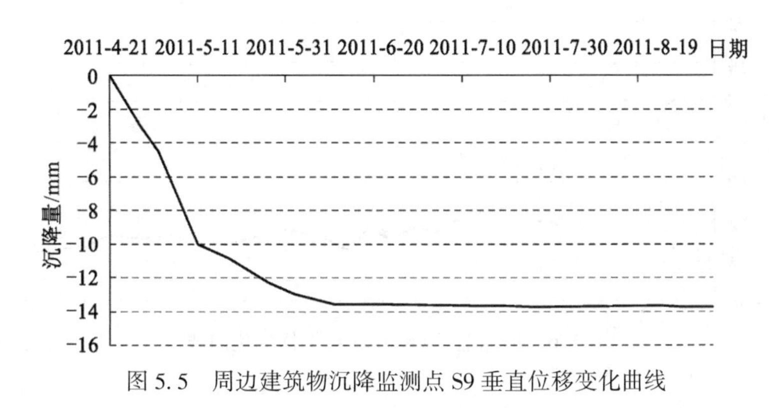

图 5.5 周边建筑物沉降监测点 S9 垂直位移变化曲线

表5.12　　　　　　　　　　**建筑物沉降监测点沉降值**

监测点号	E1	E2	E3	E4	E5	E6	E7	E8	E9	E10
最大累积变形量/mm	-10.53	-13.25	-12.71	-11.03	-13.64	-10.72	-11.65	-13.66	-14.58	-12.89
监测点号	S1	S2	S3	S4	S5	S6	S7	S8	S9	S10
最大累积变形量/mm	-16.67	-17.37	-14.87	-14.22	-16.03	-17.07	-13.94	-14.02	-13.87	-13.65
监测点号	S11	S12	S13	S14	S15	S16	W1	W2	W3	W4
最大累积变形量/mm	-14.13	-13.78	-13.07	-12.90	-13.77	-13.21	-7.07	-6.11	-5.22	-8.22

注：建筑物局部倾斜小于0.002，建筑物未出现开裂等现象。

3. 周边道路、地表沉降监测

对道路、地表监测点的变形值，规定上升为正，下降为负。6个道路沉降监测点在-13～-15mm之间，如表5.13所示。4个地表沉降监测点最大累积变形量在-12～-15mm之间，如表5.14所示。

表5.13　　　　　　　　　　**道路沉降监测点沉降量**

点号	L1	L2	L3	L4	L5	L6
最大累积变形量/mm	-13.81	-13.11	-13.73	-14.34	-13.55	-14.67

表5.14　　　　　　　　　　**地表沉降监测点沉降量**

点号	D1	D2	D3	D4
最大累积变形量/mm	-13.36	-12.41	-13.33	-14.51

图5.6为道路监测点L6垂直位移变化曲线。从图5.6可以看出：基坑开挖过程中，监测点变化曲线表现为施工初期幅度较大，施工后期，即底板完成后，变化幅度较小，趋势走向平稳。

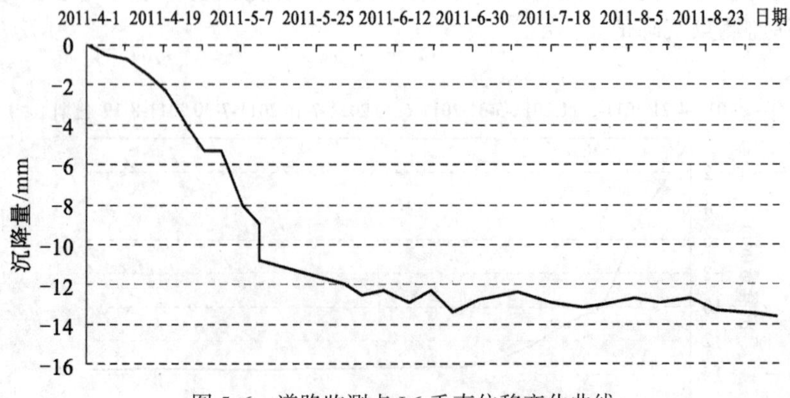

图5.6　道路监测点L6垂直位移变化曲线

4. 深层水平位移

基坑的周围共埋设测斜管 10 个，保存完好。各测斜管因所处的位置及基坑开挖空间顺序等关系，测得的水平位移值有较大差别，其中 CX6 号测斜孔最大水平位移为 14.96mm，为最大。

图 5.7 为 CX9 号测斜孔时间-位移曲线，从图中可以看出：基坑刚开始开挖时，CX9 号监测孔变化较小，随着开挖深度的增加，CX9 号监测孔变化曲线呈向基坑方向位移的趋势。当底板浇筑完成时，最大变化为+10.32mm，深度在-1.5m，如 2011-8-19 期数据。基坑底板浇筑完成至顶板完成阶段，CX9 监测孔变形变化速率明显减小，至顶板完成最大变化为+11.76mm，深度在-1.5m。

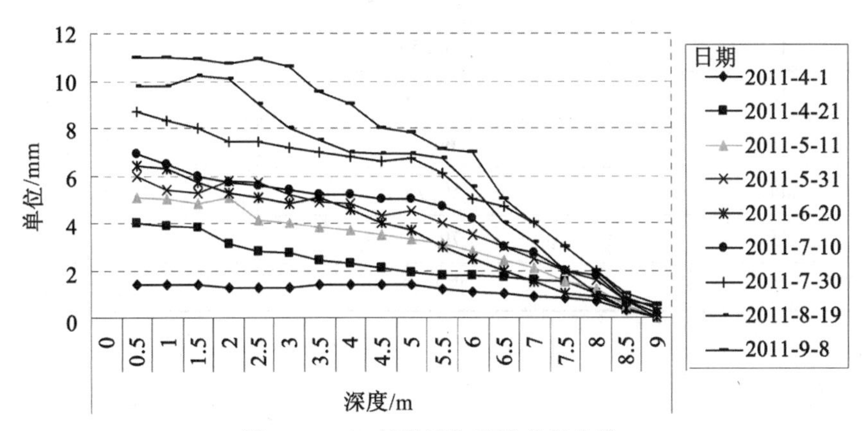

图 5.7　CX9 号测斜孔时间-位移曲线

5. 地下水位监测

在抽水影响半径内呈放射状布设 6 个测孔，编号为 SW1～SW6。测量时将水位计探头沿管缓慢放下，当探头接触到水面时，蜂鸣器响，读取孔口处水位计测尺上的读数 L_i，即为观测水位值。

在基坑开挖前期水位变化表现为平稳；在开挖中期，水位变化表现为下降；底板完成至顶板完成变化趋于稳定。在监测过程中水位未发现异常变化，表 5.15 为地下水位最大变化量表。

表 5.15　**地下水位重要参数一览表**

监测点号	最大变化量/mm	出现日期
SW1	426	2011-5-13
SW2	442	2011-5-13
SW3	437	2011-6-21
SW4	476	2011-6-21
SW5	542	2011-6-17
SW6	570	2011-6-27

6. 锚索内力监测

基坑每边中部、阳角处和地质条件复杂区段宜布置监测点。本项目共布设6个测点，编号为M1~M6。表5.16为锚索监测点的锚索内力监测值，图5.8为监测点M1内力变化曲线图。

从图5.8锚索内力监测点内力变化曲线图可以看出：基坑开挖过程中，监测点内力变化曲线表现为逐步上升，这是由于桩体一侧土体的开挖后，桩体受力逐渐增大，锚索应力也相应增加；底板完成后，变化幅度较小，趋于平稳。

表5.16　锚索内力监测值

点号	最大拉力/kN	出现日期
M1	230.56	2011-7-6
M2	151.70	2011-7-11
M3	266.97	2011-7-5
M4	50.75	2011-7-5
M5	79.41	2011-6-20
M6	113.13	2011-7-6

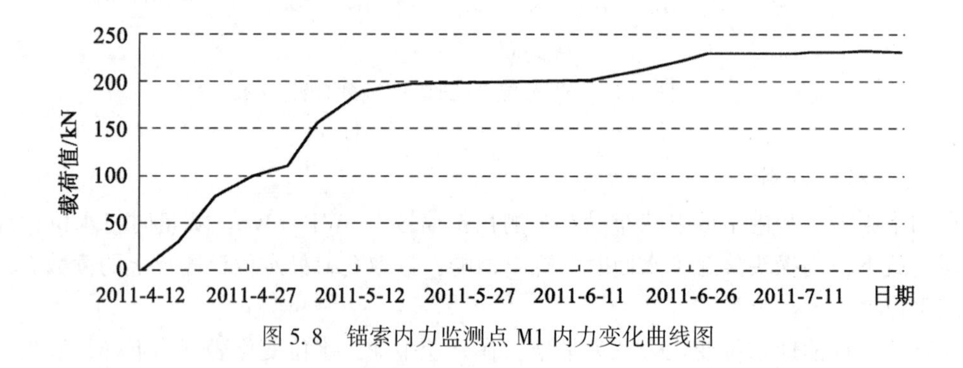

图5.8　锚索内力监测点M1内力变化曲线图

7. 裂缝监测

基坑施工过程中基坑及周围建筑物未出现明显的裂缝。

(五)结论

在业主、监理方、施工方的共同努力下，通过近半年的施工，整个基坑工程得以顺利完成，××单位也圆满完成了本项工程的监测任务。通过监测工作，及时掌握基坑施工中的动态信息，为基坑安全提供了保障。

1)各观测项目数据变化范围如下：

(1)围护墙顶水平位移：各水平位移监测点变化均为向基坑内侧移动，变形量小于16mm。

(2)围护墙顶垂直位移：各垂直位移监测点均以下降为主，变化量小于12mm。

(3)周边建筑物沉降监测：沉降量小于18mm，大部分在10~13mm之间。建筑物未发生开裂。

(4)周边道路沉降监测：变化范围在13.11~14.67mm之间。

(5)周边地表沉降监测：变化范围在12.41~14.51mm之间。

(6)围护墙体测斜：CX6孔最大累计变化量为14.96mm。

(7)地下水位监测：最大变化量为570mm，监测点号SW6。

(8)锚索内力：最大累计变化量为266.97kN，出现在M3处。

2)基坑监测的各项数据无超限，表明基坑及周边环境处于安全范围，说明围护体系的作用有效，但不排除基坑围护体系持续变形的可能。本次监测工作按监测方案进行，方法有效、适当，较准确地反映了基坑和周边环境变形情况，所有资料真实准确、可靠。在监测期间所使用的检测仪器均正常工作，且在有效期内。

习题及答案

一、单项选择题

1. (　　)宜采用在围护墙体或土体中预埋测斜管，通过测斜仪观测各深度处水平位移的方法。

A. 深层水平位移监测　　B. 竖向位移监测

C. 支护结构内力监测　　D. 土压力监测

2. 基坑竖向位移监测(包括围护桩墙顶部、立柱、周边地表、建筑、管线、道路)最常用的方法是(　　)。

A. 三角高程测量法　　B. 几何水准测量法

C. GNSS测量法　　D. 测斜仪法

3. 基坑开挖过程中支护结构内力变化可通过在结构内部或表面安装(　　)进行量测。

A. 应变计或应力计　　B. GNSS接收机

C. 全站仪　　D. 水准仪

4. 围护墙、桩及围檩等支护结构内力检测宜在围护桩钢筋制作时，在(　　)上焊接钢筋应力计进行量测。

A. 主筋　　B. 箍筋　　C. 扎丝　　D. 以上都不对

5. 基坑比较规则时，常用的水平位移监测方法不包括(　　)。

A. 视准线小角法　　B. 视准线活动觇牌法

C. 激光准直法　　D. 垂线法

二、多项选择题

1. 基坑监测的目的主要包括(　　)。

A. 保证基坑支护结构和邻近建筑物的安全，为合理制定保护措施提供依据。

B. 检验设计所采取的各种假设和参数的正确性，及时修正与完善，指导基坑开挖和支护结构的施工。

C. 积累工程经验，为提高基坑工程的设计和施工的整体水平提供依据。

D. 以上都不对。

2. 以下属于基坑工程支护结构的是(　　)。

A. 地下连续墙　　B. 土钉支护

C. 深层搅拌水泥土墙　　D. 土层锚杆(索)

3. 基坑工程施工监测的对象主要包括(　　)两部分。

A. 围护结构　　B. 周围环境

C. 高层建筑物主体　　D. 以上都不对

4. 基坑围护结构主要包括(　　)等。

A. 围护桩墙　　B. 水平支撑　　C. 围檩和圈梁　　D. 立柱

5. 基坑围护墙(边坡)顶部的水平位移监测点布置应按如下(　　)要求布设。

A. 沿基坑周边布置　　B. 基坑各侧边中部

C. 阳角处　　D. 邻近被保护对象的部位

三、判断题

1. 基坑工程施工监测的对象主要为围护结构和周围环境两部分。(　　)

2. 基坑围护结构主要包括围护桩墙、水平支撑、围檩和圈梁、立柱、坑底土层和坑内地下水等。周围环境主要包括周围建筑、地下管线等。(　　)

3. 监测频率是指一定时间内对监测点实施观测的次数。(　　)

4. 监测预警值是针对基坑及周边环境的保护要求，对监测项目所设定的警戒值。(　　)

5. 基坑工程现场监测应采用仪器监测与现场巡视检查相结合的方法。(　　)

四、简答题

1. 基坑工程监测的主要目的是什么?

2. 基坑工程监测的主要内容有哪些?

3. 基坑工程监测报告应包括哪些内容?

答案

项目6　建筑工程变形监测

【项目简介】

本项目主要介绍建筑物变形监测的目的和意义、等级和精度要求。掌握建筑工程变形监测技术设计编写方法、建筑工程变形监测的内容与方法(沉降、倾斜、裂缝、挠度、风振、日照等)，掌握建筑工程变形监测数据资料整理方法，再通过一个具体案例学习建筑物变形监测的全部过程。

【教学目标】

1. 了解建筑工程施工监测方案的编制方法、常见监测仪器的使用方法，掌握建筑工程监测的常用方法。

2. 重点掌握工业与民用建筑物变形监测的目的、意义、内容和方法。重点学习建筑物变形监测中常用的沉降监测、倾斜监测、位移监测的选点布网、数据的获取、资料的整理、各种曲线的绘制、监测报告的编写等。结合实例体会建筑物变形监测的具体实施过程。

项目单元教学目标分解

目标	内　容
知识目标	1. 建筑物变形监测的目的、意义、等级和精度要求； 2. 建筑物变形监测的主要内容，包括沉降、倾斜、裂缝、挠度、风振、日照等； 3. 掌握建筑工程变形监测资料的整理方法，建筑物变形监测技术设计和总结报告的编写方法。
技能目标	1. 能够编写建筑物变形监测技术设计方案及技术总结报告； 2. 能够按照要求完成建筑物变形监测各监测项目的布点、外业观测工作； 3. 能够完成建筑物变形监测数据资料的整理、变形监测曲线的绘制、日报告提交、变形趋势及危害情况的分析、变形临界点的判定、变形监测总结报告的编写。
态度及思政目标	1. 培养学生“热爱祖国、忠诚事业、艰苦奋斗、无私奉献”的测绘行业精神； 2. 培养学生“精益求精、敬业笃行、严守规范、质量至上”的测绘工匠精神； 3. 培养学生在各类工民建工地等艰苦环境中的作业安全意识，同时培养学生吃苦耐劳的专业素质和劳动精神。

任务6.1　建筑工程变形监测概述

一、任务目标

(1)了解建筑物变形监测的目的、意义、等级及精度要求；

(2)明确建筑工程施工变形监测的基本要求、技术设计方法及依据。

二、任务分析

本项目主要讲述工业与民用建筑物的变形监测工作。建筑变形是指建筑的地基、基础、上部结构及其场地受各种作用力而产生的形状或者位置变化现象。建筑变形监测是指对建筑变形进行监测，并对监测结果进行处理和分析的工作。

三、主要内容

(一)建筑物变形监测的目的和意义

建筑物变形监测的目的是通过监测手段确切地反映建筑地基、基础、上部结构及其场地在静载荷、动载荷或环境等因素影响下的变形程度或变形趋势，从而有效监视新建建筑物在施工及运营使用期间的安全，以及时采取预防措施；另外，监测已建建筑物以及建筑场地的稳定性，为建筑维修、保护、特殊性土地区选址以及场地整治提供依据；变形监测还可为验证有关建筑地基基础、工程结构设计的理论及设计参数提供可靠的基础数据。

(二)建筑物变形监测的等级和精度

《建筑变形测量规范》(JGJ 8—2016)将建筑变形监测的级别分为特等、一等、二等、三等和四等，其精度指标及其适用范围应符合表 6.1 的规定。

表 6.1　**建筑变形测量的等级、精度指标及其适用范围**

变形监测级别	沉降监测点测站高差中误差/mm	位移监测点坐标中误差/mm	主要适用范围
特等	0.05	0.3	特高精度要求的变形测量。
一等	0.15	1.0	地基基础设计为甲级的建筑的变形测量；重要的古建筑、历史建筑的变形测量；重要的城市基础设施的变形测量等。
二等	0.5	3.0	地基基础设计为甲、乙级的建筑的变形测量；重要场地的边坡监测；重要的基坑监测；重要管线的变形测量；地下工程施工及运营中的变形测量；重要的城市基础设施的变形测量等。
三等	1.5	10.0	地基基础设计为乙、丙级的建筑的变形测量；一般场地的边坡监视；一般的基坑监测；地表、道路及一般管线的变形测量；一般的城市基础设施的变形测量；日照变形测量；风振变形测量等。
四等	3.0	20.0	精度要求低的变形测量。

(三)建筑物变形测量的基本要求

1. 建筑物变形监测的对象

《建筑变形测量规范》(JGJ 8—2016)规定，下列建筑在施工和使用期间应进行变形测量：

(1)地基基础设计等级为甲级的建筑；

(2)软弱地基上的地基基础设计等级为乙级的建筑；

(3)加层、扩建建筑或处理地基上的建筑；

(4)受邻近施工影响或受场地地下水等环境因素变化影响的建筑；

(5)采用新型基础或新型结构的建筑；

(6)大型城市基础设施；

(7)体型狭长且地基土变化明显的建筑。

2. 建筑在施工期间变形测量的相关规定

建筑在施工期间的变形测量应符合下列规定：

(1)对各类建筑，应进行沉降观测，宜进行场地沉降观测、地基土分层沉降观测和斜坡位移观测；

(2)对基坑工程，应进行基坑及其支护结构变形观测和周边环境变形观测；对一级基坑，应进行基坑回弹观测；

(3)对高层和超高层建筑，应进行倾斜观测；

(4)当建筑出现裂缝时，应进行裂缝观测；

(5)当建筑施工需要时，应进行其他类型的变形观测。

3. 建筑在使用期间变形测量的相关规定

建筑在使用期间的变形测量应符合下列规定：

(1)对各类建筑，应进行沉降观测；

(2)对高层、超高层建筑及高耸构筑物，应进行水平位移观测、倾斜观测；

(3)对超高层建筑，应进行挠度观测、日照变形观测、风振变形观测；

(4)对市政桥梁、展览馆及体育场馆等大跨度建筑，应进行挠度观测、风振变形观测；

(5)对隧道、涵洞等，应进行收敛变形观测；

(6)当建筑出现裂缝时，应进行裂缝观测；

(7)当建筑运营对周边环境产生影响时，应进行周边环境变形观测；

(8)对超高层建筑、大跨度建筑、异形建筑以及地下公共设施、涵洞、桥隧等大型市政基础设施，宜进行结构健康监测；

(9)建筑运营管理需要时，应进行其他类型的变形观测。

(四)建筑物变形监测技术设计

建筑变形测量工作开始前，应根据建筑地基基础设计的等级和要求、变形类型、测量目的、任务要求以及测区条件进行施测方案设计，确定变形测量的内容、精度级别、基准点与变形监测点布设方案、观测周期、仪器设备及检定要求、观测与数据处理方法、提交成果内容等，编写技术设计书或施测方案。

1. 建筑物变形监测技术设计的步骤

建筑物变形监测方案的设计与编制，通常可按如下步骤进行：

(1)接受委托、明确建筑物变形监测对象和监测目的；

(2)收集编制监测方案所需要的基础资料；

(3)对建筑工程的施工现场进行踏勘，了解现场环境；

(4)编制建筑物变形监测方案初稿，并提交委托单位审阅；

(5)会同有关部门商定各类监测项目警戒值，并对方案初稿进行商讨，形成修改文件；

(6)根据修改文件完善监测方案，并形成正式的建筑物变形监测方案。

2. 建筑物变形监测技术设计的内容

建筑物变形监测技术设计应包含以下内容：

(1)任务要求；

(2)待测建筑物概况，包括建筑及其结构类型、岩土工程条件、建筑规模、所在位置、所处工程阶段等；

(3)已有变形测量成果资料及其分析；

(4)依据的技术标准名称及编号；

(5)变形测量的类型和精度等级；

(6)采用的平面坐标系统、高程基准；

(7)基准点、工作基点和监测点布设方案，包括标石与标志型式、埋设方式、点位分布及数量等；

(8)观测频率及观测周期；

(9)变形预警值及预警方式；

(10)仪器设备及其检校要求；

(11)观测作业及数据处理方法要求；

(12)提交成果的内容、形式和时间要求；

(13)成果质量检验方式；

(14)相关附图、附表等。

(五)建筑物变形监测方案的编制依据

建筑物变形监测方案的编制依据包括：

(1)工程施工图设计；

(2)工程投标文件及施工承包合同；

(3)工程有关管理文件及有关技术规范；

(4)《建筑变形测量规范》(JGJ 8—2016)；

(5)《建筑基坑工程监测技术标准》(GB 50497—2019)；

(6)《工程测量标准》(GB 50026—2020)；

(7)《工程测量通用规范》(GB 55018—2021)；

(8)《建筑地基基础工程施工质量验收标准》(GB 50202—2018)；
(9)《国家一、二等水准测量规范》(GB/T 12897—2006)。

(六)建筑物变形安全预案

建筑物变形测量过程中发生下列情况之一时，应立即实施安全预案，同时应提高观测频率或增加观测内容：

(1)变形量或变形速率出现异常变化；
(2)变形量或变形速率达到或超出变形预警值；
(3)开挖面或周边出现塌陷、滑坡；
(4)建筑本身或其周边环境出现异常；
(5)由于地震、暴雨、冻融等自然灾害引起的其他变形异常情况。

任务 6.2　建筑物变形监测的内容与方法

工业与民用建筑物变形监测主要是对建筑物的地基、基础、上部结构及场地的沉降、位移和特殊变形进行监测。依据观测项目的变形性质、建筑设计及施工习惯，将建筑变形监测分为沉降监测、位移监测和特殊变形监测三类。

沉降监测包括建筑场地沉降、基坑回弹、地基土分层沉降、建筑主体沉降等；位移监测包括建筑主体倾斜、建筑水平位移、基坑壁侧位移、场地滑坡及挠度监测等；特殊变形监测包括日照变形、风振、裂缝及其他动态变形监测等。

子任务 6.2.1　建筑物沉降监测

一、任务目标

(1)熟悉建筑物沉降监测常用仪器设备；
(2)掌握建筑物沉降监测常用的主要方法。

二、任务分析

建筑物沉降监测在实际中应用非常广泛。建筑物沉降监测应测定建筑物的沉降量、沉降差及沉降速率，并根据需要计算基础倾斜、局部倾斜、相对弯曲及构件倾斜。

三、主要内容

建筑物的沉降监测主要使用精密水准测量的方法。沉降监测的具体步骤包括沉降监测方案的制定、沉降监测基准点布设、沉降监测点布设、沉降监测频率的确定、沉降监测精度的确定、沉降监测数据采集、沉降监测数据处理及作图分析、沉降监测成果报告等。

(一)沉降监测基准点的布设

基准点是检验和直接测定监测点的依据，要求在整个观测期间稳定不变，应埋设在稳定的地方，且与被测建筑物有一定的距离。为了便于校核，以验证基准点的稳定性，特等、一等沉降观测，基准点不应少于 4 个；其他等级沉降观测，基准点不应少于 3 个。基准点之间应形成闭合环。基准点的具体埋设位置应充分考虑基准点的稳固性，同时便于保存，但距离监测点又不能太远，应视现场实际情况而定。

沉降基准点的点位选择应符合下列规定：

(1)基准点应避开交通干道主路、地下管线、仓库堆栈、水源地、河岸、松软填土、滑坡地段、机器振动区以及其他可能使标石、标志易遭腐蚀和破坏的地方。

(2)密集建筑区内，基准点与待测建筑的距离应大于该建筑基础最大深度的 2 倍。

(3)二等、三等和四等沉降观测，基准点可选择在满足上述距离要求的其他稳固建筑上。

(4)对地铁、高架桥等大型工程以及大范围建设区域等长期变形测量工程，宜埋设 2~3 个基岩标作为基准点。

(二)沉降监测点的布设

沉降监测点的布设应能全面反映建筑及地基变形特征，并顾及地质情况及建筑结构特点。当建筑结构或地质结构复杂时，应加密布点。

(1)对民用建筑，沉降监测点宜布设在下列位置：

①建筑的四角、核心筒四角、大转角处及沿外墙每 10~20m 处或每隔 2~3 根柱基上；

②高低层建筑、新旧建筑、纵横墙等交接处的两侧；

③建筑裂缝、后浇带两侧、沉降缝两侧、基础埋深相差悬殊处、人工地基与天然地基接壤处、不同结构的分界处及填挖方分界处以及地质条件变化处两侧；

④对宽度大于或等于 15m、宽度虽小于 15m 但地质复杂以及膨胀土、湿陷性土地区的建筑，应在承重内隔墙中部设内墙点，并在室内地面中心及四周设地面点；

⑤邻近堆置重物处、受振动有显著影响的部位及基础下的暗浜处；

⑥框架结构建筑的每个或部分柱基上或沿纵横轴线上；

⑦筏形基础、箱形基础底板或接近基础的结构部分之四角处及其中部位置；

⑧重型设备基础和动力设备基础的四角、基础形式或埋深改变处；

⑨超高层建筑或大型网架结构的每个大型结构柱监测点数不宜少于 2 个，且应设置在对称位置。

(2)对电视塔、烟囱、水塔、油罐、炼油塔、高炉等大型或高耸建筑，监测点应设在沿周边与基础轴线相交的对称位置上，点数不应少于 4 个。

(3)对城市基础设施，监测点的布设应符合结构设计及结构监测的要求。

(三)沉降监测标志的选用

沉降观测的标志可根据待测建筑物的结构类型和墙体材料，采用墙(柱)标志、基础标志和隐蔽式标志等形式，各种标志示意图见项目 3。各种标志应符合下列规定：

(1)各类标志的立尺部位应加工成半球形或有明显的突出点，并宜涂上防腐剂；

(2)标志的埋设位置应避开雨水管、窗台线、散热器、暖水管、电气开关等有碍设标与观测的障碍物，并应视立尺需要离开墙(柱)面和地面一定距离，宜与设计部门沟通；

(3)隐蔽式沉降观测点标志包括窨井式标志、盒式标志和螺栓式标志，标志的具体规格图见本书项目3，标志应美观，易于保护；

(4)当用静力水准测量方法进行沉降观测时，标志的形式及其埋设，应根据静力水准仪的型号、结构、安装方式以及现场条件确定。

(四)沉降监测方法

沉降观测应根据现场作业条件，采用水准测量、静力水准测量或三角高程测量等方法进行。沉降观测的精度等级应符合表6.1的规定。对建筑基础和上部结构，沉降观测精度不应低于三等。

每期观测后，应计算各监测点的沉降量、累计沉降量、沉降速率及所有监测点的平均沉降量。

(五)沉降监测频率要求

建筑物沉降观测的周期和观测时间应按下列要求并结合实际情况确定：

(1)建筑施工阶段的观测应符合下列规定：

①宜在基础完工后或地下室砌完后开始观测。

②观测次数与间隔时间应视地基与荷载增加情况确定。民用高层建筑宜每加高2~3层观测1次，工业建筑宜按回填基坑、安装柱子和屋架、砌筑墙体、设备安装等不同施工阶段分别进行观测。若建筑施工均匀增高，应至少在增加荷载的25%、50%、75%、100%时各测1次。

③施工过程中若暂停工，在停工时及重新开工时应各观测1次。停工期间可每隔2~3个月观测1次。

(2)建筑运营阶段的观测次数，应视地基土类型和沉降速率大小而定。除有特殊要求外，可在第一年观测3~4次，第二年观测2~3次，第三年后每年观测1次，至沉降达到稳定状态或满足观测要求为止。

(3)观测过程中，若发现大规模沉降、严重不均匀沉降或严重裂缝等，或出现基础附近地面荷载突然增减、基础四周大量积水、长时间连续降雨等情况，应提高观测频率，并应实施安全预案。

(4)建筑沉降是否进入稳定阶段，应由沉降量与时间关系曲线判定。当最后100d的沉降速率小于0.01~0.04mm/d时可认为已达到稳定状态。对具体沉降观测项目，最大沉降速率的取值宜结合当地地基土的压缩性能来确定。

(六)沉降监测精度要求

建筑物沉降监测精度的确定，取决于建筑物的设计级别和允许变形值的大小。《建筑变形测量规范》(JGJ 8—2016)中对建筑物沉降监测的精度级别规定为五个等级，见表6.1。

一般来说，对建筑物的沉降监测的精度要求应控制在建筑物允许变形值的1/10~1/20之间。通常应根据建筑物的高度、设计单位的要求等选择监测精度等级。若无特殊要求，建筑物的沉降监测通常使用二等精密水准测量，其监测工作各项指标要求如下。

(1)使用仪器精度不低于S1级，水准尺必须使用因瓦精密水准尺或电子精密水准尺；

(2)往返观测较差、附合或环线闭合差≤±0.3$\sqrt{n}$ mm，其中n为测站数；

(3)视距小于50m，每测站前后视距差≤±1m，各测站视距差累计值≤±3m；若使用精密电子水准仪，则前后视距差≤±1.5m，各测站视距差累计值≤±6m；

(4)各测站基辅分划差≤±0.4mm，基辅分划所测高差之差≤±0.6mm；若使用精密电子水准仪则两次读数所得高差之差≤±0.6mm，而对同一标尺两次读数差不作要求。

(七)沉降监测应提交的成果资料

建筑物沉降监测应提交下列成果资料：

(1)监测点布置图；

(2)观测成果表；

(3)时间-荷载-沉降量曲线；

(4)等沉降曲线。

四、监测要求

建筑物沉降监测的要求如下：

(1)沉降监测的初始值通常要在监测初期连续观测2~3次，取平均值作为初始观测值；

(2)沉降监测仪器要定期对视准轴误差、补偿器等进行检验，确保仪器达到要求；

(3)对于二级、三级沉降监测，除建筑转角点、交接点、分界点等主要变形特征点外，允许使用间视法进行观测，但视线长度不得大于相应等级规定的长度；

(4)沉降监测水准基点要定期进行监测，以确定其位置没有变化；

(5)应尽量避免在卷扬机、搅拌机、起重机等振动影响的范围内设站观测；

(6)每次观测应记载施工进度、荷载量变动等各种影响沉降变化的情况及建筑倾斜裂缝等异常情况。

子任务6.2.2　建筑物倾斜监测

一、任务目标

(1)熟悉建筑物倾斜监测常用仪器设备；

(2)掌握建筑物倾斜监测采用的主要方法。

二、任务分析

建筑施工过程中及竣工验收前，宜对建筑上部结构或墙面、柱等进行倾斜观测。建筑运营阶段，当发生倾斜时，应及时进行倾斜观测。

高层或高耸建筑物，如电视塔、水塔、烟囱、高层建筑物等，如果基础不均匀沉降，或受邻近其他建筑施工或风力等的影响，其垂直轴线可能会发生倾斜，当倾斜达到一定程度时会影响建筑物的安全，因此必须对其进行倾斜观测或不均匀沉降观测。

建筑主体倾斜观测应测定建筑顶部观测点相对于底部固定点或上层相对于下层观测点的倾斜度、倾斜方向及倾斜速率。刚性建筑的整体倾斜，可通过测量顶面或基础的差异沉降来间接确定。建筑物的倾斜监测有直接法和间接法两类方法。

三、主要内容

(一)建筑物主体倾斜监测网布设方法

1. 倾斜观测点布设要求

建筑物倾斜观测点布设应符合下列要求：

(1)当从建筑外部观测时，测站点的点位应选在与倾斜方向成正交的方向线上距照准目标1.5~2.0倍目标高度的固定位置。当利用建筑内部竖向通道观测时，可将通道底部中心点作为测站点。

(2)当测定顶部相对于底部的整体倾斜时，应沿同一竖直线分别布设顶部监测点和底部对应点；当测定局部倾斜时，应沿同一竖直线分别布设所测范围的上部监测点和下部监测点。

(3)按前方交会法布设的测站点，基线端点的选设应顾及测距或长度丈量的要求。按方向线水平角法布设的测站点，应设置好定向点。

2. 倾斜观测标志设置要求

倾斜观测点位的标志设置应符合下列要求：

(1)建筑顶部的监测点标志，宜采用固定的觇牌和棱镜，墙体上的监测点标志可采用埋入式照准标志或粘贴反射片标志，有特殊要求时应专门设计。

(2)不便埋设标志的塔形、圆形建筑以及竖直构件，可以照准视线所切同高边缘确定的位置或用高度角控制的位置作为观测点位。

(3)位于地面的测站点和定向点，可根据不同的观测要求，使用带有强制对中装置的观测墩或混凝土标石。

(4)对于一次性倾斜观测项目，观测点标志可采用标记形式或直接利用符合位置与照准要求的建筑特征部位，测站点可采用小标石或临时性标志。

3. 建筑物主体倾斜观测的周期及频率

倾斜观测的周期，宜根据倾斜速率每1~3个月观测1次。当出现因基础附近大量堆载或卸载、场地降雨长期积水等导致倾斜速度加快时，应提高观测频率。施工期间倾斜观测的周期和频率，宜与沉降观测同步。

(二)直接法测定建筑物的倾斜

当从建筑或构件的外部观测主体倾斜时，宜选用下列方法：

1)全站仪投点法

如图6.1所示，欲观测某高层建筑的倾斜度，可事先在建筑物基础底部的横梁上布设一观测标志，该标志应有明显的竖向照准标志线，再使用精密测角仪器(经纬仪或全站仪)向上投测竖向轴线，在建筑物的顶部横梁上再设置一个观测标志，如图6.2所示。也可在同一垂直轴线上布设若干个标志，如图中所示的A、B、C。如果建筑物发生倾斜，AC将由竖直线变为倾斜线。观测时，经纬仪与建筑物的距离应大于建筑物的高度。每次倾斜观测时，在观测点上安置精密测角仪器，先精确照准建筑物底部观测标志中心A，再上调望远镜，依次观测观测标志B和C，用十字丝竖丝在各个观测标志上读出偏离值，如C点偏离值为e，即可求出该位置的倾斜角δ。

$$\delta = \arctan(e/h) \tag{6.1}$$

式中，h为两观测点的垂直距离，e为偏移值。

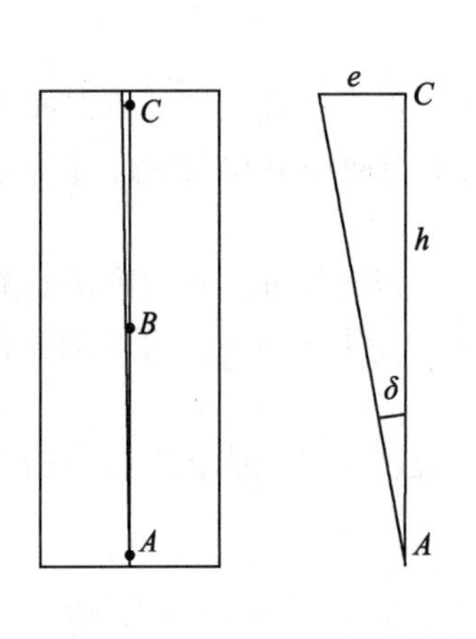

图6.1 经纬仪投测法示意图

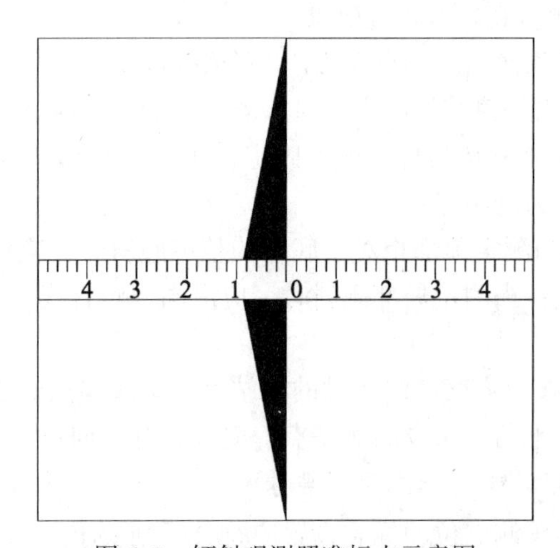

图6.2 倾斜观测照准标志示意图

在每测站安置经纬仪投影时，应按正倒镜法测出每对上下观测点标志间的水平位移分量，再按矢量相加法求得水平位移值(倾斜量)和位移方向(倾斜方向)。

2)测水平角法

如图6.3所示，对塔形、圆形建筑或构件，可采用测水平角的方法。P_1和P_2分别为其顶部和底部中心，A和B为地面观测墩，两者与烟囱上部中心(P_1)的连线相互垂直。在测站A上测得建筑物的底部和顶部两侧边缘线与基准线AB之间的夹角分别为∠1、∠4、∠2、∠3，在测站B上对应测得∠5、∠8、∠6、∠7。计算出(∠2+∠3)/2和(∠1+∠4)/2，它们分别表示烟囱上部中心和底部基础中心的方向，已知测站A与烟囱中心的距离，即可计算出烟囱上部中心相对于底部基础中心的位移a_1。同样计算出(∠6+∠7)/2和(∠5+∠8)/2，计算出测站B上测出的烟囱上部中心相对于底部基础中心的位移a_2。将矢量a_1和a_2相加，即可得到烟囱上部中心相对于基础底部中心的位移值，如图6.4所示。

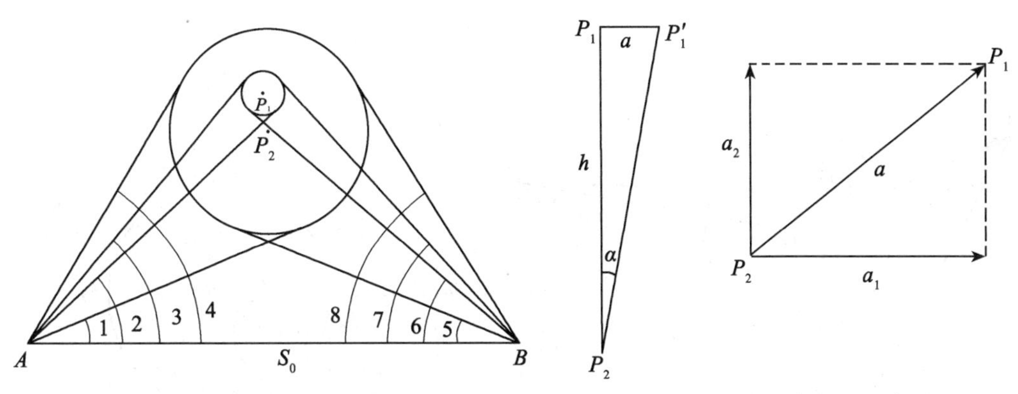

图 6.3　测水平角法示意图　　　图 6.4　矢量相加法示意图

每测站的观测应以定向点作为零方向，测出各观测点的方向值和至底部中心的距离，计算顶部中心相对底部中心的水平位移分量。对矩形建筑，可在每测站直接观测顶部观测点与底部观测点之间的夹角或上层观测点与下层观测点之间的夹角，以所测角值与距离值计算整体的或分层的水平位移分量和位移方向。

3）前方交会法

当测定偏距 e 的精度要求较高时，可以采用角度前方交会法。如图 6.5 所示，首先在圆形建筑物周围标定 A、B、C 三点，观测其转角和边长，则可求得其坐标；然后分别设站于 A、B、C 三点，观测圆形建筑物顶部两侧切线与基线的夹角，并取其平均值；以同样的方法观测圆形建筑物底部；按角度前方交会定点的原理，即可求得圆形建筑物顶部圆心 O' 和底部圆心 O 的坐标。再用式(6.2)计算出偏移距 e，再用式(6.1)即可求出建筑物的倾斜值。

$$e = \sqrt{(x'_O - x_O)^2 + (y'_O - y_O)^2} \tag{6.2}$$

所选基线应与观测点组成最佳构形，交会角宜在 60°～120°之间。水平位移计算，可采用直接由两期观测方向值之差解算坐标变化量的方向差交会法，亦可计算每期观测点坐标值，再以坐标差计算水平位移。

4）纵横距投影法

一些圆形高耸形建筑物如水塔、烟囱等，可用纵横距投影法测量其倾斜度。如图 6.6 所示，在圆形建筑物的两个相互垂直的方向上安置经纬仪或全站仪，要求测站与圆形建筑物的距离大于其高度的 1.5 倍，在圆形建筑物的底部横放两把尺子，使两尺相互垂直，且分别垂直于圆形建筑物中心与两测站的连线。经纬仪分别照准建筑物的顶部、底部的边缘，向下投影，圆形建筑物底部四周对应的点分别为 A_1、A_2、A_3、A_4，顶部四周对应的点分别为 B_1、B_2、B_3、B_4，在两把尺子上得到的投影读数分别为 X_{A1}、X_{A3}、X_{B1}、X_{B3}；Y_{A2}、Y_{A4}、Y_{B2}、Y_{B4}；则可用式(6.3)和式(6.4)计算出偏移距 e，再用式(6.1)即可求出建筑物的倾斜值。

$$\left.\begin{aligned} \delta_x &= \frac{(x_{B_1} + x_{B_3}) - (x_{A_1} + x_{A_3})}{2} \\ \delta_y &= \frac{(y_{B_2} + y_{B_4}) - (y_{A_2} + y_{A_4})}{2} \end{aligned}\right\} \tag{6.3}$$

$$e=\sqrt{\delta_x^2+\delta_y^2} \tag{6.4}$$

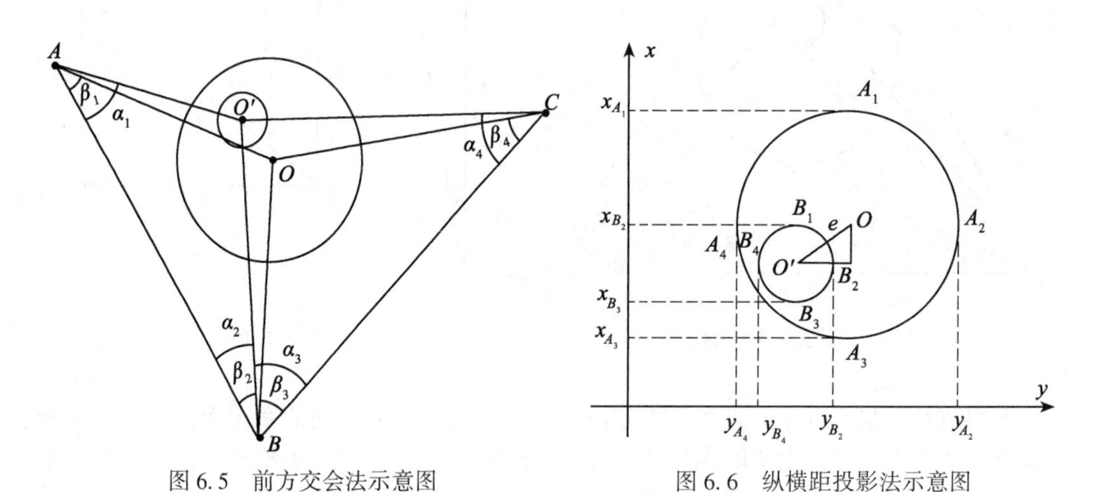

图6.5 前方交会法示意图　　图6.6 纵横距投影法示意图

5)全站仪测距法

如图6.7所示，假设某高层建筑物甲附近又要新建一座建筑物乙，因为乙建筑物基坑开挖深度较大，且离甲建筑物较近，因此要求对甲建筑物进行倾斜监测，在基坑开挖前先在甲建筑物顶部两侧布设三对距离观测标志，标志采用如图6.8所示的全站仪反射片，先将反射片贴于铁片上，然后再将铁片钉设于墙面上。使用高精度的全站仪测量观测基点M和N各自到A、B、C和D、E、F的距离，距离读数到0.1mm，根据各次观测得到的距离的差值，即可确定建筑物的倾斜情况。

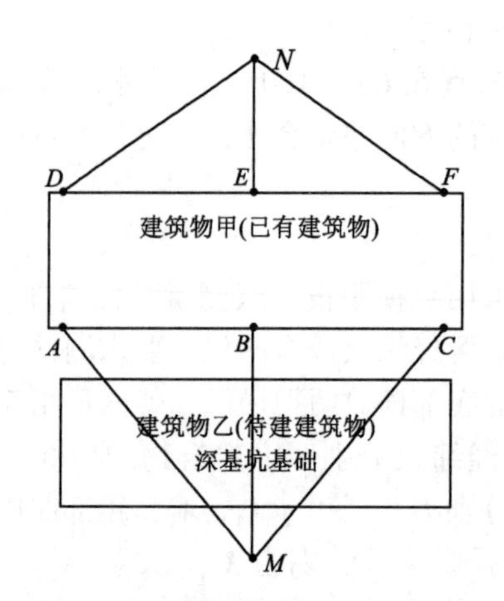

图6.7 全站仪测距法倾斜观测示意图

图6.8 全站仪反射片示意图

这种方法要求基准点M和N的位置非常稳定，因此要布设在基坑影响范围以外。通常情况下要求在M和N的附近其他稳定的建筑物墙壁上再设置若干个检查点，同样贴上反射片，每次观测时检查基准点M和N是否有变化。同时这种方法要求全站仪有高精度的激光对中装置，以确保提高对中精度。另外基准点M和N的位置最好能够位于通过各监测点的楼体的垂线上，因此有时候需要布设多个基准点。

当利用建筑或构件的顶部与底部之间的竖向通视条件进行主体倾斜观测时，宜选用下列观测方法：

1)激光铅垂仪法

激光铅垂仪观测法应在顶部适当位置安置接收靶，在其垂线下的地面或地板上安置激光铅直仪或激光经纬仪，按一定周期观测，在接收靶上直接读取或量出顶部的水平位移量和位移方向。作业时仪器应严格对中整平，应旋转 180°观测两次取其中数。对超高层建筑，当仪器设在楼体内部时，应考虑大气湍流影响。

2)激光位移计自动记录法

位移计宜安置在建筑底层或地下室地板上，接收装置可设在顶层或需要观测的楼层，激光通道可利用未使用的电梯井或楼梯间隔，测试室宜选在靠近顶部的楼层内。当位移计发射激光时，从测试室的光线示波器上可直接获取位移图像及有关参数，并自动记录成果。

3)正、倒垂线法

垂线宜选用直径 0.6~1.2mm 的不锈钢丝或因瓦丝，并采用无缝钢管保护。采用正垂线法时，垂线上端可锚固在通道顶部或所需高度处设置的支点上。采用倒垂线法时，垂线下端可固定在锚块上，上端设浮筒，用来稳定重锤、浮子的油箱中应装有阻尼液。观测时，由观测墩上安置的坐标仪、光学垂线仪、电感式垂线仪等量测设备，按一定周期测出各测点的水平位移量。

4)吊垂球法

吊垂球法是在建筑物顶部或需要的高度处，直接或者支出一点悬挂适当重量的垂球，在垂线下的底部固定读数设备(如毫米格网读数板)，直接读取或量出上部观测点相对底部观测点的水平位移量和位移方向。吊垂球法的优点是量测方法简单，读数直观，缺点是受风速影响大，一般超过 10m 的高层建筑不适合使用。

(三)间接法测定建筑物的倾斜

间接法是指通过测定建筑物基础相对沉降值从而间接计算建筑物主体倾斜量的方法。

1)倾斜仪测记法

可采用水管式倾斜仪、水平摆倾斜仪、气泡倾斜仪或电子倾斜仪进行观测。倾斜仪应具有连续读数、自动记录和数字传输的功能。监测建筑上部层面倾斜时，仪器可安置在建筑顶层或需要观测的楼层的楼板上。监测基础倾斜时，仪器可安置在基础面上，以所测楼层或基础面的水平倾角变化值反映和分析建筑的程度倾斜。

使用倾斜仪监测建筑物倾斜时将倾斜仪安置在需要的位置以后，转动带有读数盘的测微轮，通过测微杆向上或向下移动，直至水准气泡居中为止。此时在读数盘上读出该处的倾斜度。有关倾斜仪的使用方法见本书项目 2。

倾斜仪适用于观测较大的倾斜角或量测局部位置的变形，例如测定设备基础和平台的倾斜。倾斜仪虽有简便直观的优点，但当建筑物变形范围很大，工作测点很多时，这类仪器就不如水准仪灵活。因此，变形观测的常用方法仍是水准测量。

2)测定基础沉降差法

在基础上选设观测点，采用水准测量方法，以所测各周期基础的沉降差换算求得建筑整体倾斜度及倾斜方向，这种方法是假定建筑物是一个刚性整体。设建筑物同一轴线上有 i、j 两个沉降监测点，其间距为 L，它们在某时刻的沉降量分别为 S_i 和 S_j，则可计算出轴线方向上的倾斜量 τ_{ij}：

$$\tau_{ij} = (S_j - S_i)/L \tag{6.4}$$

无论采用哪种倾斜观测方法，对高层建筑而言，必须分别在相互垂直的两个方向进行。通过倾斜观测得到的建筑物倾斜度，结合建筑物基础不均匀沉降，同建筑物及基础倾斜允许值比较，以判别建筑物是否处于安全状态。

(四)倾斜观测应提交的成果资料

建筑物倾斜观测应提交下列成果资料：

(1)监测点布置图；

(2)观测成果表；

(3)倾斜曲线。

四、监测要求

(1)当从建筑外部进行倾斜观测时，应符合下列规定：

①宜采用全站仪投点法、水平角观测法或前方交会法进行观测。当采用投点法时，测站点宜选在与倾斜方向成正交的方向线上距照准目标1.5~2.0倍目标高度的固定位置，测站点的数量不宜少于2个；当采用水平角观测法时，应设置好定向点。当观测精度为二等及以上时，测站点和定向点应采用带有强制对中装置的观测墩。

②当建筑上监测点数量较多时，可采用激光扫描测量或近景摄影测量等方法进行观测。

(2)当利用建筑或构件的顶部与底部之间的竖向通视条件进行倾斜观测时，可采用激光垂准测量或正、倒垂线等方法。

(3)当利用相对沉降量间接确定建筑倾斜时，可采用水准测量或静力水准测量等方法通过测定差异沉降来计算倾斜值及倾斜方向。

(4)当需要测定建筑垂直度时，可采用与倾斜观测相同的方法。

(5)倾斜观测作业应避开风荷载影响大的时间段。对于高层和超高层建筑的倾斜观测，还应避开强日照时间段。

子任务6.2.3　建筑物裂缝监测

一、任务目标

(1)熟悉建筑物裂缝监测常用的仪器设备；

(2)掌握建筑物裂缝监测常用的主要方法。

二、任务分析

房屋的不均匀沉降和倾斜必然导致结构构件的应力调整，进而可能导致建筑物表面出现裂缝，为了建筑物的安全，应对裂缝进行监测。

三、主要内容

(一)裂缝观测的目的及内容

裂缝观测的主要目的是查明裂缝情况，掌握变化规律，分析成因和危害，以便采取对策，保证建筑物安全运行。裂缝观测应测定建筑物上的裂缝分布，裂缝的走向、长度、宽度、深度及其变化程度。观测的裂缝数量视需要而定，主要的或变化大的裂缝应进行观测。

(二)裂缝观测标志及要求

(1)对需要观测的裂缝应统一编号。每次观测后，应绘出裂缝的位置、形态和尺寸，注明观测日期，并拍摄裂缝照片。

(2)每条裂缝应至少布设 3 组观测标志，其中一组应在裂缝的最宽处，另两组应分别在裂缝的末端。每组应使用两个对应的标志，分别设在裂缝的两侧。

(3)裂缝观测标志应便于量测。长期观测时，可采用镶嵌或埋入墙面的金属标志、金属杆标志或楔形板标志；短期观测时，可采用油漆平行线标志或用建筑胶粘贴的金属片标志。当需要测出裂缝纵、横向变化值时，可采用坐标方格网板标志。采用专用仪器设备观测的标志，可按具体要求另行设计。

(三)裂缝观测标志的形式

为了观测裂缝的发展情况，要在裂缝处设置观测标志。对设置的标志的基本要求是：当裂缝发展时标志就能相应地开裂或变化，并能正确地反映建筑物裂缝发展情况，其标志形式一般采用如下三种：

(1)石膏板标志。当仅需要掌握已开裂缝是否发展时，可采用石膏标志定性地观察。石膏板标志用厚 10mm，宽 50~80mm 的石膏板(长度视裂缝大小而定)，在裂缝两边固定牢固。当裂缝继续发展时，石膏板也随之开裂，从而给出裂缝继续发展的信息。

(2)白铁片标志。如图 6.9 所示，用两块白铁皮，一片为 150mm×150mm 的正方形，固定在裂缝的一侧，其中一边和裂缝的边缘对齐，另一片为 50mm×200mm 的矩形，固定在裂缝的另一侧，使两块白铁皮的边缘相互平行，并有一部分重叠。两块白铁片固定好以后，在表面涂上红色油漆。如果裂缝继续发展，两块白铁片将逐渐拉开，露出正方形白铁上原被覆盖没有涂油漆的部分，其宽度即为裂缝加大的宽度，可用尺子量出。

(3)埋钉法。在建筑物大的裂缝两侧各钉一颗钉子，通过测量两颗钉子之间的距离变化来判断裂缝的发展。这种方法对于临灾前兆的判断是非常有效的。埋钉设置具体如图

6.10 所示，在裂缝两边凿孔，将长约 10cm、直径 10mm 以上的钢筋头插入，并使其露出墙外约 2cm，用水泥砂浆填灌牢固。在两钢筋头埋设前，应先把钢筋一端锉平，刻画十字线或中心点，作为量取其间距的依据。待水泥砂浆凝固后，量出两金属棒之间的距离，并记录下来。如果裂缝继续发展，金属棒的间距就会不断加大。定期测量两棒间距并进行比较，即可掌握裂缝发展情况。

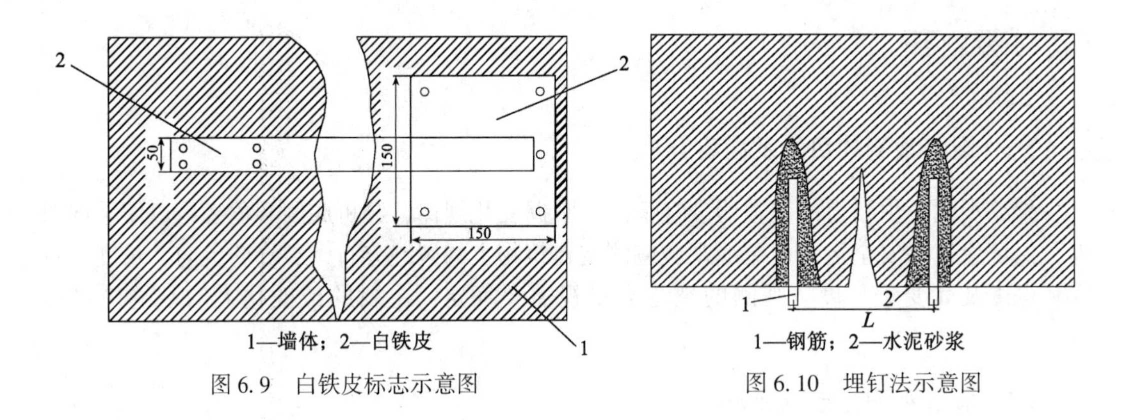

图 6.9　白铁皮标志示意图　　图 6.10　埋钉法示意图

(四) 裂缝观测的方法

监测混凝土建筑物上裂缝的位置、走向及长度时，常在裂缝的两端用油漆划线作标志，或在混凝土表面绘制方格坐标，用三角尺或钢尺测量。

1. 测微器法

测微器法主要用于测量裂缝的宽度和错距，主要包括单向标点测缝法和三向标点测缝法。

(1) 单向标点测缝法。一般用于测量裂缝的宽度。在实际应用中，可根据裂缝分布情况，对重要的裂缝，选择有代表性的位置，在裂缝两侧各埋设一个标点；标点采用直径为 20mm，长约 80mm 的金属棒，埋入混凝土内 60mm，外露部分为标点，标点上各有一个保护盖，如图 6.11 所示。两标点的距离不得少于 150mm，用游标卡尺定期地测定两个标点之间距离变化值，以此来掌握裂缝的发展情况，其测量精度一般可达到 0.1mm。

(2) 三向标点测缝法。三向测缝标点有板式和杆式两种，目前大多采用板式三向测缝标点。板式三向测缝标点是将两块宽为 30mm、厚为 5~7mm 的金属板，做成相互垂直的 3 个方向的拐角，并在型板上焊三对不锈钢的三棱柱条，用以观测裂缝 3 个方向的变化，用螺栓将型板锚固在混凝土上。用外径游标卡尺测量每对三棱柱条之间的距离变化，即可得到三维相对位移。如图 6.12 所示。

2. 测缝计法

测缝计可分为电阻式、电感式、电位式、钢弦式等多种，是由波纹管、上接座、接线座及接座套筒组成仪器外壳。差动电阻式的内部构造由两根方铁杆、导向板、弹簧及两根电阻钢丝组成，两根方铁杆分别固定在上接座和接线座上，形成一个整体。测缝计具体使用方法参考本书项目 2。

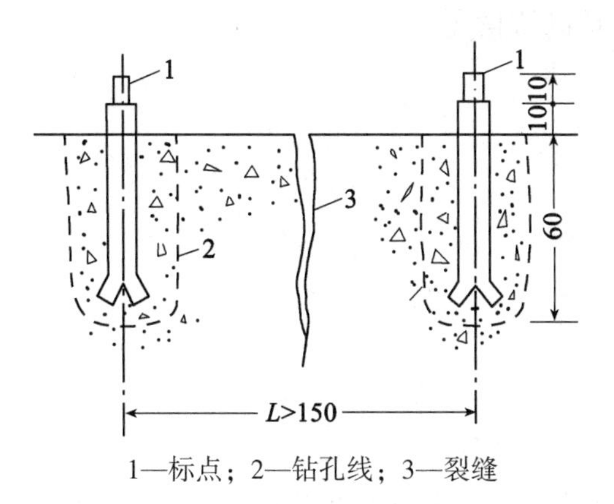

1—标点；2—钻孔线；3—裂缝

图 6.11　单向标点测缝法

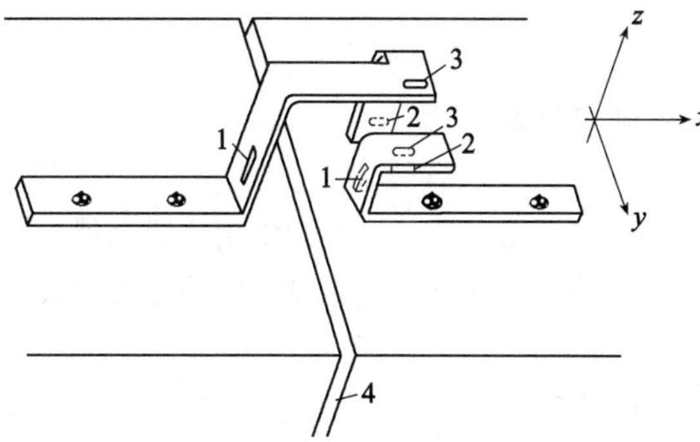

1—观测 x 方向的标点；2—观测 y 方向的标点；3—观测 z 方向的标点；4—伸缩缝

图 6.12　三向标点测缝法

(五) 裂缝观测的周期和精度要求

1. 裂缝观测的周期

裂缝观测的周期应根据裂缝变化速率确定。开始时可半月测 1 次，以后 1 月测 1 次。当发现裂缝加大时，应提高观测频率。

2. 裂缝观测的精度

裂缝的宽度量测精度不应低于 1.0mm，长度量测精度不应低于 10.0mm，深度量测精度不应低于 3.0mm。

(六) 裂缝观测应提交的成果资料

建筑物裂缝观测应提交下列成果资料：

(1) 裂缝位置分布图；

(2) 观测成果表；

(3) 裂缝变化曲线。

四、监测要求

裂缝观测方法选择可参考以下原则：

(1) 对数量少、量测方便的裂缝，可分别采用比例尺、小钢尺或游标卡尺等工具定期量出标志间距离求得裂缝变化值，或用方格网板定期读取坐标差计算裂缝变化值。

(2) 对大面积且不便于人工量测的众多裂缝，宜采用前方交会或单片摄影方法观测。

(3) 当需要连续监测裂缝变化时，可采用测缝计或传感器自动测记方法观测。

(4) 对裂缝深度量测，当裂缝深度较小时，宜采用凿出法和单面接触超声波法监测，当深度较大时，宜采用超声波法监测。

子任务 6.2.4　建筑物挠度观测

一、任务目标

(1)熟悉建筑物挠度观测常用仪器设备;

(2)掌握建筑物挠度观测采用的主要方法。

二、任务分析

当建筑基础、桥梁、大跨度构件、建筑上部结构、墙、柱等发生挠曲变形或设计有要求时，应进行挠度观测。挠度观测的周期应根据荷载情况并结合设计和施工要求确定。观测的精度等级可采用二等或三等。

三、主要内容

(一)建筑物挠度观测方法

挠度是指建筑物或其构件在水平方向或竖直方向上的弯曲值。例如桥的梁部在中间会产生向下弯曲，高耸形建筑物会产生侧向弯曲。建筑物的挠度观测包括建筑物基础挠度观测、建筑物主体挠度观测及独立构件(如墙或柱)的挠度观测。

1. 建筑物水平方向的挠度观测

如图 6.13 所示是对梁进行挠度观测的例子。在梁的两端及中部设置三个变形观测点 A、B 及 C，定期对这三个点进行沉降观测，可依据下式计算各期相对于首期的挠度值:

$$F_e = (s_B - s_A) - \frac{L_A}{L_A + L_B}(s_C - s_A) \tag{6.5}$$

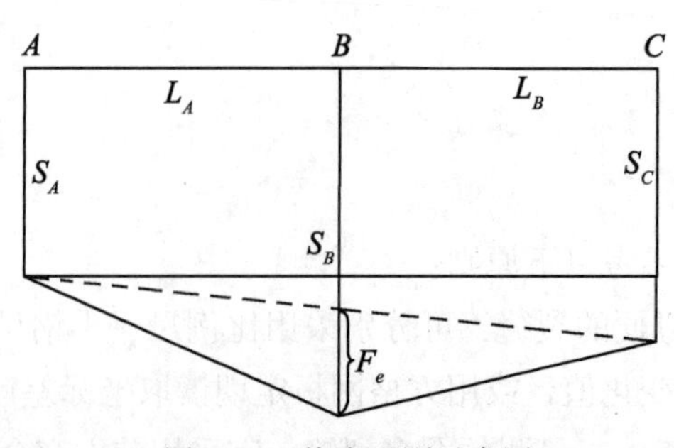

图 6.13　挠度观测示意图

式中，L_A、L_B是观测点间的距离，S_A、S_B、S_C是三个观测点的沉降量。

沉降观测的方法可用水准测量，如果由于结构或其他原因，无法采用水准测量时，也可采用三角高程的方法。

2. 建筑物竖直方向的挠度观测

对于高层建筑物，当各部分地基的承载能力不一致时，可能导致基础沉陷，其中不均匀的沉陷将导致建筑物的倾斜，使局部构件产生弯曲并产生裂缝。建筑物的挠度可由观测不同高度处的倾斜值换算求得，也可以采用激光准直仪观测的方法求得。

1)建筑物基础挠度观测

建筑物基础挠度观测可与建筑物沉降观测同时进行。观测点应沿基础的轴线或边线布设，每一基础不得少于3点。标志设置、观测方法与沉降监测基本相同。

2)建筑物主体挠度观测

高耸建筑物竖直方向的挠度观测，是测定在不同高度上的几何中心或棱边等特殊点相对于底部几何中心或相应点的水平位移，并将这些点在其扭曲方向的铅垂面上的投影绘成曲线，就是挠度曲线。水平位移的观测方法，可采用测角前方交会法、极坐标法或垂线法等。

对内部有竖直通道的建筑物，挠度观测多采用垂线观测，即从建筑物顶部附近悬挂一根不锈钢丝，下挂重锤，直到建筑物底部。在建筑物不同高程上设置观测点，以坐标仪定期测出各点相对于垂线最低点的位移。比较不同周期的观测成果，即可求得建筑物的挠度值。垂线观测具体方法见本书项目2。

如果采用电子传感设备，可将观测点相对于垂线的微小位移变换成电感输出，经放大后由电桥测定并显示各点的挠度。

(二)挠度观测应提交的成果资料

挠度观测应提交下列成果资料：

(1)监测点布置图。

(2)观测成果表。

(3)挠度曲线。

四、监测要求

竖向的挠度观测应符合下列规定：

(1)建筑基础挠度观测可与沉降观测同时进行。监测点应沿基础的轴线或边线布设，每一轴线或边线上不得少于3点。监测点的标志设置和观测方法可按沉降监测的相关规定执行。

(2)桥梁、大跨度构件等线形建筑的挠度观测，监测点应沿其表面左右两侧布设。

横向的挠度观测应符合下列规定：

(1)对建筑上部结构挠度观测，监测点应按建筑结构类型沿同一竖直方向在不同高度上布设，点的标志设置和观测方法可按倾斜监测的相关规定执行。

(2)对墙、柱等挠度观测，监测点应按建筑结构类型沿同一竖直方向在不同高度上布设；当具备作业条件时，亦可采用挠度计、位移传感器等直接测定其挠度。

子任务6.2.5　建筑物日照和风振监测

一、任务目标

(1)熟悉建筑物日照和风振监测常用仪器设备；
(2)掌握建筑物日照和风振监测采用的主要方法。

二、任务分析

对超高层建筑或高耸结构进行日照变形观测，应测定建筑或结构上部受阳光照射受热不均引起的偏移量及变化轨迹。对超高层建筑或高耸结构进行风振观测，应在受强风作用的时间段内，同步测定其顶部的水平位移、风速、风向。观测的时间段长度可根据观测目的和要求确定，不宜少于1h。

三、主要内容

(一)建筑物日照和风振监测

建筑物的日照变形因建筑的类型、结构、材料以及阳光照射方位、高度不同而不同。如湖北一座183m高的电视塔，24h的偏移达130mm。日照变形测量应在高耸建筑物或单柱受强阳光照射时进行，应测定建筑物上部由于向阳面与背阳面温差引起的偏移及其变形规律。

塔式建筑物在温度荷载和风荷载作用下会产生来回摆动，因而需要对建筑物进行动态观测。风振观测应在高层、超高层建筑物受强风作用的时间段同步测定建筑物的顶部风速、风向和墙面风压以及顶部的水平位移，以获得风压分布、梯形系数及风振系数。

日照变形监测常用的方法为激光垂准仪法、全站仪自动监测系统、卫星导航定位动态测量模式等。

(二)日照和风振变形监测的频率及精度要求

日照变形观测宜选在夏季日照充分、昼夜温差较大时进行。宜进行不少于24h的连续观测，观测频率宜为1~2次/h。每次观测时，应测定建筑向阳面与背阳面的温度，并应测定风速和风向。日照变形观测的精度，可根据观测对象、观测目的和所用方法，按照表6.1定的二等、三等或四等精度。风速和风向应采用风速计或风速传感器测定，观测频率宜为1次/min。

(三)日照和风振变形监测应提交的资料

日照变形观测应提交下列成果资料：

(1)监测点布置图；
(2)观测成果表；
(3)日照变形曲线。
风振观测应提交下列成果资料：
(1)监测点布置图；
(2)观测成果表；
(3)两个坐标方向上的位移-时间曲线；
(4)风速-时间曲线及风向变化图等。

四、监测要求

当从建筑内部进行日照变形观测时，应符合下列规定：

(1)建筑内部应具备竖向通视条件。

(2)当采用激光垂准仪进行观测时，应在通道顶部或适当位置安置激光接收靶，并应在其垂线下方安置激光垂准仪。

(3)当采用正垂仪进行观测时，应在通道顶部或适当位置安置正垂仪，并应在其垂线下方安置坐标仪。

当从建筑或结构外部进行日照变形观测时，应符合下列规定：

(1)监测点应设在建筑或结构的顶部或其他适当位置。

(2)当采用全站仪自动监测系统进行观测时，监测点上应安置棱镜或激光反射片。

(3)当采用卫星导航定位测量动态测量模式进行观测时，监测点上应安置卫星导航定位接收机天线。

风振观测中的水平位移观测应符合下列规定：

(1)宜采用卫星导航定位测量动态测量模式测定，观测频率宜为 1Hz。

(2)监测点应设置在待测建筑或结构的顶部，并应能安置卫星导航定位接收机天线。

(3)应利用获得的监测点平面坐标时间序列计算其水平位移分量时间序列，计算时可选择最初观测时点的平面坐标作为位移计算起始值。

任务 6.3　建筑物变形监测报告

一、任务目标

掌握建筑物变形监测报告的编写内容及方法。

二、任务分析

监测单位应对整个项目监测方案的实施以及监测技术成果的真实性、可靠性负责，监测技术成果应有相关负责人签字，并加盖成果章。

三、主要内容

(一)建筑变形监测技术总结报告编写要求

建筑变形监测技术总结报告结构应清晰，重点应突出，结论应明确，并应包括下列主要内容：

(1)项目概况。应包括项目来源，观测目的和要求，测区地理位置及周边环境，项目起止时间，总观测次数，实际布设和测定的基准点、工作基点、监测点点数，项目承担方及主要人员等。

(2)作业过程及技术方法。应包括变形测量依据的技术标准，采用的平面坐标系或高程基准，项目技术设计或施测方案的技术变更情况，所用仪器设备及其检校情况，基准点及监测点的标志及其布设情况，变形测量精度等级，观测及数据处理方法，各期观测时间，观测成果及精度统计情况等。

(3)成果质量检验情况。

(4)变形测量过程中出现的异常、预警及其他特殊情况。

(5)变形分析方法、结论及建议。

(6)项目成果清单。

(7)图、表等附件。

(二)建筑变形监测技术总结报告应提交的资料

建筑变形监测的成果包括沉降监测点平面布置图、倾斜监测点平面布置图、裂缝监测标志示意图、沉降监测成果汇总表、变形曲线图、变形等值线图、变形监测报告等。各项监测按设计要求完成后，向委托单位提交下列观测成果：

沉降监测应提交下列图表：

(1)沉降观测点位布置图及基准点图；

(2)沉降观测成果表；

(3)p-t-s(荷载、时间、沉降量)曲线图；

(4)v-t-s(速度、时间、沉降量)曲线图；

(5)建筑物等沉降曲线图。

倾斜观测应提交下列图表：

(1)倾斜观测点位布置图及基准点图；

(2)倾斜观测成果表；

(3)主体倾斜曲线图。

水平位移观测应提交下列图表：

(1)水平位移观测点位布置图及基准点图；

(2)水平位移观测成果表；

(3)水平位移曲线图。

裂缝观测应提交下列图表：

(1)裂缝位置分布图及基准点图；

(2)裂缝观测成果表；

(3)裂缝变化曲线图。

任务 6.4　建筑物沉降监测实例

一、任务目标

(1)通过一个完整工程案例系统地了解建筑物变形监测基础知识;
(2)掌握建筑物变形监测方案设计、实施及变形监测报告编写方法。

二、主要内容

(一)工程概况

××住宅小区位于××市××路，二期工程共22栋楼，分四个标段施工，其中三标段为9#、10#、17#、18#、19#楼，四标段为11#、12#、13#、14#、15#、16#、23#、24#楼，五标段为20#、21#、22#、26#、27#、28#、29#、30#楼，六标段为青年公寓楼。9#、10#、11#、12#、13#、14#、15#、16#、23#、24#、26#、27#、28#楼和青年公寓楼楼层数为地面11层，地下1层；17#、18#、19#、20#、21#、22#、29#、30#楼楼层数为地面17层，地下1层。各栋建筑主体均采用框剪结构，基础结构除26#、27#楼采用独立基础外，其余各栋均采用人工挖孔灌注桩基础。受××委托，由××完成二期工程各楼沉降变形观测工作。

(二)沉降观测的级别及水准观测技术要求

根据设计图纸及《建筑变形测量规范》(JGJ 8—2016)建筑变形测量精度级别的选定原则，确定本工程各栋建筑沉降观测等级为二等，观测点测站高差中误差不大于±0.5mm。

(三)观测依据

(1)《工程测量标准》(GB 50026—2020);
(2)《建筑变形测量规范》(JGJ 8—2016);
(3)《国家一、二等水准测量规范》(GB/T 12897—2006);
(4)《建筑基坑工程监测技术标准》(GB 50497—2019)。

(四)基准点及观测点布置

基准点布置：根据《建筑变形测量规范》(JGJ 8—2016)的具体要求，基准点布置在变形影响范围以外且稳定、易于长期保存的位置。结合本测区实际情况，为便于沉降观测作业以及基准点间的相互校核，在二期周边区域共布置10个浅埋钢管水准基点，编号依次为BM1、BM2、BM3、BM4、BM5、BM6、BM7、BM8、BM9、BM10，其中BM1、BM2和BM3为一期工程各栋沉降观测用基准点。由于受施工现场条件限制，BM1、BM2、BM3组成闭合环，建立独立高程系统，其中假设BM1点高程为0.00000m；BM4、BM5、BM6组成闭合环，建立独立高程系统，其中假设BM5点高程为0.00000m；BM7、BM8、BM9、BM10组成闭合环，建立独立高程系统，其中假设BM7点高程为1.00000m。

观测点布置：根据设计图纸(二期沉降观测点平面布置图，图号：结构施工图纸-59)，在各栋地下 1 层，离地面 0.5m 左右的承力柱(墙)共布置沉降观测点 108 个，其中 9#、12#、14#、15#、16#、17#、18#、19#、20#、21#、22#、29#、30#楼各布置 4 个观测点，共 52 个；10#、11#、13#、23#、24#、26#、27#楼及青年公寓楼各布置 6 个观测点，共 48 个；28#楼布置 8 个观测点。基准点及观测点布置详见图 6.14。

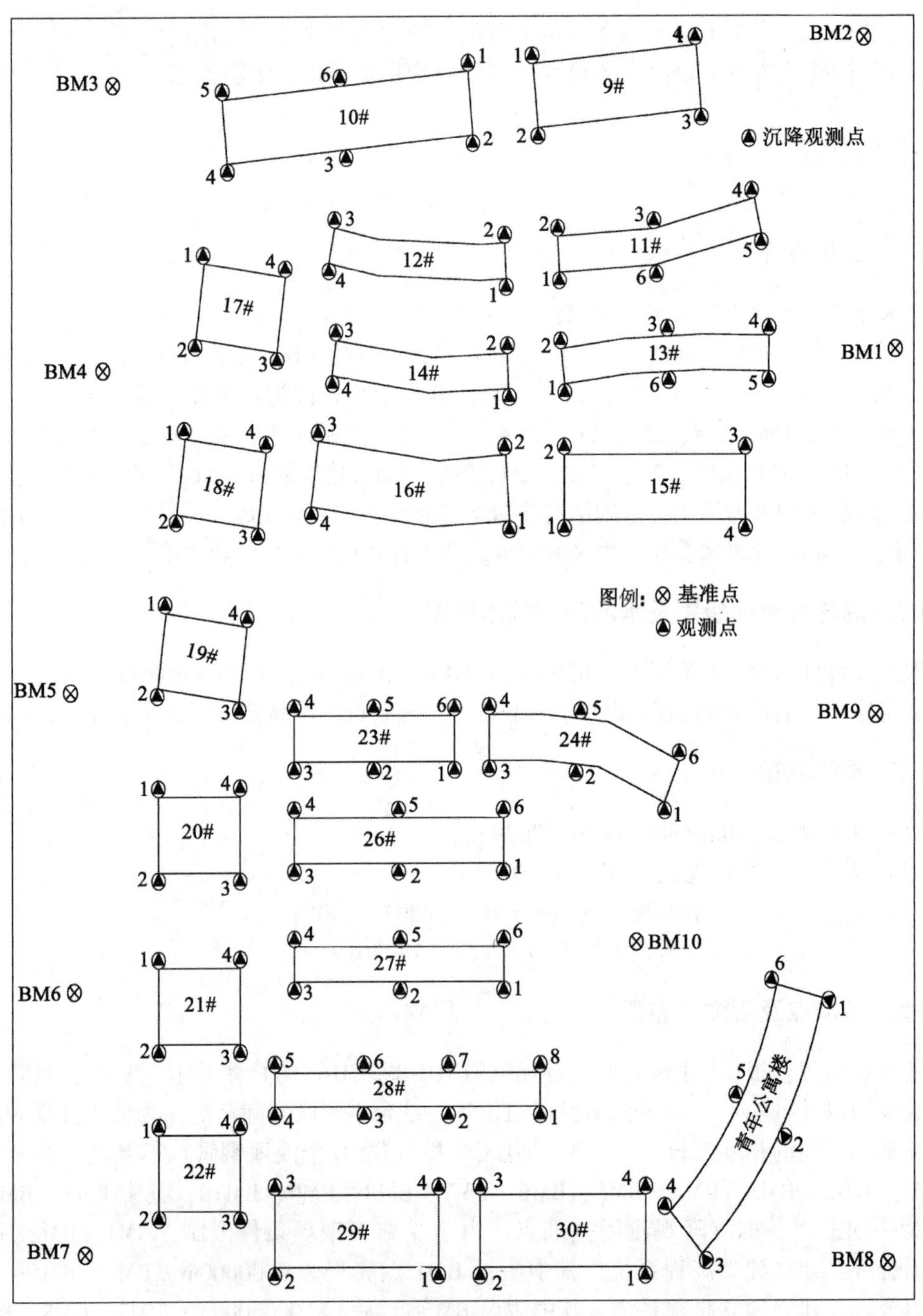

图 6.14　××小区沉降监测基准点及观测点布置示意图

(五)建筑物沉降稳定标准

《建筑变形测量规范》(JGJ 8—2016)中指出建筑物沉降变形的稳定标准应由沉降量-时间关系曲线判定。当最后 100d 的沉降速率小于 0.01~0.04mm/d，可认为建筑物已经进入稳定阶段，具体取值宜根据各地区地基土的压缩性确定，本工程取小于 0.04mm/d。

(六)观测成果

沉降观测成果详见表 6.2~表 6.4，沉降量曲线图见图 6.15~图 6.19。限于篇幅，监测成果表和曲线图只给出了 13 号楼的。

表 6.2　　××小区 13#楼沉降观测成果表

观测次数	观测日期(年-月-日)	间隔时间/d	累计时间/d	测点：1#			测点：2#			荷载情况
				本次下沉/mm	沉降速率/(mm/d)	累计下沉/mm	本次下沉/mm	沉降速率/(mm/d)	累计下沉/mm	
1	2009-3-2	0	0	0.00	0.00	0.00	0.00	0.00	0.00	3层
2	2009-3-28	26	26	1.21	0.05	1.21	1.87	0.07	1.87	6层
3	2009-4-28	30	56	2.86	0.10	4.07	2.84	0.09	4.71	8层
4	2009-6-3	35	91	2.35	0.07	6.42	2.33	0.07	7.04	11层
5	2009-8-9	66	157	1.41	0.02	7.83	2.74	0.04	9.78	装修
6	2009-10-10	61	218	1.59	0.03	9.42	1.76	0.03	11.54	装修
7	2009-12-14	64	282	2.24	0.03	11.66	1.84	0.03	13.38	装修
8	2010-3-18	94	376	1.78	0.02	13.44	1.48	0.02	14.86	使用
9	2010-6-19	91	467	1.74	0.02	15.18	1.15	0.01	16.01	使用
10	2010-9-21	92	559	1.24	0.01	16.42	1.11	0.01	17.12	使用
11	2010-12-27	96	655	0.82	0.01	17.24	1.11	0.01	18.23	使用
12	2011-4-16	109	764	0.88	0.01	18.12	0.44	0.00	18.67	使用
13	2011-8-7	111	875	0.44	0.00	18.56	0.58	0.01	19.25	使用

观测次数	观测日期(年-月-日)	间隔时间/d	累计时间/d	测点：3#			测点：4#			荷载情况
				本次下沉/mm	沉降速率/(mm/d)	累计下沉/mm	本次下沉/mm	沉降速率/(mm/d)	累计下沉/mm	
1	2009-3-2	0	0	0.00	0.00	0.00	0.00	0.00	0.00	3层
2	2009-3-28	26	26	1.16	0.04	1.16	0.89	0.03	0.89	6层
3	2009-4-28	30	56	2.61	0.09	3.77	2.15	0.07	3.04	8层

续表

观测次数	观测日期（年-月-日）	间隔时间/d	累计时间/d	测点：1#			测点：2#			荷载情况
				本次下沉/mm	沉降速率/(mm/d)	累计下沉/mm	本次下沉/mm	沉降速率/(mm/d)	累计下沉/mm	
4	2009-6-3	35	91	2.40	0.07	6.17	2.59	0.07	5.63	11层
5	2009-8-9	66	157	1.85	0.03	8.02	1.53	0.02	7.16	装修
6	2009-10-10	61	218	1.59	0.03	9.61	0.93	0.02	8.09	装修
7	2009-12-14	64	282	0.71	0.01	10.32	1.49	0.02	9.58	装修
8	2010-3-18	94	376	1.79	0.02	12.11	1.10	0.01	10.68	使用
9	2010-6-19	91	467	0.97	0.01	13.08	0.86	0.01	11.54	使用
10	2010-9-21	92	559	0.59	0.01	13.67	0.78	0.01	12.32	使用
11	2010-12-27	96	655	0.35	0.00	14.02	0.65	0.01	12.97	使用
12	2011-4-16	109	764	0.83	0.01	14.85	0.59	0.01	13.56	使用
13	2011-8-7	111	875	0.32	0.00	15.17	0.45	0.00	14.01	使用
观测次数	观测日期（年-月-日）	间隔时间/d	累计时间/d	测点：5#			测点：6#			荷载情况
				本次下沉/mm	沉降速率/(mm/d)	累计下沉/mm	本次下沉/mm	沉降速率/(mm/d)	累计下沉/mm	
1	2009-3-2	0	0	0.00	0.00	0.00	0.00	0.00	0.00	3层
2	2009-3-28	26	26	1.87	0.07	1.87	1.56	0.06	1.56	6层
3	2009-4-28	30	56	2.45	0.08	4.32	3.12	0.10	4.68	8层
4	2009-6-3	35	91	2.57	0.07	6.89	2.13	0.06	6.81	11层
5	2009-8-9	66	157	1.34	0.02	8.23	1.77	0.03	8.58	装修
6	2009-10-10	61	218	1.21	0.02	9.44	1.74	0.03	10.32	装修
7	2009-12-14	64	282	1.59	0.02	11.03	1.47	0.02	11.79	装修
8	2010-3-18	94	376	2.22	0.02	13.25	1.09	0.01	12.88	使用
9	2010-6-19	91	467	0.76	0.01	14.01	0.66	0.01	13.54	使用
10	2010-9-21	92	559	0.86	0.01	14.87	0.47	0.01	14.01	使用
11	2010-12-27	96	655	0.82	0.01	15.69	0.51	0.01	14.52	使用
12	2011-4-16	109	764	0.45	0.00	16.14	0.36	0.00	14.88	使用
13	2011-8-7	111	875	0.28	0.00	16.42	0.24	0.00	15.12	使用

将各监测点在整个监测过程中各阶段的累计沉降量统计如表6.3所示。

表 6.3　　　　　　　　　　**××小区 13#楼各点累计沉降值数据表**

观测次数	观测日期(年-月-日)	时间间隔/d	累计时间/d	累计沉降量/mm						各点累计沉降量平均值/mm
				1#点	2#点	3#点	4#点	5#点	6#点	
1	2009-3-2	0	0	0	0	0	0	0	0	0.00
2	2009-3-28	26	26	1.21	1.87	1.16	0.89	1.87	1.56	1.43
3	2009-4-28	30	56	4.07	4.71	3.77	3.04	4.32	4.68	4.10
4	2009-6-3	35	91	6.42	7.04	6.17	5.63	6.89	6.81	6.49
5	2009-8-9	66	157	7.83	9.78	8.02	7.16	8.23	8.58	8.27
6	2009-10-10	61	218	9.42	11.54	9.61	8.09	9.44	10.32	9.74
7	2009-12-14	64	282	11.66	13.38	10.32	9.58	11.03	11.79	11.29
8	2010-3-18	94	376	13.44	14.86	12.11	10.68	13.25	12.88	12.87
9	2010-6-19	91	467	15.18	16.01	13.08	11.54	14.01	13.54	13.89
10	2010-9-21	92	559	16.42	17.12	13.67	12.32	14.87	14.01	14.74
11	2010-12-27	96	655	17.24	18.23	14.02	12.97	15.69	14.52	15.45
12	2011-4-16	109	764	18.12	18.67	14.85	13.56	16.14	14.88	16.04
13	2011-8-7	111	875	18.56	19.25	15.17	14.01	16.42	15.12	16.42

依据表 6.3 绘制 1#点的沉降量随时间变化的曲线图，如图 6.15 所示；也可以在一幅图里绘制出所有点的沉降曲线图，如图 6.16 所示。

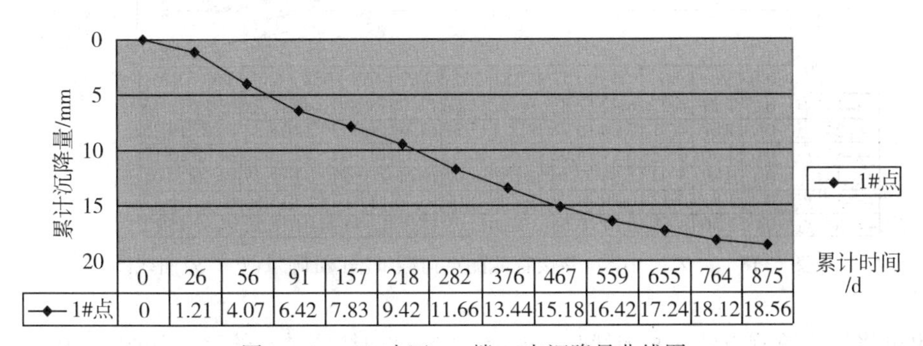

图 6.15　××小区 13#楼 1#点沉降量曲线图

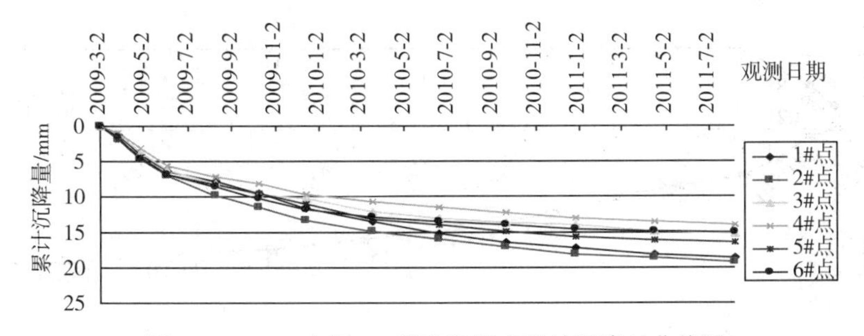

图 6.16　××小区 13#楼各监测点累计沉降量曲线图

各沉降监测点沉降量平均值曲线图如图 6.17 所示，整个沉降观测期间的荷载-时间-沉降量(P-T-S)曲线图如图 6.18 所示。

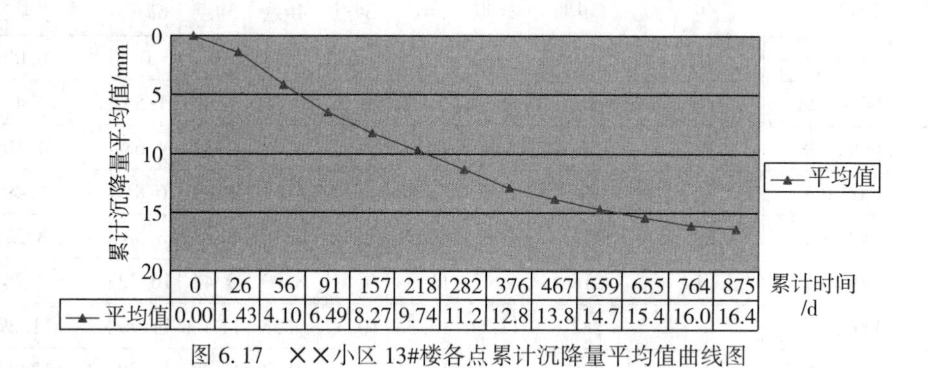

累计时间/d	0	26	56	91	157	218	282	376	467	559	655	764	875
平均值	0.00	1.43	4.10	6.49	8.27	9.74	11.2	12.8	13.8	14.7	15.4	16.0	16.4

图 6.17　××小区 13#楼各点累计沉降量平均值曲线图

累计时间/d	0	26	56	91	157	218	282	376	467	559	655	764	875
1号点	0	1.21	4.07	6.42	7.83	9.42	11.66	13.44	15.18	16.42	17.24	18.12	18.56
2号点	0	1.87	4.71	7.04	9.78	11.54	13.38	14.86	16.01	17.12	18.23	18.67	19.25
3号点	0	1.16	3.77	6.17	8.02	9.61	10.32	12.11	13.08	13.67	14.02	14.85	15.17
4号点	0	0.89	3.04	5.63	7.16	8.09	9.58	10.68	11.54	12.32	12.97	13.56	14.01
5号点	0	1.87	4.32	6.89	8.23	9.44	11.03	13.25	14.01	14.87	15.69	16.14	16.42
6号点	0	1.56	4.68	6.81	8.58	10.32	11.79	12.88	13.54	14.01	14.52	14.88	15.12

图 6.18　××小区 13#楼各监测点荷载-时间-沉降量(P-T-S)曲线图

也可将每个监测点的荷载-时间-沉降量(P-T-S)曲线图单独绘制，如图 6.19 所示。

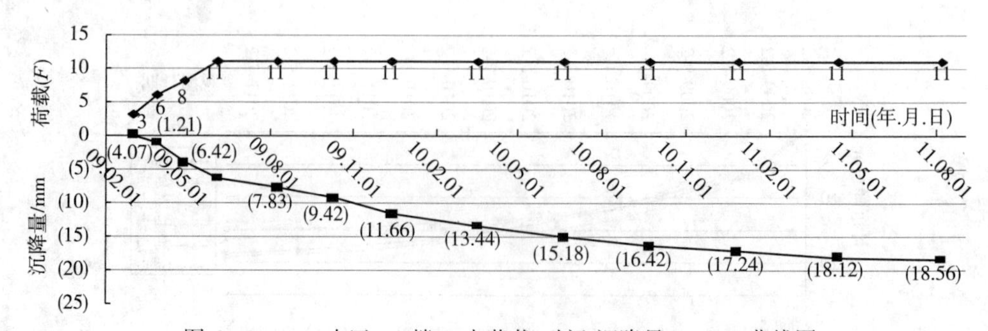

图 6.19　××小区 13#楼 1#点荷载-时间-沉降量(P-T-S)曲线图

各监测点在整个监测过程中各时段的沉降速率统计如表 6.4 所示。

表 6.4　**××小区 1#楼各点沉降速率数据表**

观测次数	观测日期（年-月-日）	时间间隔/d	累计时间/d	沉降速率/(mm/d)						各点沉降速率平均值/(mm/d)
				1#点	2#点	3#点	4#点	5#点	6#点	
1	09-3-2	0	0	0.00	0.00	0.00	0.00	0.00	0.00	0.00
2	09-3-28	26	26	0.05	0.07	0.04	0.03	0.07	0.06	0.05
3	09-4-28	30	56	0.10	0.09	0.09	0.07	0.08	0.10	0.09
4	09-6-3	35	91	0.07	0.07	0.07	0.07	0.07	0.06	0.07
5	09-8-9	66	157	0.02	0.04	0.03	0.02	0.02	0.03	0.03
6	09-10-10	61	218	0.03	0.03	0.03	0.02	0.02	0.03	0.03
7	09-12-14	64	282	0.03	0.03	0.01	0.02	0.02	0.02	0.02
8	10-3-18	94	376	0.02	0.02	0.02	0.01	0.02	0.01	0.02
9	10-6-19	91	467	0.02	0.01	0.01	0.01	0.01	0.01	0.01
10	10-9-21	92	559	0.01	0.01	0.01	0.01	0.01	0.01	0.01
11	10-12-27	96	655	0.01	0.01	0.00	0.01	0.01	0.01	0.01
12	11-4-16	109	764	0.01	0.00	0.01	0.01	0.00	0.00	0.01
13	11-8-7	111	875	0.00	0.01	0.00	0.00	0.00	0.00	0.00

根据表 6.4，可以绘制各监测点沉降速率曲线图，如图 6.20 所示；绘制各监测点沉降速率平均值曲线图，如图 6.21 所示。

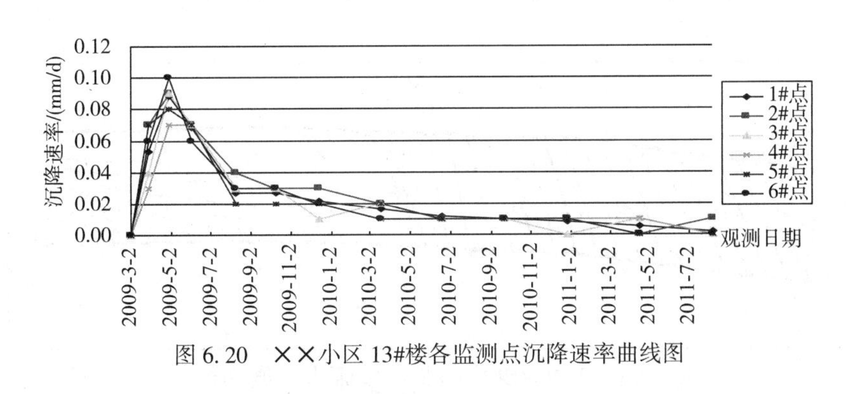

图 6.20　××小区 13#楼各监测点沉降速率曲线图

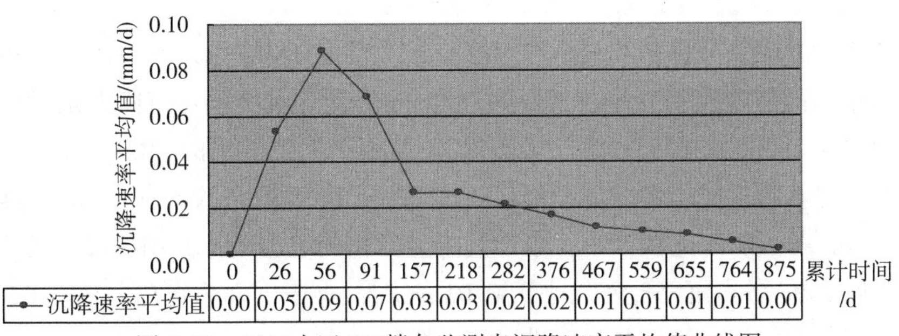

图 6.21　××小区 13#楼各监测点沉降速率平均值曲线图

整个沉降观测期间的沉降速率-时间-沉降量(V-T-S)曲线图如图6.22所示。

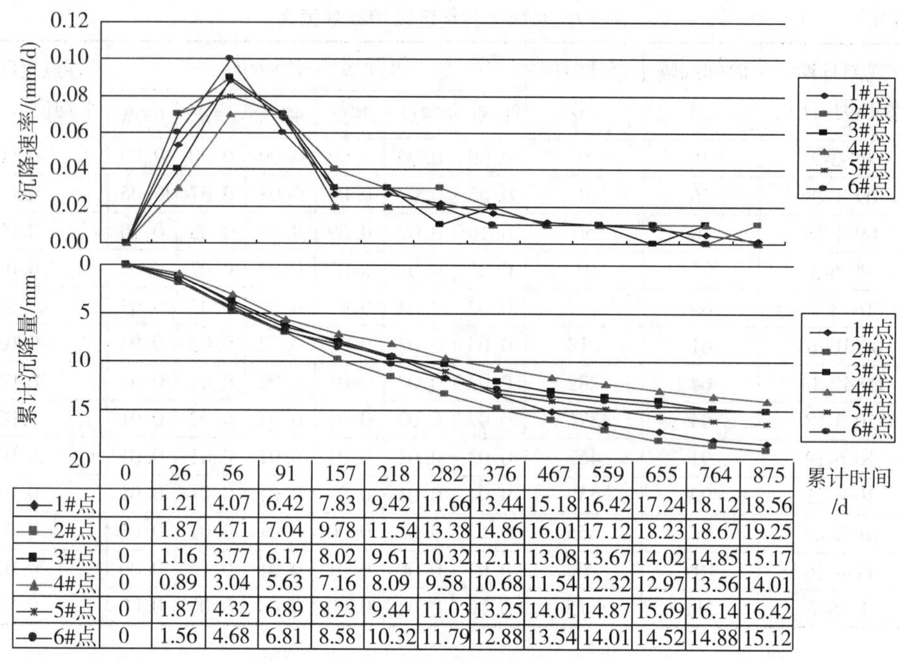

	0	26	56	91	157	218	282	376	467	559	655	764	875
1#点	0	1.21	4.07	6.42	7.83	9.42	11.66	13.44	15.18	16.42	17.24	18.12	18.56
2#点	0	1.87	4.71	7.04	9.78	11.54	13.38	14.86	16.01	17.12	18.23	18.67	19.25
3#点	0	1.16	3.77	6.17	8.02	9.61	10.32	12.11	13.08	13.67	14.02	14.85	15.17
4#点	0	0.89	3.04	5.63	7.16	8.09	9.58	10.68	11.54	12.32	12.97	13.56	14.01
5#点	0	1.87	4.32	6.89	8.23	9.44	11.03	13.25	14.01	14.87	15.69	16.14	16.42
6#点	0	1.56	4.68	6.81	8.58	10.32	11.79	12.88	13.54	14.01	14.52	14.88	15.12

图6.22 ××小区13#楼各点沉降速率-时间-沉降量(V-T-S)平均值曲线图

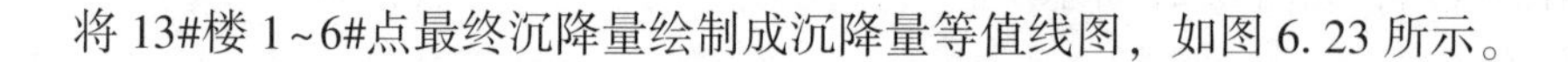

将13#楼1~6#点最终沉降量绘制成沉降量等值线图，如图6.23所示。

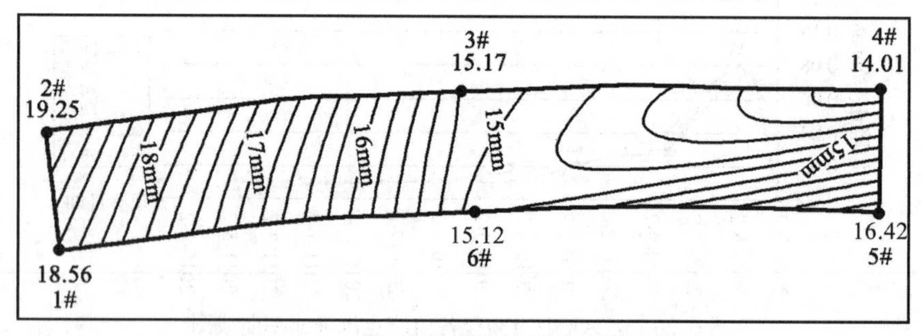

图6.23 13#楼1~6#点最终沉降量等值线图

根据各栋观测成果分析，基础平均沉降量最大的是16栋，为19.50mm，小于规范规定的体形简单的高层建筑基础平均沉降量200mm的允许沉降值；沉降差最大的是11栋，差异沉降量为6.1mm，局部倾斜率为0.54‰，远小于规范规定的2‰~3‰的允许值。主体施工阶段，随着施工楼层的增加，荷载随之增加，各观测点的累计沉降量也随之增加；主体装修阶段，各点沉降速率减小，累计沉降量增幅随之放缓；使用阶段，沉降速率进一步减缓，最后100d各点沉降速率均小于0.01mm/d，小于沉降稳定标准值0.04mm/d，因此可认为二期各栋主体建筑物沉降已进入稳定阶段。

(七)结论

二期工程各栋主体建筑物近3年的沉降观测成果表明，各栋楼整体沉降基本均匀，观测点平均累计沉降量小于规范规定的体形简单的高层建筑基础平均沉降量允许变形值；最大局部倾斜率小于规范规定允许值；最后100d各点沉降速率均小于0.04mm/d的沉降稳定标准值，可认为二期工程9#、10#、11#、12#、13#、14#、15#、16#、17#、18#、19#、20#、21#、22#、23#、24#、26#、27#、28#、29#、30#楼和青年公寓楼主体已进入稳定阶段。

习题及答案

一、单项选择题

1. 使用电子精密水准仪进行二等水准测量，各项测站现场不正确的是(　　)。

A. 视线长度小于50m　　B. 视线高度大于0.55m

C. 视距差小于1.5m　　D. 视距累计差小于3m

2. 特等和一等沉降观测，基准点通常不应少于(　　)个。

A. 2　　B. 3　　C. 4　　D. 5

3. 一般来讲，对建筑物沉降监测的精度要求应控制在建筑物允许变形值的(　　)之间。

A. 1/10~1/20　　B. 1~1/2　　C. 1/100~1/200　　D. 1/1000~1/2000

4. 通常规定：当最后100d的沉降速率小于(　　)时可认为已达到稳定状态。

A. 0.1~0.4mm/d　　B. 0.01~0.04mm/d

C. 1~4mm/d　　D. 0.001~0.004mm/d

5. 若使用精密电子水准仪进行二等水准测量，则两次读数所得高差之差应(　　)，而对同一标尺两次读数差不作要求。

A. ≤±0.6mm　　B. ≤±0.4mm　　C. ≤1mm　　D. ≤3mm

二、多项选择题

1.《建筑变形测量规范》(JGJ 8—2016)将建筑变形监测的级别分为(　　)。

A. 特等　　B. 一等　　C. 二等　　D. 三等　　E. 四等

2.《建筑变形测量规范》(JGJ 8—2016)规定下列(　　)建筑在施工和使用期间应进行变形测量。

A. 地基基础设计等级为甲级的建筑

B. 软弱地基上的地基基础设计等级为乙级的建筑

C. 加层、扩建建筑或处理地基上的建筑

D. 受邻近施工影响或受场地地下水等环境因素变化影响的建筑

3. 对民用建筑，沉降监测点宜布设在下列(　　)位置。

A. 建筑的四角、核心筒四角、大转角处及沿外墙每10~20m处或每隔2~3根柱基上。

B. 高低层建筑、新旧建筑、纵横墙等交接处的两侧。

C. 筏形基础、箱形基础底板或接近基础的结构部分之四角处及其中部位置。

D. 框架结构建筑的每个或部分柱基上或沿纵横轴线上。

4. 直接法测定建筑物倾斜的方法包括(　　)。

A. 全站仪投点法　B. 测水平角法　C. 前方交会法　D. 纵横距投影法

三、判断题

1. 沉降监测的初始值通常要在监测初期连续观测2~3次，取平均值作为初始值。(　　)

2. 沉降监测仪器要定期对视准轴误差、补偿器等进行检验，确保仪器达到要求。(　　)

3. 沉降监测水准基点要定期进行检测，以确保其位置没有发生变化。(　　)

4. 沉降监测过程中，可以在卷扬机、搅拌机、起重机等振动影响的范围内设站观测，不影响观测精度。(　　)

5. 建筑物的倾斜监测有直接法和间接法两类。(　　)

四、简答题

1. 建筑物变形监测包括哪些内容？

2. 建筑物沉降监测需要上交哪些成果？

3. 建筑物主体倾斜观测有哪些常用方法？

4. 建筑物裂缝观测有哪些常用方法？

答案

项目7　地铁工程变形监测

【项目简介】

本章主要介绍地铁工程变形监测的目的、意义、内容和方法，重点介绍地铁工程(地铁基坑及地铁隧道)变形监测的主要项目及其对应的监测设备及监测方法，要求重点掌握地铁变形监测方案制定、监测点的布置、外业观测、数据整理、图表绘制、数据分析、监测报告编写等。地铁监测的项目很多，本项目重点介绍的是几何变形的监测项目，其他物理量的监测仅作简单介绍。

【教学目标】

1. 了解地铁工程施工监测方案的编制方法、常见监测仪器的使用方法，掌握地铁工程监测的常用方法。

2. 重点掌握地铁工程变形监测中常用的沉降监测、位移监测等的选点布网、数据的获取、资料的整理、变形曲线的绘制、监测报告的编写等，并结合实例来说明地铁工程监测的具体实施过程。

项目单元教学目标分解

目标	内　　容
知识目标	1. 了解地铁施工的常见方法；了解地铁工程变形监测的目的和意义；了解地铁隧道监测方案的编制依据。 2. 了解地铁基坑工程施工监测的主要内容；了解地铁隧道工程施工监测的主要内容；了解地铁盾构隧道补充施工监测的主要内容。 3. 掌握地铁工程监测点布置要求及监测频率；掌握地铁工程变形监测的项目及方法。
技能目标	1. 能够编写地铁工程变形监测技术设计方案及技术总结报告。 2. 能够按照要求完成地铁工程施工变形监测各监测项目的布点、外业观测工作。 3. 能够完成地铁工程变形监测数据资料的整理、变形监测曲线的绘制、日报告提交、变形趋势及危害情况的分析、变形临界点的判定、变形监测总报告的编写。
态度及思政目标	1. 培养学生“热爱祖国、忠诚事业、艰苦奋斗、无私奉献”的测绘行业精神。 2. 培养学生“精益求精、敬业笃行、严守规范、质量至上”的测绘工匠精神。 3. 培养学生在地铁基坑、地铁隧道等艰苦环境中的作业安全意识、吃苦耐劳的专业素质和劳模精神。

任务7.1　地铁工程变形监测概述

一、任务目标

(1)了解地铁隧道施工的常见方法及各自的特点；

(2)明确地铁工程施工变形监测的主要目的和意义。

二、主要内容

随着城市建设的飞速发展和城市人口的急剧增加，城市交通已经不能单纯依靠地面道路，地下铁路已经在各大城市中广泛引入，有效地缓解了城市交通拥挤堵塞的状况。地铁施工主要采用明挖回填法、盖挖逆筑法、喷锚暗挖法、盾构掘进法等施工方法，明挖回填法通常会严重影响地面交通，所以较少使用。现代城市地铁施工中的主要施工方法是盾构掘进法。地铁工程主要包括基坑工程和隧道工程。本章重点介绍盾构法施工时需要进行的变形监测工作。

(一)地铁隧道施工的几种方法

1. 明挖回填法

明挖回填法是指先将隧道部位的岩(土)体全部挖除，然后修建洞身、洞门，再进行回填的施工方法。明挖回填法具有施工简单、快捷、经济、安全的优点，城市地下隧道式工程发展初期都把它作为首选的开挖技术。其缺点是对周围环境的影响较大。明挖法的关键工序是：降低地下水位，边坡支护，土方开挖，结构施工及防水工程等。其中边坡支护是确保安全施工的关键技术。

2. 盖挖逆筑法

盖挖逆筑法是先建造地下工程的柱、梁和顶板，然后上部恢复地面交通，下部自上而下进行土体开挖及地下主体工程施工的一种方法。盖挖逆筑法施工大致分为两个阶段，第一阶段为地面施工阶段，包括围护墙、中间支承桩、顶板土方及结构施工；第二阶段为洞内施工阶段，包括土方开挖、结构、装修施工和设备安装。

3. 喷锚暗挖法

喷锚暗挖法是在隧道开挖过程中，隧道已经开挖成型后，将一定数量、一定长度的锚杆，按一定的间距垂直锚入岩(土)体，在锚杆外露端挂钢筋网，再在隧道表面喷射混凝土，使混凝土、钢筋网、锚杆组成一个防护体系。当埋深较浅时一般会增加超前小导管注浆或长管棚的设计，此时又叫作浅埋暗挖法。

4. 盾构掘进法

盾构掘进法是隧道工程施工中的一项新型施工技术，它是将隧道的掘进、运输、衬砌安装等各项工作综合为一体的施工方法，具有自动化程度高、施工精度高、不受地面交通和建筑物影响等优点，目前已广泛用于地铁、铁路、公路、市政、水电等隧道工程中。

盾构隧道掘进机是一种隧道掘进的专用工程机械，现代盾构掘进机集光、机、电、液、传感、信息技术于一体，具有开挖切削土体、输送土碴、拼装隧道衬砌、测量导向纠偏等功能。地铁盾构施工是从一个车站基坑的预留洞推进，按设计的线路方向和纵坡进行掘进，再从另一个车站基坑的预留洞中推出，完成地铁隧道的掘进工作。

(二)地铁工程变形监测的目的和意义

地铁在施工建设和运营过程中，必然会产生一定的沉降，若沉降量超过一定限度或者产生了不均匀沉降，将会引起基坑及隧道结构的变形，严重影响安全施工和运营，甚至造成巨大的生命和财产安全事故。实际施工的工作状态往往与设计预估的工作状态存在一定的差异，有时差异程度很大，所以在地铁工程基坑开挖及支护、隧道掘进及围护施工期间需要开展严密的现场监测，以保证施工的顺利进行。

地铁工程变形监测的主要目的是通过对地表变形、围护结构变形、隧道开挖后侧壁围岩内力的监测，掌握围岩与支护的动态信息并及时反馈，指导施工作业和确保施工安全。还可应用到其他类似工程中，作为指导施工的依据。

地铁工程变形监测的主要意义体现在以下几个方面：

(1)监测基坑及隧道稳定和变形情况，验证围护结构、支护结构的设计效果，保证基坑稳定、隧道围岩稳定、支护结构稳定、地表建筑物和地下管线的安全；

(2)通过分析基坑及隧道各项监测的结果，为判断基坑、结构和周边环境的稳定性提供参考依据；

(3)通过监控量测，验证施工方法和施工手段的科学性和合理性，以便及时调整施工方法，保证施工安全；

(4)通过量测数据的分析处理，掌握基坑和隧道围岩稳定性的变化规律，确认或修改设计及施工参数，为今后类似工程的建设提供经验。

任务 7.2 地铁工程变形监测技术方案

一、任务目标

依据任务委托书、工程合同、工程设计图纸、《地铁工程监控量测技术规程》等完成地铁工程变形监测实施方案的编写。

二、编写依据

地铁隧道监测方案的编制依据包括：

(1)工程设计施工图；

(2)工程投标文件及施工承包合同；

(3)工程有关管理文件及技术规范和要求；

(4)《地铁工程监控量测技术规程》(DB11/T 490—2024)；

(5)《城市轨道交通工程监测技术规范》(GB 50911—2013)

(6)《城市轨道交通工程测量规范》(GB/T 50308—2017)；

(7)《地下铁道工程施工质量验收标准》(GB/T 50299—2018)；

(8)《建筑变形测量规范》(JGJ 8—2016)；

(9)《建筑基坑工程监测技术标准》(GB 50497—2019)；

(10)《工程测量标准》(GB 50026—2020)；

(11)《国家一、二等水准测量规范》(GB/T 12897—2006)。

三、编写步骤

地铁工程变形监测实施方案主要包括以下内容：①工程概述；②监测目的、依据和技术要求；③监测项目和监测方法；④监测频率和报警值；⑤监测资料提交；⑥项目组织结构及人员、仪器配置；⑦安全生产管理；⑧监测应急方案；⑨监测预警制度；⑩附件。

任务 7.3　地铁工程变形监测的内容及要求

在地铁施工过程中，监测工作的内容总体上有地层沉降监测、水平位移监测、支护结构变形监测(包括支护体系的沉降、水平位移和挠曲变形)、支护结构的内力监测(包括支撑杆件的轴力监测和围护结构的弯矩监测)、地下水土压力和变形的监测(包括土压力监测和孔隙水压力监测、地下水位监测、深层土体位移监测、基坑回弹监测)、周边建筑物或桥梁的变形监测(沉降监测、水平位移监测、倾斜监测和裂缝监测)、地下管线变形监测，既有地铁监测等。

地铁工程施工监测主要是基坑工程和隧道工程施工监测。

一、任务目标

(1)明确地铁工程监测的主要内容及项目；正确区分地铁基坑监测、地铁隧道监测、地铁盾构隧道补充监测的主要内容，明确各自的侧重点；

(2)掌握地铁工程监测中各类监测点的布设要求，包括点位密度要求、布设位置、布设间距、监测点材质、型号大小、布设工艺及牢固性、可靠性方面的要求；

(3)明确地铁工程变形监测各项目的频率要求，包括喷锚暗挖法和盾构掘进法各自对应监测项目的监测频率要求。

二、监测项目

(一)地铁基坑工程施工监测的主要内容

地铁基坑工程施工监测的内容分为两大部分，即围护结构和相邻环境监测。围护结构按支护形式不同有明挖放坡、土钉墙围护、桩、连续墙围护等，同时结合横撑、腰梁、锚索等加强措施；围护结构施工监测一般包括围护桩墙、支撑、腰梁和冠梁、立柱、土钉内力、锚索内力等内容。相邻环境监测包括监测相邻地层、地下管线、相邻建(构)筑物等内容。一般地铁工程基坑施工监测内容详见表 7.1。

表 7.1　　　　　　　　**地铁工程基坑监测项目一览表**

序号	监测对象		监测项目	测试元件与仪器
1	围护结构	围护桩墙	1. 墙顶水平位移与沉降	精密水准仪、经纬仪
			2. 桩墙深层挠曲	测斜仪
			3. 桩墙内力	钢筋应力传感器、频率仪
			4. 桩墙水平土压力	土压计、渗压计、频率仪
2		水平支撑	轴力	钢筋应力传感器、频率仪、位移计
3		冠梁和腰梁	1. 内力	钢筋应力传感器、频率仪
			2. 水平位移	经纬仪
4		土钉	拉力	钢筋应力传感器、频率仪
5		锚索	拉力	锚索测力传感器、频率仪
6		立柱	沉降	精密水准仪
7		基坑底	基坑底部回弹隆起	PVC 管、磁环分层沉降仪或水准仪
8	相邻环境监测	地层	1. 地面水平位移与沉降	精密水准仪、经纬仪
9			2. 地中水平位移	测斜管、测斜仪
10			3. 地中垂直位移	PVC 管、磁环分层沉降仪或水准仪
11			4. 土压力	电测水位计
12		地下水	1. 坑内地下水位	水位管、水位计
13			2. 坑外地下水位	水位管、水位计
14			3. 空隙水压力	水压计
15		建筑物	1. 地下管线水平位移与沉降	精密水准仪、经纬仪
16			2. 道路水平位移与沉降	精密水准仪、经纬仪
17			3. 建筑物水平位移与沉降	精密水准仪、经纬仪
18			4. 建筑物倾斜	经纬仪、垂准仪
19			5. 道路与建筑物裂缝	裂缝监测仪等

(二)地铁隧道工程施工监测的主要内容

地铁隧道工程施工监测通常分为施工前监测和施工中监测两个阶段，隧道开挖前的监测主要是进行原位测试，即通过地质调查、勘探，直接剪切试验，现场实验等手段来掌握围岩的特征，包括构造、物理力学性质、初始应力状态等。施工中监测主要是对围岩与支护的变形、应力(应变)以及相互间的作用力进行观测。一般地铁暗挖隧道工程施工监测项目详见表 7.2。

表 7.2　　　　　　　　　　**地铁暗挖隧道监测项目一览表**

序号	监测项目	方法和工具
1	地质和支护状况观察	地层土性及地下水情况，地层松散坍塌情况及支护裂缝观察或描述
2	洞内水平收敛	各种类型收敛计，全站仪非接触量测系统
3	拱顶下沉、拱底隆起	水平仪、水准尺、挂钩钢尺、全站仪非接触量测系统
4	地表沉降	水平仪、水准尺、全站仪
5	地中位移(地表钻孔)	PVC 管、电磁、分层沉降仪、测斜仪及水准仪
6	围岩内部位移(洞内设点)	洞内钻孔安装单点、多点杆或钢丝式位移计
7	围岩压力与两层支护间接触应力	各种类型压力盒
8	衬砌混凝土应力	钢筋应力传感器、应变计、频率仪
9	钢拱架内力	钢筋应力传感器、频率仪
10	二衬混凝土内钢筋内力	钢筋应力传感器、频率仪
11	锚杆轴力及拉拔力	钢筋应力传感器、应变片、应变计、频率仪
12	地下水位	水位管、水位计
13	孔隙水压力	水压计、频率仪
14	前方岩体性态	弹性波、地质雷达
15	爆破震动	测震仪
16	周围建筑物安全监测	水平仪、经纬仪、垂准仪

(三)地铁盾构隧道补充施工监测的主要内容

地铁盾构隧道监测的对象主要是土体介质、隧道结构和周围环境，监测的部位包括地表、土体内、盾构隧道结构以及周围道路、建筑物和地下管线等，监测类型主要是地表和土体深层的沉降和水平位移、地层水土压力和水位变化、建筑物和管线及其基础等的沉降和水平位移、盾构隧道结构内力、外力和变形等，具体见表 7.3。

表 7.3　　　　　　　　　　**地铁盾构隧道监测项目一览表**

<table>
<tr><th>序号</th><th>监测对象</th><th>监测类型</th><th>监测项目</th><th>测试元件与仪器</th></tr>
<tr><td rowspan="8">1</td><td rowspan="8">隧道结构</td><td rowspan="4">结构变形</td><td>1. 隧道结构内部收敛</td><td>收敛计、伸长杆尺</td></tr>
<tr><td>2. 隧道、衬砌环沉降</td><td>水准仪</td></tr>
<tr><td>3. 管片接缝张开度</td><td>测微计</td></tr>
<tr><td>4. 隧道洞室三维位移</td><td>全站仪</td></tr>
<tr><td rowspan="2">结构外力</td><td>1. 隧道外侧水土压力</td><td>孔隙水压计、频率计</td></tr>
<tr><td>2. 轴向力、弯矩</td><td>钢筋应力传感器、环向应变仪、频率计</td></tr>
<tr><td rowspan="2">结构内力</td><td>1. 螺栓锚固力</td><td>钢筋应力传感器、频率计、锚杆轴力计</td></tr>
<tr><td>2. 管片接缝法向接触力</td><td>钢筋应力传感器、频率计、锚杆轴力计</td></tr>
</table>

续表

序号	监测对象	监测类型	监测项目	测试元件与仪器
2	地层	沉降	1. 地表沉降	水准仪
			2. 土体沉降	分层沉降仪、频率计
			3. 盾构底部土体回弹	深层回弹桩、水准仪
		水平位移	1. 地表水平位移	经纬仪
			2. 土体深层水平位移	测斜管、测斜仪
		水土压力	1. 水土压力(侧、前面)	土压力盒、频率仪
			2. 地下水位	水位管、水位计
			3. 孔隙水压力	渗压计、频率计
3	相邻环境、周围建(构)筑物、地下管线、铁道、道路		1. 沉降	水准仪
			2. 水平位移	经纬仪
			3. 倾斜	经纬仪
			4. 裂缝	裂缝计

三、监测点布设要求

地铁工程监测点的布设要求如下：

根据地铁工程的安全等级以及相关规范、设计的要求，结合施工现场实际情况，测点布置应按以下要求进行：

(1)监测点应布置在预测的变形和内力最大部位、影响工程安全的关键部位、工程结构变形缝、伸缩缝及设计专门要求布点的地方。

(2)围护桩(墙)体内力测点布设原则：一般在支撑的跨中部位、基坑的长短边中点、水土压力或地面超载较大的部位布设测点，基坑深度变化处以及基坑的拐角处宜增加测点。立面上，宜选择在支撑处或上下两道支撑的中间部位。

(3)支撑轴力测点布设原则：支撑轴力采用轴力计进行监测，测点一般布置在支撑的端部或中部，当支撑长度较大时也可安设在1/4处。受力较大的斜撑和基坑深度变化处宜增设测点。对监测轴力的重要支撑，宜同时监测其两端和中部的沉降和位移。

(4)围护桩(墙)体水平位移监测断面及测点布设原则：基坑安全等级为一级时监测断面不宜大于30m，测点竖向间距0.5m或1.0m。

(5)围护桩(墙)体前后侧土压力测点布设原则：根据围护桩(墙)体的长度和钢支撑的位置进行布设，测点一般布置在基坑长短边中点。

(6)桩顶位移测点布设原则：布置在基坑长短边中点，基坑每边测点数不宜小于3个。

(7)基坑周围地表沉降测点布设原则：基坑周边距坑边10m范围内沿坑边设2排沉降测点，测点布置范围为基坑周围二倍开挖深度。

四、监测频率要求

地铁工程监测的监测频率要求如下：

(一)地铁喷锚暗挖法施工监测频率

根据《地下铁道工程施工质量验收标准》(GB/T 50299—2018)，地下铁道采用喷锚暗挖法施工时变形监测项目和频率如表 7.4 所示。

表 7.4　　地铁喷锚暗挖法变形监测项目和频率

类别	量测项目	测点布置	监测频率
应测项目	围岩及支护状态	每一开挖环	开挖后立即进行
	地表、地面建筑、地下管线及构筑物变化	每 10～50m 一个断面，每断面 7～11 个测点	开挖面距量测断面前后<2B 时 1～2 次/d；开挖面距量测断面前后<5B 时 1 次/2d；开挖面距量测断面前后>5B 时 1 次/周
	拱顶下沉	每 5～30m 一个断面，每断面 1～3 个测点	开挖面距量测断面前后<2B 时 1～2 次/d；开挖面距量测断面前后<5B 时 1 次/2d；开挖面距量测断面前后>5B 时 1 次/周
	周边净空收敛位移	每 5～100m 一个断面，每断面 2～3 个测点	开挖面距量测断面前后<2B 时 1～2 次/d；开挖面距量测断面前后<5B 时 1 次/2d；开挖面距量测断面前后>5B 时 1 次/周
	岩体爆破地面质点振动速度和噪声	质点振速根据结构要求设点，噪声根据规定的测距设置	随爆破及时进行
选测项目	围岩内部位移	取代表性地段设一个断面，每断面 2～3 孔	开挖面距量测断面前后<2B 时 1～2 次/d；开挖面距量测断面前后<5B 时 1 次/2d；开挖面距量测断面前后>5B 时 1 次/周
	围岩压力及支护间应力	每代表性地段设一个断面，每断面 15～20 个测点	开挖面距量测断面前后<2B 时 1～2 次/d；开挖面距量测断面前后<5B 时 1 次/2d；开挖面距量测断面前后>5B 时 1 次/周
	钢筋格栅拱架内力及外力	每 10～30 榀钢拱架设一对测力计	开挖面距量测断面前后<2B 时 1～2 次/d；开挖面距量测断面前后<5B 时 1 次/2d；开挖面距量测断面前后>5B 时 1 次/周
	初期支护、二衬内应力及表面应力	每代表性地段设一个断面，每断面 11 个测点	开挖面距量测断面前后<2B 时 1～2 次/d；开挖面距量测断面前后<5B 时 1 次/2d；开挖面距量测断面前后>5B 时 1 次/周
	锚杆内力、抗拔力及表面应力	必要时进行	开挖面距量测断面前后<2B 时 1～2 次/d；开挖面距量测断面前后<5B 时 1 次/2d；开挖面距量测断面前后>5B 时 1 次/周

注：1. *B* 为隧道开挖跨度；

2. 地质描述包括工程地质和水文地质。

监测项目的选择还要根据围岩类别、开挖断面所处地面环境条件等确定应测或选测项目，必要时可适当调整。

(二)地铁盾构掘进法施工监测频率

盾构掘进施工中，地层除了受到盾尾卸载的扰动外，还受到盾构对前方土体的挤压(或卸载)，因此，周围地层会出现不同程度的应力变动，特别是地质条件差时，更会引起地面甚至衬砌环结构本身的隆起或沉陷，不仅造成结构渗漏水，还可能危及地面建筑物的安全。根据《地下铁道工程施工质量验收标准》(GB/T 50299—2018)，地下铁道采用盾构掘进法施工时变形监测项目和频率如表 7.5 所示。

表 7.5　**地铁盾构掘进法施工监测项目和频率**

类别	量测项目	测点布置	量测频率
必测项目	地表隆陷	每 30m 设一个断面，必要时需加密	开挖面距量测断面前后<20m 时 1~2 次/d；开挖面距量测断面前后<50m 时 1 次/2d；开挖面距量测断面前后>50m 时 1 次/周
	隧道隆陷	每 5~10m 设一个断面	开挖面距量测断面前后<20m 时 1~2 次/d；开挖面距量测断面前后<50m 时 1 次/2d；开挖面距量测断面前后>50m 时 1 次/周
选测项目	土体内部位移(垂直和水平)	每 30m 设一个断面	开挖面距量测断面前后<20m 时 1~2 次/d；开挖面距量测断面前后<50m 时 1 次/2d；开挖面距量测断面前后>50m 时 1 次/周
	衬砌环内力和变形	每 50~100m 设一个断面	开挖面距量测断面前后<20m 时 1~2 次/d；开挖面距量测断面前后<50m 时 1 次/2d；开挖面距量测断面前后>50m 时 1 次/周
	土层压应力	每一代表性地段设一个断面	开挖面距量测断面前后<20m 时 1~2 次/d；开挖面距量测断面前后<50m 时 1 次/2d；开挖面距量测断面前后>50m 时 1 次/周

任务 7.4　地铁基坑围护结构监测

地铁基坑围护结构监测包括：围护桩(墙)顶沉降及水平位移监测、基坑围护桩(墙)挠曲监测、围护桩(墙)内力监测、钢支撑结构水平轴力监测、锚索(杆)轴力及拉拔力监测等。

子任务 7.4.1　围护桩(墙)顶沉降及水平位移监测

一、任务目标

(1)布设地铁基坑围护桩(墙)沉降及水平位移监测点；

(2)正确完成地铁基坑围护桩(墙)沉降监测和水平位移监测。

二、任务分析

地铁基坑围护桩(墙)沉降监测的主要方法是二等水准测量法。水平位移监测目前主要采用全站仪坐标法直接测定测点的坐标，通过测点的坐标计算相邻周期的位移量和累积位移量。为了充分描述基坑的变形情况，位移的方向一般确定为基坑的纵横轴线方向。

三、仪器设备

沉降监测主要使用精密电子水准仪、电子水准尺。位移监测主要使用高精度电子全站仪及反射片等。

四、监测方法

1. 埋设测点

监测点通常布设在基坑周围冠梁顶部。植入顶部带中心标记的凸形监测标志，露出冠梁砼面 1~2cm，并用红漆标注，作为监测点，供沉降和水平位移监测共用，两种监测点也可分别布设。

2. 实施监测

(1)基坑围护桩(墙)沉降监测

基坑围护桩(墙)沉降监测主要采用二等精密水准测量。基准点根据地质情况及围护结构设置，一般设在基坑开挖深度 5 倍距离以外的稳定地方。具体方法同本教材项目 5 的基坑围护桩(墙)沉降监测。

(2)基坑围护桩(墙)水平位移监测

桩顶水平位移监测通常使用测角精度高于 1′的全站仪，常用的主要有坐标法、视准线法、控制线偏离法、测小角法及前方交会法等。

这些方法有的是通过测坐标计算位移，有的是设基准线后，测出点与基准线距离的变化，来确定水平位移，比如，控制线偏离法是在基坑围护结构的直角位置上布设监测基准点，在两基准点的连线方向上布置监测点。在垂直于连线方向上测量并计算出各点与连线方向的偏差值，向外为正，向内为负，作为初始值。监测开展后将各期的实测值与初始值比较，即可得出冠梁上各监测点该期的实际水平位移。

五、监测要求

(1)监测点初始值的采集应进行至少两次独立观测，两次观测值满足规范限差要求时取其中数作为最终初始值；

(2)观测作业中应做到“五定”，即固定人员、固定仪器、固定线站、固定观测方法、固定观测尺；

(3)每一期观测应在基本相同的环境和条件下进行；

(4)对观测结果应进行仪器加常数、乘常数、气温、气压的改正。

子任务 7.4.2　基坑围护桩(墙)挠曲监测

一、任务目标

通过测量围护桩(墙)的深层挠曲来判断围护结构的侧向变形情况。

二、任务分析

基坑围护桩(墙)挠曲变形的主要原因是基坑开挖后，基坑内外的水土压力要依靠围护桩(墙)和支撑体系来重新平衡，围护桩(墙)在基坑外侧水土压力作用下将产生变形。为了基坑安全，需要监测围护桩(墙)的变形及其发展情况，从而判断其稳定性。

围护墙或土体深层水平位移的监测宜采用在墙体或土体中预埋测斜管、通过测斜仪观测各深度处水平位移的方法。

三、仪器设备

基坑围护桩(墙)挠曲监测的主要仪器是测斜装置，测斜装置包括测斜仪、测斜管和数字式测读仪。《建筑基坑工程监测技术标准》(GB 50497—2019)要求测斜仪的系统精度不低于 0.25mm/m，分辨率不低于 0.02mm/500mm。

四、监测方法

沿基坑围护结构主体长边方向每 20~30m，短边中部的围护桩桩身内埋设与测斜仪配套的测斜管，测斜管内有两对互成 90°的导向滑槽。测斜管拼装时应注意导槽对接，埋设时将测斜管两端封闭并牢固绑扎在钢筋笼背土面一侧，同钢筋笼一同放入成孔内，然后灌注混凝土。测斜管长应为桩长加冠梁高并露出冠梁 10cm。需要注意的是，在钢筋笼放入孔内后灌注混凝土前一定要调整好测斜管的方向，测斜管下部和上部保护盖要封好，以防止异物进入。

监测作业时，将测斜仪的导向轮放入测斜管导槽中，沿导槽缓慢下滑至管底后开始测读，按 0.5m 或 1m 的间隔(导线上标有刻度)测读一次，缓慢提升测斜仪，直至测斜管顶，测定测斜仪与垂直线之间的倾角变化，即可得出不同深度部位的水平位移。

子任务 7.4.3 围护桩(墙)内力监测

一、任务目标

基坑围护桩(墙)属于基坑支护结构的一种。本任务目标是通过监测基坑围护桩(墙)内受力钢筋的应力或应变，从而计算基坑围护桩(墙)的内部应力。

二、任务分析

基坑围护桩(墙)内部应力受土壤特性、地下水条件、基坑深度、支撑系统、施工过程及内部载荷等多方面的影响，围护桩(墙)内的主要持力结构为受力钢筋，因此要监测基坑围护桩(墙)内部应力变化，最直接的办法就是监测钢筋的应力变化。

支护结构内力监测可采用安装在结构内部或表面的应变计或应力计进行量测。混凝土构件可采用钢筋应力计或混凝土应变计等进行量测，钢构件可采用轴力计或应变计等进行量测。

三、仪器设备

钢筋应力一般通过钢筋应力传感器(简称钢筋计)来测定。目前工程上应用较多的钢筋计有钢弦式和电阻应变式两种，接收仪器分别使用频率仪和电阻应变仪。

四、监测方法

采用钢筋混凝土材料修筑的围护结构，其围护桩内力监测方法通常是埋设钢筋计。钢弦式钢筋计通常与构件受力主筋轴心串联焊接，由频率计算钢筋的应力值。电阻式应变计是与主筋平行绑扎或点焊在箍筋上，应变仪测得的是混凝土内部该点的应变。

钢筋计在安装时应注意尽可能使其处于不受力的状态，特别是不应使其处于受弯状态。然后将导线逐段捆扎在邻近的钢筋上，引到地面的测试盒中。支护结构浇筑混凝土后，检查电路电阻值和绝缘情况，做好引出线和测试盒中的保护措施。

钢筋计应在钢筋笼的迎土面和背土面对称安置，高度通常应在第二道钢支撑的位置。钢筋应变仪尽可能和测斜管埋设在同一个桩上。在开挖基坑前应有 2~3 次应力传感器的稳定测量值，作为计算应力变化的初始值，然后依照设计的监测频率进行数据采集、处理、备案并进行汇总分析。

五、监测要求

(1)内力监测值宜考虑温度变化等因素的影响。

(2)应力计或应变计的量程宜为设计值的1.5倍，精度不宜低于0.5%FS，分辨率不宜低于0.2%FS。

(3)内力监测传感器埋设前应进行性能检验和编号，导线应做好标记，并设置导线防护措施。

(4)内力监测宜取土方开挖前连续3d获得的稳定测试数据的平均值作为初始值。

子任务7.4.4　支撑结构水平轴力监测

一、任务目标

监测水平支撑结构的轴向压力，掌握其设计轴力与实际受力情况的差异，防止围护体的失稳破坏。

二、任务分析

支撑结构分为砼支撑和钢支撑两大类。钢支撑结构目前常用的是钢管支撑和H型钢支撑结构。

三、仪器设备

水平支撑轴力监测常用仪器有振弦式钢筋应力计和轴力计。钢筋计埋设应与钢筋规格相匹配，轴力计量程选择应大于设计极限值的2倍。

四、监测方法

(一)支撑轴力监测点的埋设方法

1. 测点布设原则

桩内钢筋应力监测为选测项目，按照施工设计图纸要求布设，选择具有代表性的围护桩，在围护桩的迎土侧和开挖侧各选一根主筋进行测点的布设。

2. 测点埋设及技术要求

钢筋计与被测钢筋的常用连接方法有两种。

方法一：

(1)当工地上有直螺纹套丝机时，如果被测主筋未绑扎完成，将两根被测钢筋套丝后直接与钢筋计两端的连接钢套旋紧，形成一根长钢筋后将其就位到被测钢筋笼或墙体主筋位置。

(2)当工地上有直螺纹套丝机且被测钢筋笼或墙体主筋已经绑扎完成，可在需要安装的位置截取0.8~1.0m长的钢筋，将其截成两段，再将两段钢筋套丝后与钢筋计两端的连接钢套旋紧，形成一根长钢筋后将其焊接到被截主筋位置。

(3)焊接可采用对焊或搭接焊的方式，搭接长度要大于10倍的钢筋直径，还要给传感器的部位浇冷水或用湿毛巾做降温处理，避免传感器的温度过高，温度过高会使传感器损坏，注意不要在焊缝处浇水。

方法二：

(1)当工地上没有直螺纹套丝机时，被测钢筋主筋未绑扎完成时，将两根被测钢筋焊接在连接钢套上，焊接前先将钢筋计的两端连接钢套拧下，分别与长钢筋焊接在一起，焊接可采用对焊、接口倒角电焊和溶槽焊，一定要在同一轴线上焊接牢固，焊好后变形要小。使其尽量保持在同一轴线上冷却，然后与钢筋计旋紧，形成整体后将其安装到预定位置上。

(2)当工地上没有直螺纹套丝机且被测钢筋主筋已经绑扎完成时，在准备安装钢筋计的位置截取0.8~1.0m长的钢筋，将其截成两段，分别与钢筋计的两头连接钢套焊接。焊接前先将钢筋计两端的连接钢套拧下，分别与截筋焊接在一起，焊接可采用对焊、接口倒角电焊和溶槽焊，焊接一定要在同一轴线上焊接牢固，焊好后变形要小。

(3)截筋与连接钢套焊接好后，用管丝钳拧紧，拧紧时不得将管丝钳作用在钢筋计的传感器出线嘴部位上，否则会造成永久损坏。将接长钢筋的钢筋计搭焊在钢筋上，搭接长度要大于10倍的钢筋直径，焊接时给传感器的部位浇冷水冷却，使传感器的温度不至于过高，注意不要在焊缝处浇水。

(二)两种支撑轴力监测设备的使用方法

1. 砼支撑轴力计

在绑扎支撑钢筋的同时将支撑四个角位置处的主筋切断，并将钢筋应力计焊接在切断部位，在浇筑支撑砼时将应力计上的电线引出至合适位置便于今后测试时使用。砼支撑轴力计布设如图7.1所示。

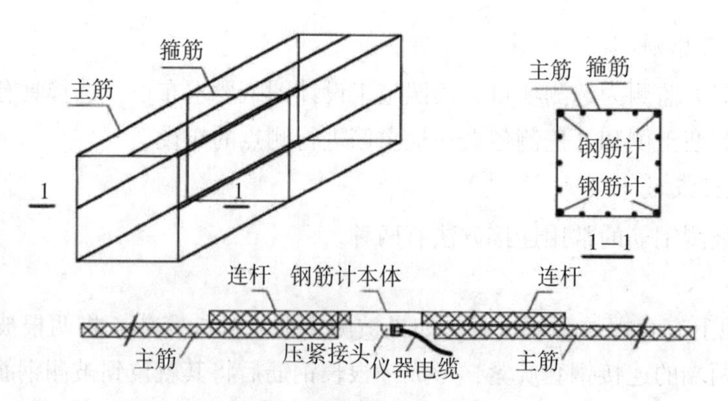

图7.1　砼支撑轴力计布设示意图

2. 钢支撑轴力计

钢支撑轴力计在安装前，要进行各项技术指标及标定系数的检验。轴力计有一套安装配件：两块 400mm×400mm×20mm 的钢板，一个直径为 15cm 的圆形钢筒，钢筒外翼状对称焊接有 4 片与钢筒等长的钢板。安装时一块钢板与圆钢筒一端焊接，并焊接在钢支撑一端的固定端头上；轴力计一端安放在钢筒中，并随钢支撑的安装一起撑在围护墙的围檩上。钢支撑轴力计布设如图 7.2 所示。

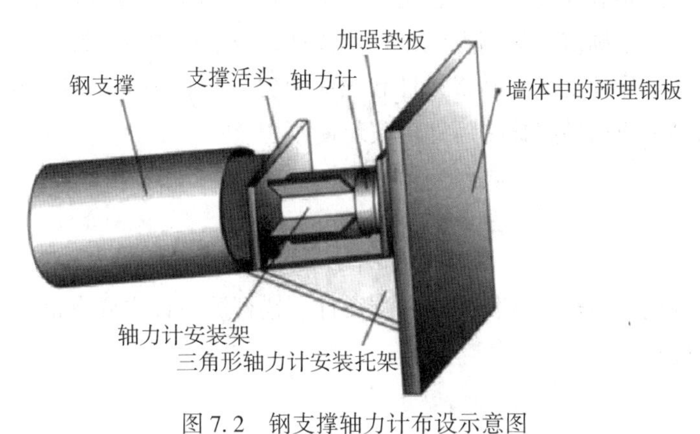

图 7.2 钢支撑轴力计布设示意图

五、监测要求

(1)轴力计安装好后，须注意传感器和导线的保护，禁止乱牵，应分段做好标志；钢筋计焊接过程中须用湿布包裹钢筋计，避免温度过高导致内部元件失灵，安装完毕后应注意日常监测过程中的传感线的保护，并分股做好标志。

(2)如果混凝土支撑轴力监测中的钢筋计损坏了，可以在混凝土支撑梁的外侧粘上应变片，测量混凝土的应变量来计算支撑的轴力；如果钢支撑轴力监测计损坏了，可在所测钢支撑上焊接钢管表面应变计，测量钢支撑的应变量来计算钢支撑的轴力。

(3)水平支撑轴力监测通常采用轴力计在端部直接量测支撑轴力，或采用表面应变计间接测量、计算支撑轴力。根据钢支撑的设计预加力选择轴力计的型号，安装前要记录轴力计的编号和对应的初始值，轴力计安装在钢支撑端部活接头与钢围檩之间，安装时注意轴力计与活接头的接触面要垂直密贴，在加载到设计预加力后马上记录轴力计的数值，然后依照设计要求进行监测。

子任务 7.4.5 锚索(杆)轴力及拉拔力监测

一、任务目标

掌握锚索(杆)的实际工作状态，监测锚索(杆)预应力的形成和变化，掌握锚杆的施工质量是否达到了设计要求。同时了解锚索(杆)轴力及其分布状态，再配合以岩体内位移的量测结果就可以较为准确地设计锚杆长度和根数，还可以掌握岩体内应力重新分布的过程。

二、任务分析

锚杆拉拔力监测是破坏性监测，它是为了掌握锚杆的施工质量是否达到了设计要求，一般都通过现场测试来确定。量测方法是采用锚杆拉拔仪拉拔待测锚杆，通过测力计监测拉力。目前，空心千斤顶是测定砂浆锚杆和预应力锚杆拉拔力的一种专用设备。监测时，将锚杆附件岩面垫平或用砂浆抹平后即可安装使用。

三、仪器设备

主要监测工具包括锚杆拉拔仪和锚杆测力计。锚杆测力计主要有机械式、应力式和电阻应变式等几种形式。

四、监测方法

具体过程如下：

(1)观测锚杆张拉前将测力计安装在孔口垫板上，使用带专用传力板的测力计，先将传力板安装在孔口垫板上，使测力计或传力板与孔轴垂直，偏斜应小于0.5°，偏心应不大于5mm。

(2)安装张拉机具和锚具，同时对测力计的位置进行校验，合格后开始预紧和张拉。

(3)观测锚杆应在与其有影响的其他工作位置进行张拉加荷，张拉程序一般应与工作锚杆的张拉程序相同。有特殊需要时，可另行设计张拉程序。

(4)测力计安装就位后，加荷张拉前，应准确测得应力初始值和环境温度。反复测读，三次数据差小于1%FS，取其平均值作为观测初始值。

(5)初始值确定之后，分级加荷张拉观测，一般每次加荷测读一次，最后一级荷载进行稳定观测，以5分钟测一次，连续测三次，读数差小于1%FS为稳定。张拉荷载稳定后，应及时测读锁定荷载。张拉结束之后根据荷载变化速率确定观测时间间隔，进行锁定之后的稳定观测。

(6)千斤顶加压的时候，所加荷载由油压表读出，锚杆一侧安置1只百分表(百分表的测量误差为0.1%FS，分辨率为0.01mm)，测读出在某级荷载下锚杆体的上升位移量。

五、监测要求

(1)每级荷载施加完毕后，应立即测读位移量，以后每隔5分钟测读一次；

(2)连续不少于3次测读出的锚杆拔升值均小于0.01mm时，认为在该级荷载下的位移已达到稳定状态，可继续施加下一级上拔荷载；

(3)拉拔仪在测试过程中应固定可靠，拉拔时应缓慢地逐级平均加载；

(4)拉拔锚杆锚索时，拉拔装置下方和两侧不得站人，各类锚具在张拉和锁定过程中，不得敲击和猛烈震动，防止夹片失效而飞出伤人。

任务 7.5　土体介质监测

子任务 7.5.1　地表沉降监测

一、任务目标

监测基坑及隧道施工引起的地表沉降情况。

二、任务分析

根据监测对象性质、允许沉降值、沉降速率、仪器设备等因素综合分析确定监测精度，目前主要使用二等精密水准测量方法。根据基准点的高程，按照监测方案规定的监测频率，用精密水准仪测量并计算每次观测的监测点高程。水准路线通常选择闭合水准路线，对高差闭合差应进行平差处理。目前大部分监测使用精密电子水准仪，仪器自带的软件可进行观测结果的数据提取和平差计算。

三、仪器设备

地表沉降监测使用的仪器主要是精密水准仪、精密水准尺等。

四、监测方法

地表沉降监测主要使用二等精密水准测量法，具体方法详见项目3。

五、监测要求

1. 基准点埋设要求

在远离地表沉降区域沿地铁隧道方向布设沉降监测基准点，通常要求不少于3个，基准点应在沉降监测开始前埋设，待其稳定后开始首期联测，在整个沉降观测过程中要求定期联测，检查其是否有沉降，以保证沉降监测结果的正确性。水准基点的埋设要求受外界影响小、不易扰动或震动影响、通视良好。基准点的规格要求见项目3。

2. 监测点埋设要求

对地表沉降的监测须布设纵剖面监测点和横剖面监测点。纵剖面(即掘进轴线方向)

监测点的布设通常需要保证盾构顶部始终有监测点在监测，所以点间距应小于盾构长度，通常为3~5m。横剖面(即垂直于掘进轴线方向)监测点从中心向两侧按2~5m间距布设，布设范围为盾构外径的2~3倍。横断面间距为20~30m。横断面监测点主要用来监测盾构施工引起的横向沉降槽的变化。

地表沉降监测点的埋设如图7.3所示，通常用钻机在地表打入监测点，使钢筋与土体结为整体。为避免车辆对测点的破坏，打入的钢筋要低于路面50~100mm，并于测点外侧设置保护管，且在上面覆盖盖板保护测点，如图7.4所示。

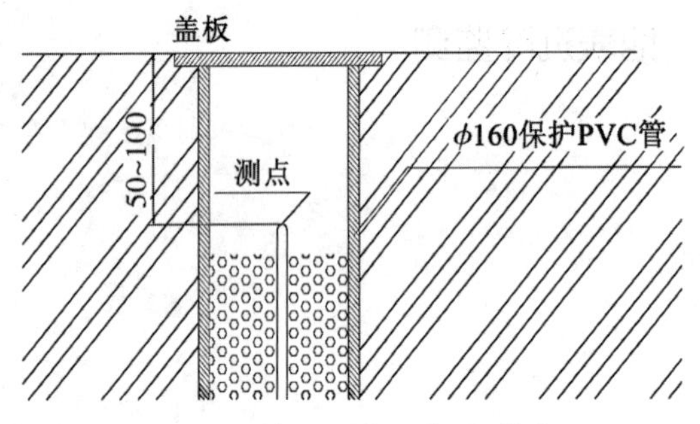

图7.3　地表沉降监测点示意图(单位：mm)

图7.4　地表沉降监测标志

子任务7.5.2　基底回弹监测

一、任务目标

基底回弹监测也叫基坑底部隆起监测，主要是通过监测基坑底部土体隆起回弹情况，判断基坑内外土体压力差和基坑稳定性。

二、任务分析

地基土大面积开挖后，由于坑中土体自重卸除，坑底地基土可能回弹隆起，甚至引起地基土结构破坏，进而对工程本身及邻近建筑物造成影响。地基土回弹量的大小和回弹分布情况，对设计时地基变形模型的选用及基础强度的设计都具有十分重要的意义。

三、仪器设备

基底回弹监测常用的仪器包括回弹监测标和深层沉降标。深层沉降标监测装置分为两部分：一是埋入地下的部分，由沉降导管、底盖、沉降磁环组成，通过钻孔埋设在土层中。二是地面接收仪，即钢尺沉降仪，由探头、测量电缆、接收系统和绕线盘等组成。

四、监测方法

基坑回弹监测通常采用几何水准测量法。基坑回弹监测的基本过程是：在待开挖的基坑中预先埋设回弹监测标志，在基坑开挖前、后分别进行水准测量，测出各监测点的高程变化，就可得出回弹标志的变形量。观测次数不少于3次：第一次在基坑开挖前，第二次在基坑开挖后，第三次在浇筑基础混凝土之前。

首先钻孔至基底设计标高以下200mm，钻孔时将回弹监测标旋入钻杆下端的螺旋，并将回弹标底部压入孔底土中，然后旋开钻杆使其与回弹标脱离，提升钻杆后放入辅助测杆，再使用精密水准仪测定露于地表外的辅助钻杆顶部标高，然后取出辅助测杆，向孔中填入500mm的白灰，然后用素土回填。基坑开挖至设计标高后再观测回弹标的标高，以确定基底回弹量。通常在浇筑基础筏板之前再观测一次。

五、监测要求

(1)钻孔时钻杆应尽量保持竖直。

(2)回弹监测点的布设要根据基坑的形状和开挖规模，以较少的工作量，力求均匀地体现地基土的回弹量和变化规律。一般沿基坑纵横中心轴线及其他重要位置对称布置。

(3)回弹标志必须在基坑开挖前埋设完毕，并测定出各监测点的初始标高。

子任务7.5.3　土体分层沉降及水平位移监测

一、任务目标

监测基坑围护结构周围不同深度处土层内监测点的沉降和水平位移情况，从而判断基坑周边土体稳定性。

二、任务分析

分层竖向位移可通过埋设分层沉降磁环或深层沉降标，采用分层沉降仪结合水准测量方法进行量测。分层竖向位移标应在基坑开挖至少1周前埋设。沉降磁环可通过钻孔和分层沉降管定位埋设。沉降管安置到位后应使磁环与土层黏结牢固。采用分层沉降仪法监测时，每次监测均应测定管口高程的变化，并换算出测管内各监测点的高程。

三、仪器设备

土体分层沉降及水平位移监测的仪器包括分层沉降仪、测斜仪及杆式多点位移计。

四、监测方法

土体分层沉降监测装置包括导管、磁环和分层沉降仪。首先钻孔并埋设导管，钻孔深度应大于基坑底的标高。在整个导管内按固定间距(1～2m)布设磁环，然后测定导管不同深度处磁环的初始标高值，初始值为基坑开挖之前连续三次测量无明显差异读数的平均值。监测过程中将每次测定的各磁环的标高与初始值比较即可确定各个位置的沉降量。

土体深层水平位移监测装置包括测斜管、测斜仪等。首先钻孔并将测斜管封好底盖后逐节组装放入钻孔内，直到放到预定的标高为止，测斜管必须与周围土体紧密相连。将测斜管与钻孔之间空隙回填，测量测斜管导槽方位、管口坐标和高程并记录。监测过程中将每次测定的坐标值与初始值比较即可确定位移量。

五、监测要求

(1)土体分层沉降监测的初始值测量应在分层标埋设稳定后进行，一般不少于一周。每次监测时，分层沉降仪应进行进、回两次测试，两次测试误差值不大于1mm，对于同一个工程应固定监测仪器和人员，以保证监测精度。

(2)管口要做好防护墩台或井盖，盖好盖子，防止沉降管损坏和杂物掉入管内。

子任务7.5.4　土压力监测

一、任务目标

监测围护结构、底板及周围土体界面上的受力情况，判断基坑的稳定性。

二、任务分析

土压力是挡土构筑物周围土体介质传递给挡土构筑物的水平力，它包括土体自重应力、附加水平力和水压力等。土压力现场原位观测设计应符合载荷与挡土构筑物的相互作用关系，应反映各特征部位(拉锚或顶撑点、土层分界面、滑体裂开面底部、反弯点及最大变形点等)及沿挡土构筑物深度的变化规律。

三、仪器设备

土压力监测通常采用土压力传感器(即土压力盒)，常用的土压力盒有电阻式和钢弦式两种。

四、监测方法

土压力盒埋设方式有挂布法、弹入法和钻孔法等几种。土压力盒的工作原理是：土压力使钢弦应力发生变化，钢弦振动频率的平方与钢弦应力成正比，因而钢弦的自振频率发生变化，利用钢弦频率仪中的激励装置使钢弦起振并接收其振荡频率，根据受力前后钢弦振动频率的变化，通过预先标定的传感器压力与振动频率的标定曲线，就可换算出所测定的土压力值。车站明挖段土压力盒安装在初期支护外侧，土体开挖后利用钢筋支架将土压力盒贴壁固定在待测位置，直接喷射支护层混凝土即可。基坑土压力监测如图 7.5 所示。

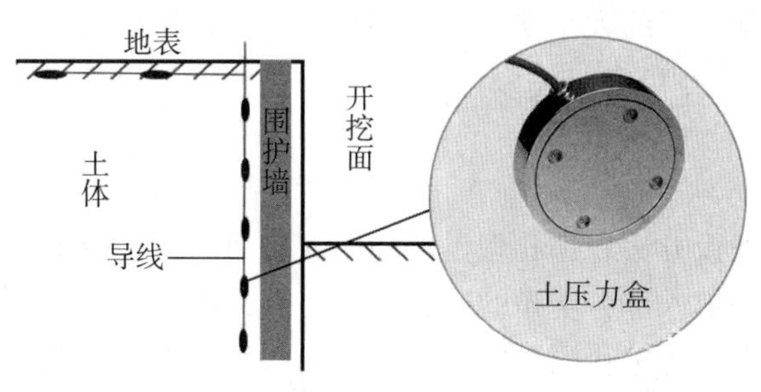

图 7.5　基坑土压力监测示意图

五、监测要求

(1)无论是哪种型号的压力传感器，在埋设之前必须进行稳定性、水密性的检验和压力标定、温度标定等工作。

(2)土压力传感器须镶嵌在挡土构筑物内，使其应力膜与构筑物外边平齐，传感器背部具有良好的刚性反力，在土压力作用下尽可能不产生相对位移，以保证测量精度及可靠性。

子任务 7.5.5　孔隙水压力监测

一、任务目标

通过监测饱和软黏土受载后产生的孔隙水压力的增高或降低，判断基坑周边土体的运动状态。

二、任务分析

孔隙水压力变化是土体应力状态发生变化的先兆，依据基坑设计、施工工艺及监测区域水文地质特点，通过预埋孔隙水压力传感器，利用测读仪器(频率读数仪)定期测读预埋传感器读数，并换算获得孔隙水压力变化量值及变化速度，判断土体受力情况及变形可能。

三、仪器设备

孔隙水压力监测的设备是孔隙水压力计及相应的接收仪。孔隙水压力计分为钢弦式、电阻式和气动式三种类型。钢弦式、电阻式孔隙水压力计与同类型土压力盒的工作原理类似，只是金属壳体外部有透水石，测得的只有孔隙水压力，而把土颗粒的压力挡在透水石之外。气动式孔隙水压力计探头的工作原理是加大探头内的气压使之与土层孔隙水压力平衡，通过监测所需平衡气压的大小来确定土层孔隙水压力的量值。

四、监测方法

孔隙水压力计的埋设方法有钻孔埋设法和压入法两种。孔隙水压力探头通常采用钻孔埋设，钻孔后先在孔底填入部分干净的砂，然后将探头放入，再在探头周围填砂，最后采用膨胀性黏土或干燥黏土将钻孔上部封好，使得探头测得的是该标高土层的孔隙水压力。钻孔埋设降水压力探头的关键是保证探头周围填砂渗水顺畅，其次是阻止钻孔上部水向下渗流。孔隙水压力监测如图7.6所示。

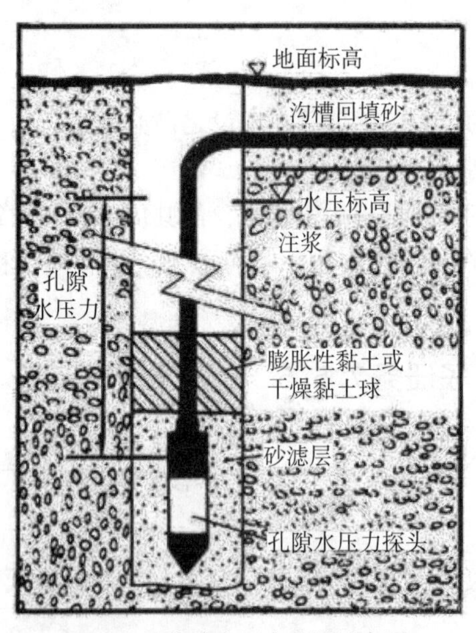

图7.6　孔隙水压力监测示意图

五、监测要求

(1)监测点宜根据监测对象、测试目的与要求，结合场地地质、周围环境和作业条件等综合考虑布置，数量不宜少于3个。

(2)监测点宜在水压力变化影响深度范围内按土层布置，竖向间距宜为4~5m，涉及多层承压水层时应适当加密。

(3)在平面上测点宜沿着应力变化量最大方向并结合周边环境特点布设。

(4)对需要提供孔隙水压力等值线的工程或部位，测点应适当加密，且埋设同一层上的测点高差宜小于 0.5m。

(5)监测孔口 0.5~1m 范围内应用隔水材料填实封严，防止地表水渗入。监测孔口部应设置有效的防护装置，并设立明显的标志，孔隙水压力导线应有防潮、防水措施。

(6)充分注意导线接头质量及密封性，防止接头处渗水导致传感器失效。传感器埋设前需在水中浸泡 12h 以上，下放前不能暴露在空气中以免影响监测精度。不同土层分界面必须用黏土(球)有效隔离，以防不同土层间产生水力联系。

任务 7.6　周边环境监测

子任务 7.6.1　邻近建筑物变形监测

一、任务目标

地铁施工邻近建筑物变形监测主要包括建筑物沉降监测、倾斜监测和裂缝监测等。

二、任务分析

建筑物变形监测具体方法和流程在项目 6 中有详细叙述。

三、仪器设备

建筑物沉降监测主要使用精密水准仪、精密水准尺等；建筑物倾斜监测使用精密全站仪及反射片等；建筑物裂缝监测主要使用裂缝计等进行监测。

四、监测方法

1. 邻近建筑物沉降监测

建筑物的沉降监测采用精密水准仪按二等水准的精度进行量测。具体方法见项目 6。沉降监测时应充分考虑施工的影响，避免在空压机、搅拌机等振动影响范围之内设站观测。观测时标尺成像清晰，避免视线穿过玻璃、烟雾和热源上空。建筑物沉降监测点应布置在墙角、柱身上(特别是代表独立基础及条形基础差异沉降的柱身)，测点间距的确定要尽可能反映建筑物各部分的不均匀沉降。如图 7.7 和图 7.8 所示，对于沉降观测点的埋设，若建筑物是砌体或钢筋混凝土结构，可布设在墙(柱)上，若建筑物是钢结构，可直接将测点标志焊接在建筑物的相应位置。

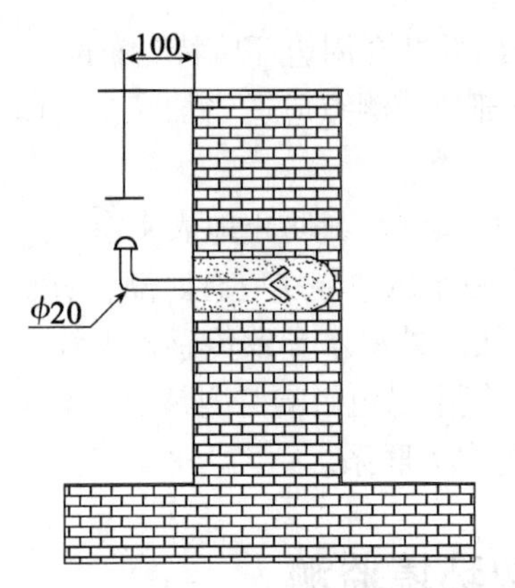

图7.7　建筑物墙上沉降监测标志示意图

图7.8　建筑物墙上沉降监测标志

2. 邻近建筑物倾斜监测

测定建筑物倾斜的方法有两类，一类是直接测定建筑物的倾斜，另一类是通过测量建筑物基础的相对沉降来换算建筑物的倾斜，后者是把整个建筑物当成一个刚体来看待的。

3. 邻近建筑物裂缝监测

首先了解建筑物的设计、施工、使用情况及沉降观测资料以及工程施工对建筑物可能造成的影响；然后记录建筑物已有裂缝的分布位置和数量，测定其走向、长度、宽度及深度；最后分析裂缝的形成原因，判别裂缝的发展趋势，选择主要裂缝作为观测对象。

子任务7.6.2　地下水位监测

一、任务目标

预报因地铁基坑及隧道施工引起地下水位不正常下降而导致的地层沉陷，避免安全质量事故。

二、任务分析

地下水对地铁结构及周边环境有着巨大的影响，为了便于施工，地铁工程施工期间常常需要采取措施降低地下水位。地下水对土体的力学性质有重要影响，所以需要监测地下水位的变化情况。地下水位监测时，要充分考虑工程特点、地质条件、水文环境等制定监测方案。

三、仪器设备

地下水位监测的主要仪器为电测水位计、PVC塑料管。

四、监测方法

水位观测孔的埋设作业过程包括钻机成孔、井管加工、井管放置、回填砾料、洗井等内容。电测水位计的工作原理是：水为导体，当测头接触到地下水时，报警器发出报警信号，此时读取与测头连接的标尺刻度，此读数为水位与固定测点的垂直距离，再通过固定测点的标高换算出地下水位标高。

地铁施工到某些地段时，会采用地面降水井来降低地下水位，这时要将监测点布设在掌子面前方 10～20m 的降水井旁，以确定降水效果，为地铁施工提供地下水位的动态信息。

子任务 7.6.3　地下管线监测

一、任务目标

掌握地铁施工对沿线地下管线的影响。

二、任务分析

地铁建设可能扰动既有市政管线时，应加强对既有重点管线的变形监测，及时反馈变形信息，对指导地铁安全施工具有重要意义。

三、仪器设备

地下管线的监测内容包括垂直沉降和水平位移两部分。

四、监测方法

首先应对管线状况进行充分调查，包括管线埋置深度和埋设年代、管线种类、电压（气压）、管线接头形式、管线走向及与基坑的相对位置、管线的基础形式、地基处理情况、管线所处场地的工程地质情况、管线所在道路的地面交通状况。然后采用如下几种监测方法：管线位移采用全站仪极坐标测量的方法，量测管线测点的水平位移。管线沉降采用精密水准仪按二等水准测量的方法，测量管线测点的垂直位移。应注意，使用的基点应布置在施工影响范围以外稳定的地面上。管线裂缝使用裂缝观测仪进行观测。

管线通常都在城市道路下，尽可能不采用直接埋设的方式在管顶埋设测点。尽量采用在管线外露部分设直接测点，若管线无外露部分，则可通过从地面钻孔，埋入至管顶的钢筋的方式埋设测点，但要防止损坏管道。埋入管顶的钢筋与管顶接触的部分用砂浆黏合，并用钢管将钢筋套住，以使钢筋在随管线变形时不受相邻土层的影响。地下管线套筒式监测点示意图如图 7.9 所示。

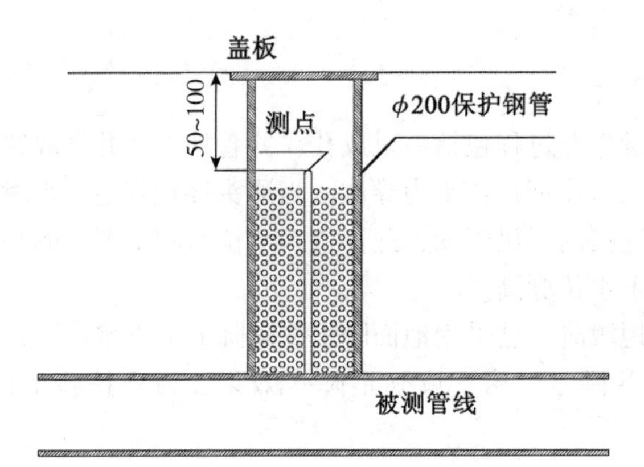

图 7.9　地下管线套筒式监测点示意图(单位：mm)

任务 7.7　隧道变形监测

为了及时了解隧道周边围岩的变化情况，在隧道施工过程中常常需要进行隧道周边位移量的监测，主要包括断面收敛监测、拱顶下沉监测、底板隆起监测等。

子任务 7.7.1　断面收敛监测

一、任务目标

掌握隧道施工过程中断面尺寸变化情况，进而掌握隧道整体变形情况。根据收敛位移量、收敛速度、断面的变形形态，判断围岩的稳定性、支护的设计(施工)是否妥当，确定衬砌的浇筑时间。

二、任务分析

在用矿山法和盾构法等进行地下结构施工时，需要对围岩、衬砌结构、衬砌环管片等进行收敛变形观测。收敛变形观测是保障结构安全和施工质量的手段之一，本任务介绍收敛变形观测的方法以及规范的相关规定。

《建筑变形测量规范》(JGJ 8—2016)规定了如下三种断面收敛监测的方法：

(1)固定测线法。主要用于测量特定位置的净空对向相对变形，是指在某断面设定两个及以上观测点进行收敛变形观测的方法。对一等和二等精度观测，应采用固定测线法。三等和四等精度观测也可以使用这种方法。

(2)全断面扫描法。主要用于测量净空断面的综合变形。用于一个断面的多个点的观测，常用于三等、四等精度观测。

(3)激光扫描法。主要用于测量连续范围的净空收敛变形，常用于三等、四等精度观测。

三、仪器设备

断面净空收敛监测主要采用收敛计或全站仪进行，收敛计如图 7.10 所示。

四、监测方法

1. 收敛计法

量测时在量测收敛断面上设置两个固定标点，而后把收敛计两端与之相连，即可测出两标点间的距离及其变化，每次连续重复测读三次读数，取平均值作为本次读数。

收敛计的量测原理是用机械的方法监测两测点间的相对位移，并通过百分表将读数放大以方便读取，两次读数差值即本次量测位移值。用弹簧给钢卷尺以恒定的张力；同时也牵动与钢卷尺相连的滑动管，通过滑动杆上的量程杆，推动百分表芯杆，使百分表产生读数，不同时刻所测得的百分表读数差值，即为两点间的相对位移数据。

断面收敛监测点与拱顶下沉监测点布置在同一断面上，每断面布设 2~3 条测线，埋设时保持水平。将圆钢弯成等边三角形，然后将一条边双面焊接于螺纹钢上，最后焊到安装好的格栅上，初喷后钩子露出砼面，用油漆做好标记，作为洞内收敛的监测点，如图 7.11 所示。洞内收敛计安装完成后如图 7.12 所示。

图 7.10　收敛计

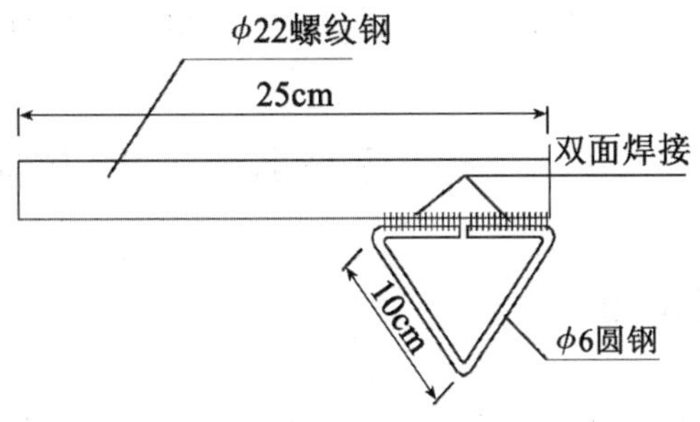

图 7.11　洞内收敛监测点预埋件布设图

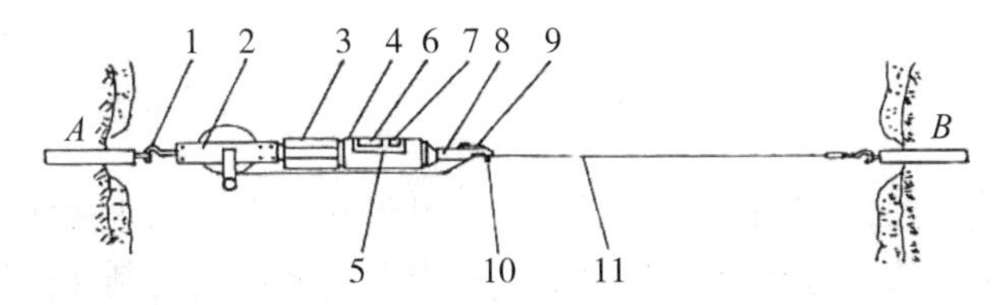

图 7.12　洞内收敛计工作示意图

2. 全站仪法

全站仪法断面收敛监测是指在断面线两端布设观测标志，使用全站仪的对边测量功能直接测出两个监测点的距离，从而判断断面净空收敛变化情况。

五、监测要求

(一)用收敛计进行断面收敛监测的要求

(1)监测点必须安装牢固，因为要受力。

(2)测头和挂钩必须匹配。

(3)安装后观测点和收敛尺的接触点要做符合性检查，测3次，较差不大于测线长度中误差的两倍。

(4)拉力要达到标定时的拉力，尺面平整、不扭曲。

(5)观测3次，较差不大于测线长度中误差的两倍时取算术平均值作为结果。

(6)应进行尺长改正和温度改正。温度测量一等、二等精度观测最小读数达到0.2℃，三等、四等精度观测最小读数达到1℃。

(二)用全站仪进行断面收敛监测的要求

(1)观测标志可以使用反射片、棱镜，免棱镜只能用于二等精度观测及以下。

(2)一等精度观测需要测角标称精度1″以及测距标称精度$(1+1\times D\times 10^{-6})$mm及以上精度的全站仪。二等以下精度观测需要2″以及$(2+2\times D\times 10^{-6})$mm的全站仪，如果使用免棱镜，要测定加常数并改正。

(3)对边测量要使用三维坐标测定两点间的距离。

(4)一等精度观测要观测2测回，测回较差1mm；二等精度观测要观测1测回，测回较差2mm。

子任务7.7.2　拱顶下沉监测

一、任务目标

掌握如何监测隧道顶板因上部空间土体重力作用引起的沉降，监视隧道拱顶的绝对下沉量，掌握断面的变形动态，判断支护结构的稳定性。

二、任务分析

拱顶下沉和净空收敛监测测点应布置在同一里程断面上，间距按实际情况确定。测点布置位置需考虑施工方法、地质条件等因素，采用专用元件或自制元件埋设。布点时需注意用作标志的钢筋方向和三角形面与隧道走向或水平面平行，埋设后应采取保护措施并做标识。

三、仪器设备

拱顶下沉监测主要采用精密水准仪和精密水准尺。

四、监测方法

(一)布点方法

拱顶下沉及净空变化量测点的埋设元件可购买成品，也可自制。采用 ϕ22 钢筋，长 30cm，端部用 ϕ8 钢筋焊接一个边长约为 5cm 的等边三角形，用于挂尺。

隧道开挖后按要求布点，用电锤或风钻钻眼，深约 40cm，然后将 ϕ22 钢筋插入孔内，并用砂浆填充。布点时拱顶钢筋应垂直于水平面，三角形面与隧道走向一致，侧壁钢筋应垂直于隧道中线，三角形面与水平面平行，钢筋头外露 2cm 左右，如图 7.13 所示。

(1)采用全断面开挖方式时，净空变化量测可设一条水平测线，拱顶下沉测点设在拱顶轴线附近，见图 7.13(a)。

(2)当采用台阶开挖方式时，净空变化量测在拱腰和边墙部位各设一条水平测线，拱顶下沉测点设在拱顶轴线附近，见图 7.13(b)。

(3)采用 CD 法或 CRD 法施工时，净空变化量测每分部设一条水平测线，拱顶轴线左、右两侧各设一拱顶下沉测点，见图 7.13(c)。

(4)当采用侧壁导坑法施工时，净空变化量测在左、右侧壁导坑各设一条水平测线，在左、右侧壁导坑拱顶各设一拱顶下沉测点；在开挖上部核心土部分时，在隧道两侧边墙设一水平测线，在拱顶设一拱顶下沉测点，见图 7.13(d)。

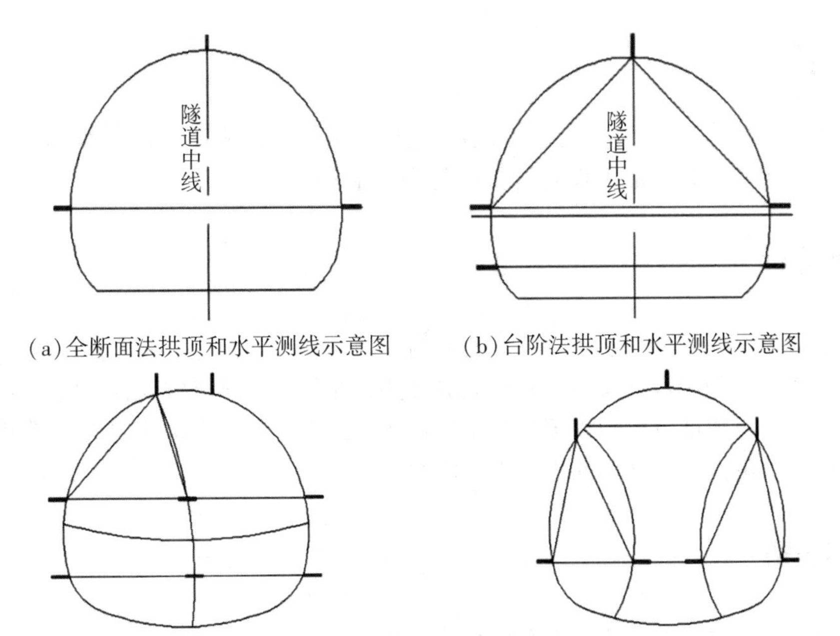

(a)全断面法拱顶和水平测线示意图　(b)台阶法拱顶和水平测线示意图

(c)CD 法或 CRD 法拱顶和水平测线示意图　(d)双侧壁导坑拱顶和水平测线示意图

图 7.13　不同开挖方式下的测点布设方法

(二)监测方法

采用精密水准仪按二等水准测量的方法，将经过校核的挂钩钢尺悬挂在拱顶测点上，测量拱顶测点的垂直位移。一般一座隧洞采用一个独立的高程系统，基准点不少于两个，一个用作日常监测，一个用作不定期校核。通过监测点相对于基准点的位移变化测定拱顶位移量。沉降计算方法如下：

上次相对基准点差值=上次后视-上次前视

本次相对基准点差值=本次后视-本次前视

本次沉降值=上次差值-本次差值

累积沉降值=上次累积沉降+本次沉降

五、监测要求

(1)测点应根据施工情况合理布置，并能反映围岩、支护的稳定状态，以指导施工。

(2)拱顶下沉测点原则上布置在拱顶轴线附近，当跨度较大或拱部采用分部开挖时，应在拱部增设测点。水平相对净空变化量测线的布置应根据施工方法、地质条件、量测断面所在位置、隧道埋置深度等条件确定。

(3)监测点埋设后应采取保护措施(如用塑料袋包裹，以防喷浆时粘上水泥浆而引起量测误差)，并做上醒目标识。

子任务7.7.3　底板隆起监测

一、任务目标

掌握隧道底板隆起监测的方法。隧道开挖后，隧道中土体重力卸除会引起底板的隆起变形，底板隆起监测是保证工程质量和安全的措施之一。

二、任务分析

对暗挖隧道的底板隆起监测，可在网喷施工时在同一断面上预留点作为拱顶沉降及底板隆起的监测点，利用水准尺倒立和正立的方法，测量各监测点的高程，每次所得高程与初值及前一次值对比即可得到拱顶下沉及底板隆起的变化值。盾构法隧道可利用管片螺栓的突出部位做监测点，用同样的方法进行监测。

三、仪器设备

底板隆起监测主要采用精密水准仪和精密水准尺。

四、监测方法

底板隆起监测点通常布设在隧道轴线上，通常与拱顶下沉监测点对应布设，为了防止监测点被破坏，通常用护盖将点标志盖住。底板隆起监测水准基点可与拱顶下沉监测基准点共用，监测方法也和拱顶沉降监测类似，用精密水准测量的方法测定基准点和监测点间的高差变化，以确定隆起量。底板隆起监测通常是和断面收敛监测、拱顶沉降监测同时进行的，即可根据底板隆起监测结果判断断面收敛情况。

五、监测要求

(1)隧道底板隆起和拱顶沉降监测作业时要注意避让机械及车辆；监测人员必须穿醒目的反光服装，确保监测人员安全；

(2)监测时应注意对周边环境的保护，每天对正在掘进的隧道进行巡视，细心检查成型隧道是否有裂纹、渗漏水情况或衬砌管片混凝土掉落的现象。

子任务 7.7.4 围岩内部位移监测

一、任务目标

测量隧道围岩内部监测点位移，从而分析隧道松弛范围，掌握隧道的稳定状态。

二、任务分析

隧道围岩岩体内位移监测结论对于判断围岩稳定性和保证施工安全与工程质量具有重要作用。围岩体内位移测量的仪器主要是多点位移计，用于观测沿着钻孔轴向的位移。多点位移计是一种位移传感器，主要用于测量分层变形情况。

三、仪器设备

围岩内部位移监测的仪器主要有单点位移计和多点位移计等。多点位移计是在一个钻孔内埋设多个测点的位移计，按照连接方式不同可分为并列式、串联式和滑动式三类。根据测点锚固方式分为弦式(钻孔伸长计、引伸计)和杆式(杆式多点位移计)两类。根据数据采集方式分为机械式(百分表、数显百分表、游标卡尺)和电测式(差动电阻式、电感式、振弦式)两类。位移计原理及使用方法见项目 2。

四、监测方法

1. 测点布设

结合隧道实际情况，选择隧道某处埋设一组围岩内部位移测量断面，分别在拱顶、左侧拱腰、右侧拱腰处各布设一组测点，如图 7.14 所示。

2. 杆式多点位移计安装及监测方法

如图 7.15 所示，埋设在岩体钻孔不同深度的各测点和定位体，通过薄壁 PVC 管、定位块、水泥砂浆与周围岩体连接为一体，共同变形，但固定在各定位块的测杆在 PVC 管中是自由的，不随岩体变形而变形。当围岩变形时由于水泥砂浆的黏结作用，PVC 管及定位块、定位体均随岩体变形而变形，由于测杆(不同深度)在PVC管中是自由的，不随岩体变形而移动，所以测杆顶部与定位面间会产生相对位移，通过测读装置量测相对位移变化，计算可得出隧道围岩内不同深度处的位移量(绝对值)。

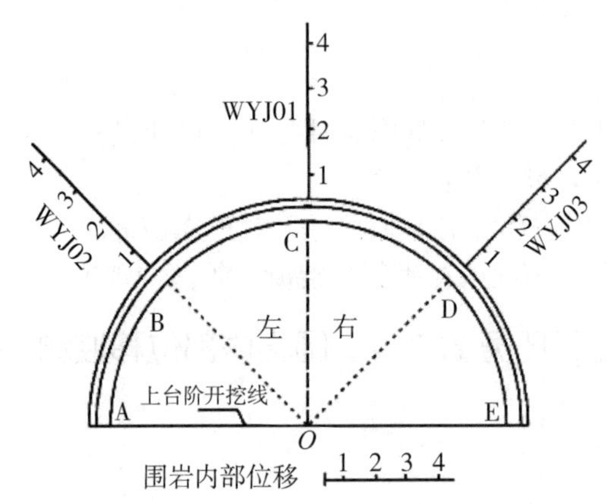

图7.14　围岩内部位移监测点布设示意图

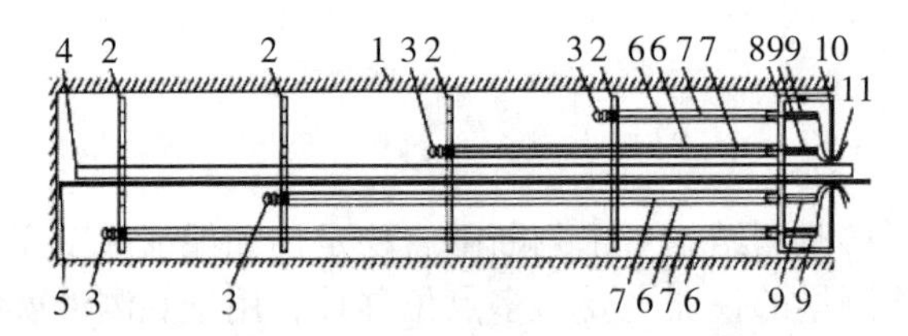

1—隧道围岩；2—位移测点定位块；3—位移测点；4—注浆管；5—排气管；6—PVC管；7—位移测杆；8—定位体；9—钢弦传感器；10—定位体后螺帽；11—导线

图7.15　杆式多点位移计结构示意图

3. 单点位移计的安装及监测方法

目前应用较多的单点位移计的构成是端部固定于钻孔底部的一根锚杆加上孔口的测读装置。位移计安装在钻孔中，锚杆体可用钢筋制作，锚固端用楔子与钻孔壁楔紧，自由端装有测头，可自由伸缩，测头平整光滑。定位器固定于钻孔口的外壳上，测量时将测环插入定位器，测环和定位器都有刻痕，插入测量时将两者的刻痕对准，测环上安装有百分表、千分表或深度测微计以测取读数。单点位移计安装可紧跟爆破开挖面进行。由单点位移计测得的位移量是洞壁与锚杆不动点之间的相对位移，若钻孔足够深，则孔底可视为位移很小的固定点，所以测量值可视为绝对值。不动点的深度与隧道周围的工程地质条件、断面尺寸、开挖方式和支护时间等因素有关。在同一测点处，若设置不同深度的位移计，可测得不同深度的位移量的变化曲线。单点位移计通常与多点位移计配合使用。

五、监测要求

(1)埋设仪器应规范化，孔径、孔向、孔深要满足仪器设备的埋设要求。

(2)应注意把测线整理好，放置在比较安全的地方。在钻爆法施工中，数据线受爆破、岩石飞出以及施工过程中各种作业机械影响较大。

(3)注浆要密实，否则根本不满足多点位移计结构原理要求，监测数据无法反映出围岩的真实变形量。

子任务 7.7.5　结构内力监测

一、任务目标

掌握仪器内力监测的常用方法，结构内力监测是为了解隧道结构在不同阶段的实际受力状态和变化情况，通过将实际监测值与设计计算值对比，验证设计方案的合理性，从而达到优化设计参数、改进设计理念的目的。

二、任务分析

结构内力监测包括衬砌混凝土应力应变、钢拱架内力、二次衬砌内钢筋内力监测等项内容。

三、仪器设备

结构内力监测的仪器有钢筋计、频率计和轴力计等。

四、监测方法

衬砌混凝土应力应变监测是在初期支护或二次衬砌混凝土内相关位置埋入应力计或应变计，直接测得该处混凝土内部的内力。

同样，若是钢筋混凝土结构，可以将相应位置的混凝土内主筋截断，以钢筋应力计取代受力，或者将应变计直接焊接在受力主筋上，从而测得该处受力主筋的应力应变值，通过变形协调原则即可算得结构衬砌内力。

五、监测要求

(1)应力应变计安装时尽可能使其处于不受力状态，特别是不应使其处于受弯状态；

(2)应力应变计上的导线应逐段捆扎在邻近的钢筋上，引到隧道内的测试匣中。

任务 7.8　地铁工程变形监测资料及报告

一、任务目标

(1)存档原始记录材料，计算及复核各期监测数据，制作单期监测报表并签字上交；

(2)汇总分析各期监测数据，绘制变形曲线，分析研判变形监测趋势及工程安全状况；

(3)能够完成整个监测项目的数据汇总、分析，得出结论，并编制变形监测总报告。

二、主要内容

(一)监测资料的整理

监测资料的整理工作包括如下内容：

(1)监测资料主要包括监测方案、监测数据、监测日记、监测报表、监测报告、监测工作联系单、监测会议纪要。

(2)采用专用的表格记录数据，保留原始资料，并按要求进行签字、计算、复核。

(3)根据不同原理的仪器和不同的采集方法，采取相应的检查和鉴定手段，包括严格遵守操作规程、定期检查维护监测系统。

(4)误差产生的原因及检验方法：误差产生主要有系统误差、过失误差、偶然误差等，对量测产生的各种误差采用对比检验、统计检验等方法进行检验。

表 7.6 为某地铁监测项目地表沉降监测数据表。图 7.16 为沉降监测曲线。

表 7.6　××市地铁 1 号线盾构施工监测××站(区间)地表沉降监测周报表

监测日期：2011.5.31~2011.6.06					仪器名称：Trimble DiNi03 电子水准仪						检定日期：			
测点编号	初始测量值/m	上期累计变形/mm	本期各次累计变形/mm							本期阶段变形/mm	本期累计变形/mm	平均变形速率/(mm/d)	沉降速率控制值/(mm/d)	
			5.31	6.01	6.02	6.03	6.04	6.05	6.06				平均速率	最大速率
DB02-01	10.63517	2.17	2.17	2.14	2.14	2.05	2.05	2.25	2.25	0.08	2.25	0.01	1	3
DB02-02	10.63541	-8.55	-8.55	-8.68	-8.68	-8.87	-8.87	-8.66	-8.66	-0.11	-8.66	-0.02	1	3
DB02-03	10.58147	2.02	2.02	2.02	2.02	2.02	2.02	2.02	2.02	0.00	2.02	0.00	1	3
DB02-04	10.61789	0.84	0.84	0.84	0.84	0.84	0.84	0.84	0.84	0.00	0.84	0.00	1	3
DB02-05	10.64013	1.00	1.00	1.00	1.00	1.00	1.00	1.00	1.00	0.00	1.00	0.00	1	3
DB02-06	10.76866	-9.21	-9.21	-9.21	-9.21	-9.21	-9.21	-9.21	-9.21	0.00	-9.21	0.00	1	3
DB02-07	11.06154	-0.96	-0.99	-1.06	-1.06	-0.98	-0.98	-1.27	-1.27	0.00	-0.96	0.00	1	3
DB03-01	11.00324	0.08	0.08	-0.07	-0.07	-0.36	-0.36	-0.09	-0.09	-0.17	-0.09	-0.02	1	3
DB03-02	10.90341	-9.98	-9.98	-10.14	-10.14	-10.54	-10.54	-10.13	-10.13	-0.15	-10.13	-0.02	1	3
DB03-03	10.86748	-4.16	-4.38	-4.45	-4.27	-4.55	-4.80	-4.80	-4.80	-0.64	-4.80	-0.09	1	3

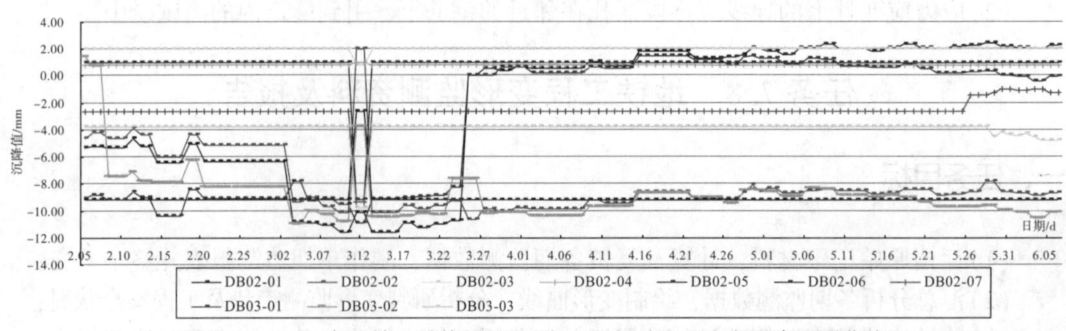

图 7.16　××市地铁 1 号线施工监测××站(区间)地表沉降监测曲线

表 7.7 为某地铁监测项目隧道收敛监测数据表。图 7.17 为收敛监测曲线。

表 7.7　　××市地铁 **1** 号线施工监测××区间隧道收敛监测周报表

监测日期：2011.5.31~2011.6.06			仪器名称：Trimble DiNi03 电子水准仪							检定日期：		
测点编号	初始测量值/m	上期累计变形/mm	本期各次累计变形/mm							本期阶段变形/mm	本期累计变形/mm	平均变形速率/(mm/d)
			5.31	6.01	6.02	6.03	6.04	6.05	6.06			
VII-1	3.88309	4.54	4.54	4.54	4.54	4.54	4.54	4.54	4.54	0.00	4.54	0.00
VIII-1	3.90117	-3.07	-2.67	-2.67	-2.67	-2.67	-2.67	-2.67	-2.67	0.41	-2.67	0.06
IX-1	3.90782	-72.62	-71.67	-71.67	-71.67	-71.67	-71.67	-71.67	-71.67	0.95	-71.67	0.14
X	3.95358	-30.49	-31.07	-31.02	-31.09	-31.09	-31.09	-31.09	-31.09	-0.61	-31.09	-0.09
XI	3.90989	-13.10	-13.47	-13.52	-13.34	-13.34	-13.10	-13.10	-13.10	0.00	-13.10	0.00
XII-1	3.94080	-0.78	-1.36	-1.08	-0.78	-0.78	-1.36	-1.36	-1.36	-0.58	-1.36	-0.08
KJK14C	3.79285	-53.62	-54.81	-54.72	-53.79	-53.79	-54.52	-54.11	-54.11	-0.49	-54.11	-0.07
KJK15C	3.70416	-10.05	-12.18	-11.65	-11.65	-11.65	-11.65	-11.65	-11.65	-1.60	-11.65	-0.23
XIII	3.98711	-28.92	-57.14	-52.38	-49.10	-49.10	-50.53	-50.53	-50.53	-21.61	-50.53	-3.09
XIV	3.95080	-19.23	-21.04	-19.37	-21.05	-21.05	-21.44	-21.01	-21.01	-1.78	-21.01	-0.25
KJK16C	3.69915	-2.66	-3.18	-4.17	-3.47	-3.47	-3.30	-3.83	-3.83	-1.18	-3.83	-0.17
KJK17C	3.95047	-1.22	-0.64	-0.64	-0.58	-0.58	-0.47	-1.17	-1.17	0.05	-1.17	0.01

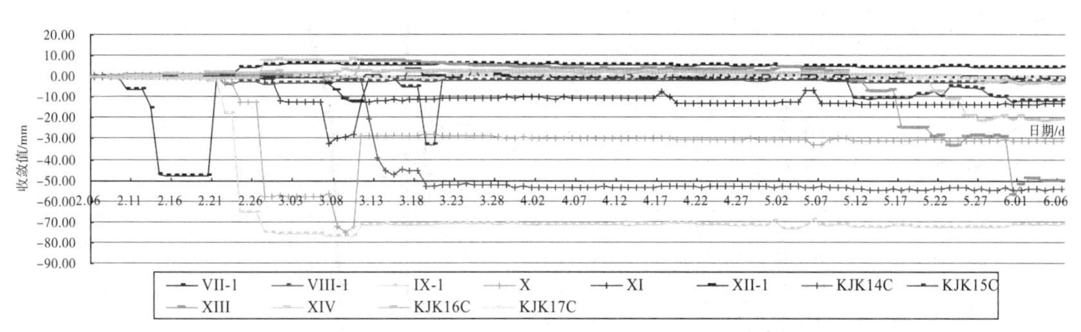

图 7.17　××市地铁 1 号线施工监测××区间隧道收敛监测曲线

(二)监测资料的分析

监测结果的分析处理是指对监测数据及时进行处理和反馈，预测基坑隧道及支护结构的稳定性，提出施工指导意见，确保工程的顺利推进。监测工作应分阶段、分工序对量测结果进行总结和分析。

(1)数据处理：将原始数据通过科学、合理的方法，用频率分布的形式把数据分布情况显示出来，进行数据的数值特征计算，舍掉离群数据。

(2)曲线拟合：根据各监测项选用对应的反映数据变化规律和趋势的函数表达式，进行曲线拟合，根据现场量测数据及时绘制对应的位移-时间曲线或图表，当位移-时间曲线趋于平缓时，进行数据处理或回归分析，以推算最终位移量和掌握位移变化规律。

(3)通过监测数据分析，掌握围岩、结构受力变化规律，确认和修正有关设计参数。

表 7.8 为××地铁 6 号线××站基坑围护桩变形监测数据表，右侧为水平位移曲线。

表 7.8　　**××地铁 6 号线××站基坑围护桩变形监测数据**

桩号：Z5　　桩长：20m　　监测日期：××××年××月××日

××基坑支护桩测斜仪观测成果表						
深度	初始值	观测值/mm		变形值	累计值/mm	
m	mm	5 月 10 日	5 月 20 日	mm	5 月 10 日	5 月 20 日
0.5	237.67	240.53	242.21	1.68	2.86	4.54
1.0	235.42	238.51	240.17	1.66	3.09	4.75
1.0	233.15	235.95	237.51	1.56	2.80	4.36
2.0	225.49	228.16	229.84	1.68	2.67	4.35
2.5	195.36	197.95	199.57	1.62	2.59	4.21
3.0	154.87	157.16	158.82	1.66	2.29	3.95
3.5	139.12	141.32	142.96	1.64	2.20	3.84
4.0	136.06	138.29	139.92	1.63	2.23	3.86
4.5	134.68	136.71	138.35	1.64	2.03	3.67
5.0	129.74	131.73	133.25	1.52	1.99	3.51
5.5	122.37	124.19	125.63	1.44	1.82	3.26
6.0	113.52	115.41	116.80	1.39	1.89	3.28
6.5	108.38	110.09	111.43	1.34	1.71	3.05
7.0	104.29	105.90	107.18	1.28	1.61	2.89
7.5	98.68	99.96	101.25	1.29	1.28	2.57
8.0	93.15	94.57	95.80	1.23	1.42	2.65
8.5	87.16	88.35	89.51	1.16	1.19	2.35
9.0	81.54	82.71	83.90	1.19	1.17	2.36
9.5	73.06	74.33	75.47	1.14	1.27	2.41
10.0	67.52	68.77	69.80	1.03	1.25	2.28
10.5	66.95	68.17	69.16	0.99	1.22	2.21
11.0	65.45	66.82	67.77	0.95	1.37	2.32
11.5	63.54	64.83	65.72	0.89	1.29	2.18
12.0	62.54	63.53	64.45	0.92	0.99	1.91
12.5	61.02	62.17	63.05	0.88	1.15	2.03
13.0	59.68	60.84	61.63	0.79	1.16	1.95
13.5	58.62	59.56	60.31	0.75	0.94	1.69
14.0	56.52	57.46	58.17	0.71	0.94	1.65
14.5	53.57	54.31	54.95	0.64	0.74	1.38
15.0	51.52	52.44	52.98	0.54	0.92	1.46
15.5	48.65	49.63	50.19	0.56	0.98	1.54
16.0	46.68	47.53	48.02	0.49	0.85	1.34
16.5	43.52	44.28	44.70	0.42	0.76	1.18
17.0	38.54	39.05	39.52	0.47	0.51	0.98
17.5	48.00	48.85	49.23	0.38	0.85	1.23
18.0	27.36	28.18	28.50	0.32	0.82	1.14
18.5	22.85	23.74	23.93	0.19	0.89	1.08
19.0	17.47	18.37	18.62	0.25	0.90	1.15
19.5	13.32	14.22	14.35	0.13	0.90	1.03
20.0	8.34	9.14	9.23	0.09	0.80	0.89

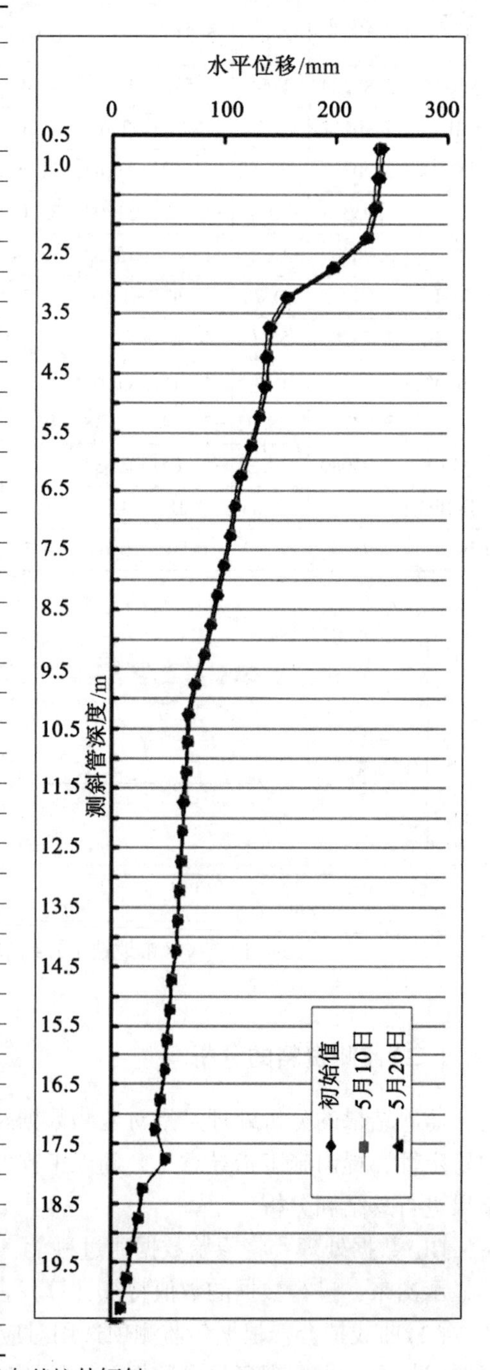

注：位移值中，正值表示向基坑内倾斜，负值表示向基坑外倾斜。

任务 7.9　地铁工程变形监测案例

一、任务目标

(1)通过一个完整的工程案例系统地了解地铁工程变形监测基础知识；

(2)掌握地铁工程变形监测方案设计、实施及变形监测报告编写方法。

二、主要内容

(一)工程概况

工程名称：××地铁 2 号线第九标段监测项目。

本标段包含一个车站和一个区间，即青年公园站和青年公园站至工业展览馆站区间。青年公园站位于青年大街与滨河路交叉路口处，车站跨交叉路口设置，主体位于青年大街道路正下方，呈南北走向。车站计算站台中心里程为 K11+028，路口西北角为供电公司用电监察大队的 13 层办公楼和院内地面停车场；东北角为 5~27 层的银基国际商务中心及凯宾斯基大酒店；路口东南角和西南角分别为沿河绿地和公共公园，紧邻南运河。

青年公园站至工业展览馆站区间包括盾构区间、联络通道及进、出口洞门。起点里程为 K11+130.4，终点里程为 K12+253.1，区间长度为 1122.7m。区间隧道为单洞单线圆形断面，盾构法施工，线间距最大为 15m，最小为 12m。线路纵向呈“人”形坡，最大纵坡为 5‰。区间设一个联络通道，里程为 K11+680。

本合同段地表高程变化平缓，最大高差 3.59m。本区横跨两个地貌单元：第四系浑河高漫滩及古河道地貌和第四系浑河底漫滩地貌。

设计及现场调查的资料显示，青年公园站主体结构主要位于青年湖一角，周围建筑物较远。1 号风井与北侧建筑物的距离为 20m，根据现有资料，初步调查无较大管线影响。

青年公园站至工业展览馆站暗挖区间段 K11+130.4—K11+700 在青年公园范围内，建筑物很少，K11+700—K12+253.1 两侧建筑物大部分在沉降影响范围内，此段房屋沉降及倾斜监测任务量比较大。

(二)监测的主要任务

本项目施工监测的主要任务包括：

(1)通过对地表变形、围护结构变形、隧道开挖后侧壁围岩内力的监测，掌握围岩与支护的动态信息并及时反馈，指导施工作业和确保施工安全。

(2)经量测数据的分析处理与必要的计算后，进行预测和反馈，以保证施工安全和地层及支护的稳定。

(3)对量测结果进行分析，总结经验可应用到其他类似工程中。

(三)监测的项目及仪器

1. 监测项目

为确保施工期间工程结构本身及周边建筑物的稳定和安全，结合该段地形地质条件、支护类型、施工方法等，确定监测项目和使用的监测仪器。监测项目见表7.9、表7.10。

表7.9　**青年公园站施工监测项目汇总表**

序号	监测项目	监测方法与仪表	监测范围	测点间距	测试精度	测量时间间隔				预警数值	备注
						1~7d	7~15d	15~30d	>30d		
1*	基坑观察	现场观察	基坑外围	随时进行	1mm	12h	1d	2d	3d	20mm	
2*	基坑周围地表沉降	精密水准铟钢尺	周围一倍开挖深度	长、短边中点且间距<50m	1mm	12h	1d	2d	3d	20mm	
3*	桩顶位移	全站仪	桩顶冠梁	长、短边中点且间距<50m	2mm	12h	1d	2d	3d	20mm	
4*	桩体变形	测斜管测斜仪	桩体全高	长、短边中点竖向间距2m	5mm	12h	1d	2d	3d		基坑深度变化处增加
5	地下水位	水位管水位仪	基坑周边	基坑四角点、长短边中点	1.0kps	12h	1d	2d	3d		降水单位负责
6	桩内钢筋应力应变	钢筋计应变仪	桩体全高	长、短边中点竖向间距2m	<1/100 FS	12h	1d	2d	3d		基坑深度变化处增加
7*	支撑轴力	轴力计应变仪	支撑端部或中部	长、短边中点且间距<50m	<1/100 FS	12h	1d	2d	3d	75%F(轴)	基坑深度变化处增加
8	土压力	土压力盒	迎土侧和背土侧	长、短边中点竖向间距5m	1mm	12h	1d	2d	3d		
9*	房屋沉降及倾斜	经纬仪精密水准	基坑周边建筑物	随时进行		12h	1d	2d	3d	19mm	

注：标有*为必测项目，其余为选测项目。

表7.10　**青年公园站至工业展览馆站区间隧道监测项目汇总表**

序号	测量项目	方法及工具	测点间距	量测频率（距开挖、模筑后的时间）			控制值	警戒值
				1~15d	16~30d	31~90d		
1	地质观察	观察、描述	每个施工周期	开挖支护后立即进行				
2	洞周收敛	收敛计	拱顶及洞周收敛测点每隔5~10m一组	2次/d	1次/2d	2次/周	20mm	14mm
3	拱顶下沉	精密水准仪、水准尺、钢尺	每隔5~10m一组	2次/d	1次/2d	2次/周	30mm	21mm

续表

序号	测量项目	方法及工具	测点间距	量测频率（距开挖、模筑后的时间）			控制值	警戒值
				1~15d	16~30d	31~90d		
4	地表沉降	精密水准仪	每隔 5~10m 一组	2 次/d	1 次/2d	2 次/周	30mm	21mm
5	底部隆起	精密水准仪、水准尺、钢尺	每隔 5~10m 一组	2 次/d	1 次/2d	2 次/周	20mm	12mm
6	地下水位	水位仪	纵向间距 30m	1 次/d	1 次/周	1 次/月		
7	周边建筑物、管线沉降	水准仪、铟钢尺	建筑物四角、管线接头	2 次/d	1 次/2d	2 次/周	20mm	14mm
8	周边建筑物、管线裂缝	裂缝观察仪	建筑物四角、管线接头	2 次/d	1 次/2d	2 次/周	不出现裂缝	不出现裂缝
9	周边建筑物、管线倾斜	经纬仪、水准仪、觇牌、铟钢尺	建筑物四角、管线接头	2 次/d	1 次/2d	2 次/周		

2. 监测仪器

(1)从可靠性、坚固性、通用性、经济性、测量原理和方法、精度和量程等方面综合考虑选择监测仪器。

(2)监测仪器和元件在使用前进行检定和调试。

(3)施工监测仪器见表 7.11。

表 7.11 **施工监测仪器汇总表**

仪器名称	规格型号	单位	数量
全站仪	Leica402	台	1
精密水准仪	LeicaDNA03	台	1
铟钢尺	2m	个	2
频率接收仪	SS-2	台	1
钢弦应变计		个	20
测斜仪		台	1
游标卡尺	0~150mm	个	1
土压力计		个	30
收敛计		个	1
水压力计		个	50

(四)监测数据处理与应用

量测数据的分析与反馈，用于修正设计支护参数及指导施工、调整施工措施等。

1. 量测数据散点图和曲线

现场量测数据处理，即及时绘制位移-时间曲线(或散点图)，一般选一种。在位移(u)-时间(t)关系曲线的时间横坐标下，应注明施工工序和开挖工作面距量测断面的距离。

将现场量测数据绘制成 u-t 时态曲线(或散点图)和空间关系曲线。

(1)当位移-时间关系趋于平缓时，进行数据处理和回归分析，以推算最终位移和掌握位移变化规律；

(2)当位移-时间关系曲线出现反弯点时，则表明地层和支护已呈不稳定状态，此时应密切监视地层动态，并加强支护，必要时应立即暂停开挖，采取停工加固并进行支护处理。

(3)根据位移-时间关系曲线的形态来判断地层稳定性的标准，岩体变形曲线分为三个区段，围岩岩体的蠕变曲线见图7.18。

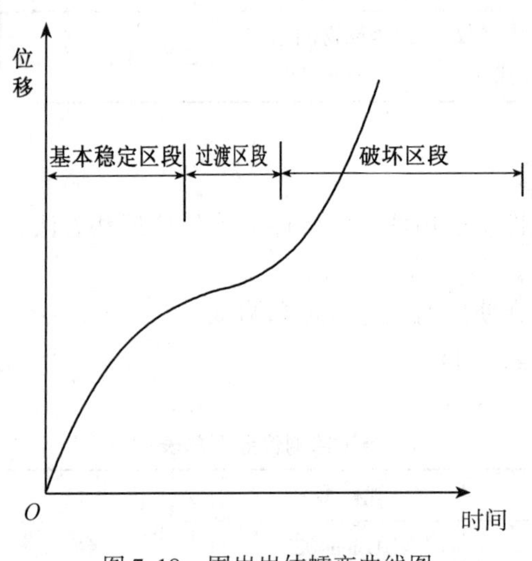

图7.18　围岩岩体蠕变曲线图

①基本稳定区段：主要标志是变形速率不断下降，即$\frac{d^2u}{dt^2}<0$，为一次蠕变区，表示地层趋于稳定，其支护结构是安全的；

②过渡区段：变形速率较长时间保持不变，即$\frac{d^2u}{dt^2}=0$，为二次蠕变区，应发出警告，及时调整施工程序，加强支护系统的刚度和强度；

③破坏区段：变形速率逐渐增加，即$\frac{d^2u}{dt^2}>0$，为三次蠕变区，曲线出现反弯点，表示地层已达到危险状态，必须立即停工加固。

地层稳定性判别标准比较复杂，在评定地层稳定程度时应根据工程的具体情况综合分析。

2. 地质预报

(1)对照地质勘察报告，对施工过程中可能遇到的突涌水点、地下水的水量大等不良地质进行预报，提出应急措施和处理建议。

(2)根据地层的稳定状态，对可能发生坍方、地层滑动、突泥涌水的不稳定地层进行预报，提出应急措施和处理建议。

(3)根据地层稳定状态，检验和修正围岩类别。

(4)根据修正的围岩分类，检验初步的设计支护参数是否合理，如不合理建议业主方予以修正。

(5)根据地质预报，结合对已作初衬实际工作状态的评价，预先确定下一循环的支护参数和施工措施。

3. 沉降与水平位移数据分析

对量测数据进行整理，按照项目9中的方法，绘制沉降量-时间曲线和水平位移-时间曲线，根据曲线表现的形态进行分析判断，提出相应措施。

4. 钢支撑轴力数据分析与反馈

(1)将频率仪接收的频率按公式换算成钢支撑轴力。

(2)将设计轴力与测出的钢支撑轴力对照，分析钢支撑的受力状态。

(3)如果钢支撑轴力超过允许值，采取改变支撑体系的措施确保施工安全。

(五)监测控制标准和预警值

施工中监测的数据应及时进行分析处理和反馈，确保围岩、围护结构、地面建筑物的稳定和安全。

根据施工具体情况，会同设计、监理及有关专家设定变形值、内力值及变化速率警戒值，当发现异常情况时，及时报告主管工程师和监理工程师，并将情况通报给业主和有关部门，共同研究控制措施。

习题及答案

一、单项选择题

1. 地铁隧道断面收敛监测常用(　　)。

A. 收敛计　　B. 钢筋计　　C. 温度计　　D. 压力计

2. 以下不属于隧道断面收敛监测方法的是(　　)。

A. 固定测线法　　B. 全断面扫描法　　C. 激光扫描法　　D. 导线测量法

3. 隧道拱顶下沉监测主要使用(　　)方法。

A. 精密水准测量法　　B. 导线测量法

C. 前方交会法　　D. 后方交会法

4. 地铁隧道围岩内部位移监测主要使用(　　)。

A. 温度计　　B. 土压力计　　C. 多点位移计　　D. 测缝计

5. 地铁基坑基底回弹监测主要使用(　　)

A. 经纬仪　　B. 沉降仪　　C. 钢筋计　　D. 土压力盒

二、多项选择题

1. 地铁隧道施工方法包括(　　)。
   A. 明挖回填法　　B. 盖挖逆筑法　　C. 喷锚暗挖法　　D. 盾构掘进法
2. 以下属于地铁基坑围护结构监测的是(　　)。
   A. 桩墙顶水平位移与沉降监测　　B. 桩墙挠曲监测
   C. 桩墙内力监测　　D. 钢支撑结构水平轴力监测
3. 以下属于地铁暗挖监测项目的是(　　)。
   A. 洞内水平收敛　　B. 拱顶下沉拱底隆起
   C. 围岩内部位移　　D. 衬砌混凝土应力
4. 地铁隧道结构内力监测包括(　　)。
   A. 衬砌混凝土应力应变　　B. 钢拱架内力
   C. 二次衬砌内钢筋内力监测　　D. 桩墙顶水平位移与沉降
5. 以上属于沉降监测“五定”的有(　　)。
   A. 固定人员　　B. 固定仪器　　C. 固定线站　　D. 固定观测方法
   E. 固定观测尺

三、判断题

1. 测斜管埋设前应检查测斜管质量，测斜管连接时应保证上、下管段的导槽相互对准、顺畅，各段接头及管底应保证密封，测斜管管口、管底应采取保护措施。　(　　)

2. 地铁围护桩墙内力监测宜取土方开挖前连续3d获得的稳定测试数据的平均值作为初始值。　(　　)

3. 锚索(杆)轴力及拉拔力监测时，拉拔仪在测试过程中应固定可靠，拉拔时应缓慢地逐级平均加载。　(　　)

4. 土压力监测时，无论是哪种型号的压力传感器，在埋设之前必须进行稳定性、水密性的检验和压力标定、温度标定等工作。　(　　)

5. 断面收敛监测是指测定隧道顶部下沉或者底部隆起的监测工作。　(　　)

四、简答题

1. 地铁基坑监测包括哪些内容？
2. 地铁工程土体介质监测包括哪些内容？
3. 地铁工程周围环境监测包括哪些内容？
4. 地铁隧道工程监测包括哪些内容？

答案

项目8　水利工程变形监测

【项目简介】

本项目主要介绍水利工程变形监测的目的和意义、等级和精度要求。掌握水利工程变形监测技术设计编写方法、水利工程变形监测的内容与方法(竖直位移、水平位移、倾斜、裂缝等)，掌握水利工程变形监测数据资料整理方法，再通过一个具体案例学习水利工程变形监测的全部内容。

【教学目标】

1. 了解水利工程变形监测基础知识，掌握水利工程变形监测的目的与意义、特点及分类；

2. 掌握水利工程变形监测的主要内容、监测方法、监测精度及监测周期等要求，了解水利工程变形监测技术的发展情况。

项目单元教学目标分解

目标	内　　容
知识目标	1. 掌握水利工程变形监测的目的、意义、等级和精度要求； 2. 掌握土石坝安全监测的内容与方法、混凝土坝安全监测的内容与方法； 3. 掌握水利工程变形监测资料的整理方法，水利工程变形监测技术设计和总结报告的编写方法。
技能目标	1. 能够编写水利工程变形监测技术设计方案及技术总结报告； 2. 能够按照要求完成土石坝、混凝土坝变形监测各监测项目的布点、外业观测工作； 3. 能够完成水利工程变形监测数据资料的整理、变形监测曲线的绘制、日报告提交、变形趋势及危害情况的分析、变形临界点的判定、变形监测总报告的编写。
态度及思政目标	1. 培养学生“热爱祖国、忠诚事业、艰苦奋斗、无私奉献”的测绘行业精神； 2. 培养学生“精益求精、敬业笃行、严守规范、质量至上”的测绘工匠精神； 3. 培养学生在水利大坝、水电站等环境中的作业安全意识，培养学生吃苦耐劳的专业素质和劳动精神。

任务8.1　水利工程变形监测概述

一、任务目标

(1)了解水利工程变形监测的目的、意义、等级及精度要求；

(2)明确水利工程施工变形监测的基本要求、技术设计方法及依据。

二、任务分析

水利工程变形监测主要是指大坝和近坝区岩体的变形监测以及水库库岸的稳定性监测，对于超大型水库还应考虑库区地形的形变监测，以监测水库是否会诱发地震。水利工程变形监测的主要内容有：水平位移、垂直位移、倾斜、挠度、应力应变及接缝(裂缝)监测等。与其他测量工作相比，水利工程变形监测的特点是：观测对象是水利设施的变形量，精度要求高；需多次重复观测，并要综合应用各种观测方法；要进行严密的数据处理；需要多学科的配合。本章的重点是各种水利工程的监测方法和对所得到的变形监测资料成果的分析和处理，具体包括数据处理、几何分析、物理解释等，要求学生掌握大坝、坝基和堤防工程的监测方法以及对各种监测资料的处理方法。

三、主要内容

(一)水利工程大坝和坝基安全监测设计的目的

大坝安全监测有校核设计、改进施工和评价大坝安全状况的作用，且重在评价大坝安全。大坝安全监测的浅层意义是为了准确掌握大坝性态；深层意义则是为了更好地发挥工程效益、节约工程投资。大坝安全监测不仅是为了被监测坝的安全评估，还要有利于其他大坝包括待建坝的安全评估。具体来说，大坝安全监测设计的主要目的是：保障构筑物安全运行，充分发挥工程的效益，检验、提高设计水平，改进施工方法。

(二)水利工程大坝和坝基安全监测设计的要求

水利工程大坝和坝基安全监测设计前，要先了解监测的原理和方法，熟悉工程设计文件，了解要监测的主要内容。关系大坝安全的因素存在的范围大，包括的内容多，如泄洪设备及其电源的可靠性、上游淤积及下游冲刷、周边范围内大规模的施工(特别是地下施工爆破)等。大坝安全监测的范围应根据坝址、枢纽布置、坝高、库容、投资及失事后果等确定，根据具体情况由坝体、坝基推广到库区及梯级水库大坝，大坝安全监测的时间应从设计时开始直至运行管理，大坝安全监测的内容不仅包括坝体结构及地质状况，还应包括辅助机电设备及泄洪消能建筑物等。

大坝安全监测是针对具体大坝的具体时期作出的，一定要有鲜明的针对性。第一，时间上的针对性。大坝施工期、初次蓄水期和大坝老化期是大坝最容易出现安全问题的时期，在施工及初次蓄水阶段监测的重点应是设计参数的复核和施工质量的检验。第二，空间结构上的针对性。针对具体的坝址、坝型和结构有针对性地加强监测，如针对面板堆石坝的面板与趾板之间的防渗、碾压混凝土坝的层间结构、库岸高边坡的稳定等。另外，还需要选择先进的监测方法和设施，并考虑经济性和合理性。

任务 8.2 土石坝安全监测

一、任务目标

(1)了解土石坝安全监测的目的、意义、等级及精度要求；
(2)明确土石坝安全监测的基本要求、技术设计方法及依据。

二、任务分析

土石坝安全监测所遵循的规范为《土石坝安全监测技术规范》(SL 551—2012)，该规范主要适用于水利水电工程等级划分及设计标准中的 1 级、2 级、3 级碾压式土石坝的安全监测。4 级、5 级碾压式土石坝以及其他类型的土石坝的安全监测可参照执行。

土石坝安全监测范围主要包括土石坝的坝体、坝基、坝端和与坝的安全有直接关系的输泄水建筑物和设备，以及对土石坝安全有重大影响的近坝区岸坡。

三、主要内容

1. 土石坝安全监测采用的主要方法

土石坝安全监测方法包括巡视检查和用仪器进行监测，仪器监测应和巡视检查相结合。

2. 土石坝安全监测项目及内容

土石坝安全监测项目主要包括坝体(基)的表面变形和内部变形，防渗体变形，界面、接(裂)缝和脱空变形，近坝岸坡变形以及地下洞室围岩变形等。表面变形监测用的平面坐标及高程系统，应与设计、施工和运行诸阶段的控制网坐标系统相一致，有条件的工程应与国家等级控制建立联系。

土石坝的安全监测，应根据工程等级、规模、结构形式及其地形、地质条件和地理环境等因素，设置必要的监测项目，定期进行系统的监测。《土石坝安全监测技术规范》(SL 551—2012)规定各类监测项目及其设置见表 8.1。

表 8.1 **安全监测项目分类和选择表**

序号	监测类别	监 测 项 目	建筑物级别		
			1	2	3
一	巡视检查	坝体、坝基、坝区、输泄水洞(管)、溢洪道、近坝库岸	★	★	★
二	变形	1. 坝体表面变形； 2. 坝体(基)内部变形； 3. 防渗体变形； 4. 界面及接(裂)缝变形； 5. 近坝岸坡变形； 6. 地下洞室围岩变形	★ ★ ★ ★ ★ ★	★ ★ ★ ★ ☆ ☆	★ ☆

续表

序号	监测类别	监 测 项 目	建筑物级别		
			1	2	3
三	渗流	1. 渗流量； 2. 坝基渗流压力； 3. 坝体渗流压力； 4. 绕坝渗流； 5. 近坝岸坡渗流； 6. 地下洞室渗流	★ ★ ★ ★ ★ ★	★ ★ ★ ★ ☆ ☆	 ★ ☆ ☆ ☆
四	压力（应力）	1. 孔隙水压力； 2. 土压力； 3. 混凝土应力应变	★ ★ ★	☆ ☆ ☆	
五	环境量	1. 上、下游水位； 2. 降水量、气温、库水温； 3. 坝前泥沙淤积及下游冲刷； 4. 冰压力	★ ★ ☆ ☆	★ ★ ☆	★ ★
六	地震反应		☆	☆	
七	水力学		☆		

注：1. ★为必设项目；☆为一般项目，可根据需要选设。

2. 坝高小于 20m 的低坝，监测项目选择可降一个建筑物级别考虑。

3. 土石坝安全监测原则

土石坝安全监测工作应遵循如下原则：

（1）监测仪器、设施的布置，应密切结合工程具体条件，突出重点，兼顾全面。相关项目应统筹安排，配合布置。

（2）监测仪器、设施的选择，要在可靠、耐久、经济、实用的前提下，力求先进和便于自动化监测。

（3）监测仪器、设施的安装埋设，应及时到位，专业施工，确保质量。仪器、设施安装埋设时，宜减少对主体工程施工的影响；主体工程施工应为仪器设施安装埋设提供必要的条件。

（4）应保证在恶劣条件下，仍能进行必要项目的监测。必要时，可设专门的监测站（房）和监测廊道。

4. 土石坝安全监测正负号规定

土石坝安全监测的正负号应遵守以下规定：

（1）水平位移：向下游为正，向左岸为正，反之为负。

（2）垂直位移：下沉为正，上升为负。

（3）界面、接（裂）缝及脱空变形：张开（脱开）为正，闭合为负。相对于稳定界面（如混凝土墙、趾板、基岩岸坡等）下沉为正，反之为负；向左岸或下游为正，反之为负。

(4)面板挠度：沉陷为正，隆起为负。

(5)岸坡变形：向坡外(下)为正，反之为负。

(6)地下洞室围岩变形：向洞内为正(拉伸)，反之为负(压缩)。

5. 土石坝安全监测精度要求

坝体及近坝岸坡表面监测点，其垂直位移与水平位移监测精度相对于临近工作基点应不大于±3mm。对于特大型及特殊工程的表面监测点，其监测精度可依据具体情况确定。

四、注意事项

土石坝安全监测工作应遵守如下规定：

(1)表面垂直位移及水平位移监测，宜共用一个测墩，并兼顾坝体内部变形监测断面布置。坝体内部垂直位移及水平位移监测，宜在横向、纵向及垂向兼顾布置，相互配合。

(2)表面变形监测基准点应设在不受工程影响的稳定区域，工作基点可布设在工程相对稳定位置，各类监测点应与坝体或岸坡牢固结合。基准点、工作基点和监测点均应建可靠的保护设施。

(3)内部变形监测采用的沉降管、测斜管和多点位移计等线性测量设备，底端应布设在相对稳定的部位，其延伸至表面的端宜设表面变形监测点。

子任务 8.2.1　土石坝坝体表面变形监测

一、任务目标

(1)熟悉土石坝坝体表面变形监测常用的仪器设备；

(2)掌握土石坝坝体表面变形监测采用的主要方法。

二、任务分析

坝体表面变形监测内容包括坝面的垂直位移和水平位移。

三、主要内容

(一)土石坝表面变形监测设计

1. 土石坝表面变形监测点的布置要求

土石坝表面变形监测点布置应符合以下规定：

(1)表面变形监测点宜采用断面形式布置。断面分为垂直坝轴线方向的监测横断面和平行坝轴线方向的监测纵断面。

(2)监测横断面应选在最大坝高或原河床处、合龙段、地形突变处、地质条件复杂处以及坝内埋管或可能异常处，一般不少于 3 个。

(3)监测纵断面一般不少于 4 个，在坝顶的上游、下游两侧应布设 1~2 个；在上游坝坡正常蓄水位以上应布设 1 个，正常蓄水位以下可根据需要设置临时监测断面；下游坝坡 1/2 坝高以上宜布设 1~3 个；1/2 坝高以下宜布设 1~2 个。对软基上的土石坝，还应在下游坝趾外侧增设 1~2 个。当为心墙坝时，应在坝顶心墙轴线布置监测纵断面。

(4)监测横断面间距，当坝轴线长度小于 300m 时，宜取 20~50m；坝轴线长度大于 300m 时，宜取 50~100m。

(5)应在纵横监测断面交点部位布设监测点，对 V 形河谷中的高坝和坝基地形变化陡峻坝段，靠近两岸部位的纵向测点应适当加密。

2. 土石坝水平位移监测网的布置要求

土石坝水平位移监测网布置应符合以下规定：

(1)水平位移监测网由基准点、工作基点及其他网点构成，可采用三角网、GNSS 网、精密导线等建网方式，也可将水平、垂直位移监测联合建立三维网。

(2)基准点应选择在工程影响以外区域，一般布置在土石坝下游地质条件良好、基础稳固、能长久保存的位置，平面基准点数量不应少于 3 个。工作基点应选择在靠近工程区、基础相对稳定、方便监测的位置，其数量及分布应满足监测控制的需要。

(3)依据拟定的监测方法，对基准点、工作基点及其他网点组成的水平位移监测网，按构成图形进行精度估计和可靠性、灵敏度指标分析，确定监测方案。

(4)经优化设计按最小二乘精度估算的最弱工作基点相对于邻近基准点的点位中误差不应大于±2mm，为保证监测成果的可靠性，网的平均多余监测分量不应小于 0.3。

(5)仅采用视准线法进行水平位移监测的土石坝工程，可不建立水平位移监测网，但应在测线两岸延长线上布置工作基点和校核基点。

3. 土石坝垂直位移监测网的布置要求

土石坝垂直位移监测网布置应符合以下规定：

(1)垂直位移监测网由水准基点和水准工作基点组成，宜布设由闭合环或附合线路构成的节点网，采用几何水准方法监测。

(2)水准基点应选择在土石坝下游不受工程变形影响的稳定区域，设置数量要求不少于 3 座；每一独立监测部位均应设置 1~2 座水准工作基点，并将其全部纳入垂直位移监测网。

(3)依据水准基点和水准工作基点位置拟定垂直位移监测网监测路线及图形，通过精度估计，确定水准测量的仪器设备及施测等级，要求最弱水准工作基点相对于邻近水准基点的高程中误差不应大于±2mm。

(二)土石坝表面变形监测设施安装埋设要求

土石坝表面变形监测设施安装埋设应符合以下规定：

(1)监测网点应按设计坐标进行实地放样，结合现场地形、地质条件可在 20m 范围内进行位置调整，否则应重新估计点位精度。

(2)水平位移基准点、工作基点和监测点标型宜采用带有强制对中基座的混凝土监测墩，基座的对中误差不超过±0.1mm。基准点或工作基点位置应具有良好视线(对空)条件，视线高出(旁离)地面或障碍物距离应在 1.5m(2.0m)以上，并远离高压线、变电站、发射台站等，避免强电磁场的干扰。监测点旁与障碍物距离应在 1.0m 以上。

(3)水平位移基准点、工作基点建在基岩上的，可直接凿坑浇筑混凝土埋设，具体要求见图 8.1(a)；建在土基上的，应对基础进行加固处理，具体要求见图 8.1(b)。水平、垂直位移监测点应与被监测部位牢固结合，能切实反映该位置变形，其埋设结构可依监测点布设位置独立设计。

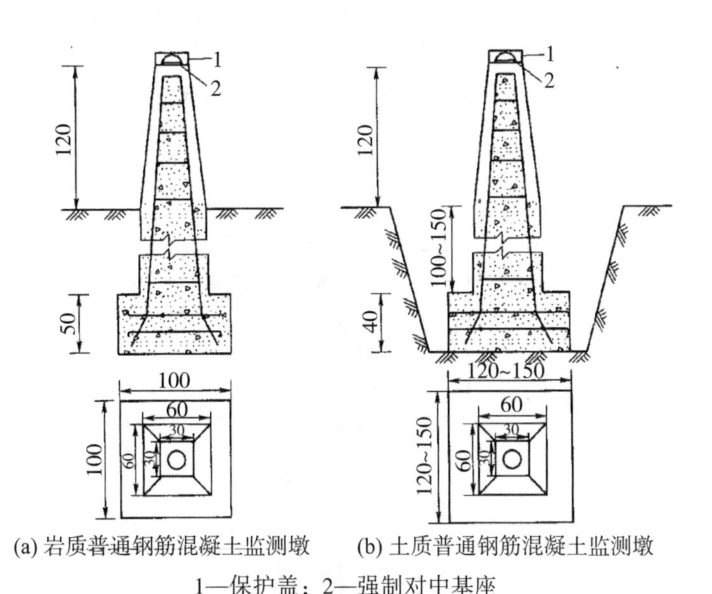

(a) 岩质普通钢筋混凝土监测墩　　(b) 土质普通钢筋混凝土监测墩

1—保护盖；2—强制对中基座

图 8.1　水平位移监测网及视准线标点埋设结构示意图(单位：cm)

(4)水准基点的基岩标、深埋双金属标和深埋钢管标，其标石结构与埋设要求见图 8.2(a)、图 8.3、图 8.4。混凝土水准标石和浅埋钢管标石可作为水准工作基点，其结构与埋设要求见图 8.2(b)、图 8.5。

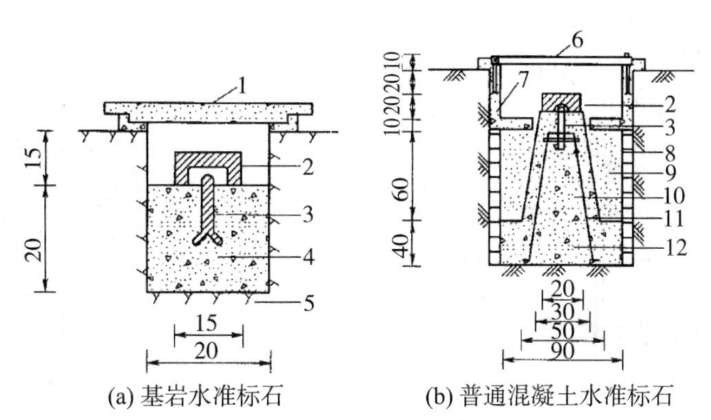

(a) 基岩水准标石　　(b) 普通混凝土水准标石

1—混凝土保护盖；2—内盖；3—水准标志；4—浇筑混凝土；5—基岩；6—加锁金属盖；7—混凝土水准保护井；8—衬砌保护；9—回填砂土；10—混凝土柱石；11—钢筋；12—混凝土盘石

图 8.2　水准点标石埋设结构示意图(单位：cm)

(5)位于土基上的监测网点其底座埋入土层深度不应小于1.5m，在冰冻区应深入到冰冻线以下，使其牢固稳定，不受其他外界因素影响。

(6)各类监测墩应保持立柱中心线铅直，顶部强制对中基座水平，其倾斜度不应大于4′。标点周围宜建立保护设施，防止雨水冲刷和侵蚀、护坡石块挤压、机械车辆及人为的碰撞破坏。

(7)视准线监测墩对中基座中心与视准线的距离偏差不应大于20mm；当采用小角法时，对中基座中心与工作基点构成的小角角度不宜大于30″。

(8)监测设施安装埋设后，应及时认真填写安装埋设考证表，表中各种信息均应精确测量，准确记录。

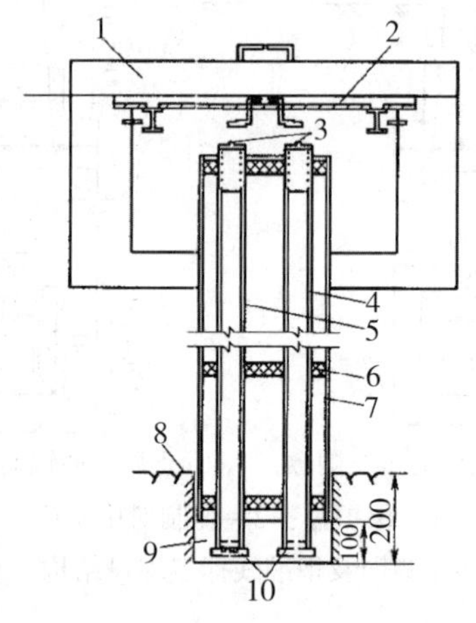

1—钢筋混凝土保护盖；2—钢板标盖；3—标芯；4—钢芯管；5—铝芯管；6—橡胶环；7—钻孔保护管；8—新鲜基岩；9—M20水泥砂浆；10—金属管底板与固定根络

图8.3　深埋双金属管水准基点标石埋设示意图(单位：cm)

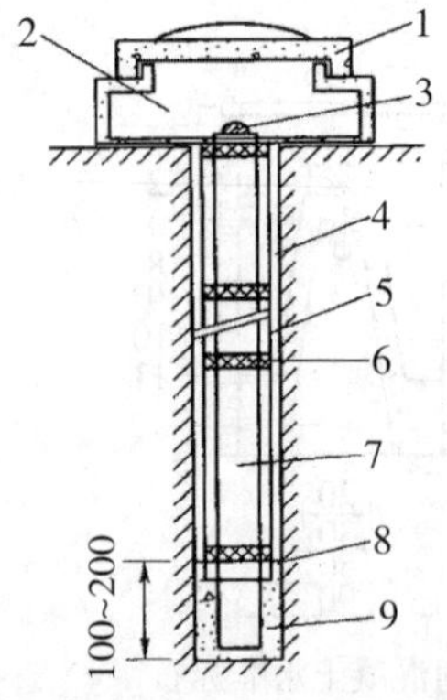

1—保护盖；2—保护井；3—标芯(有测温孔)；4—钻孔；5—外管；6—橡胶环；7—芯管(钢管)；8—新鲜基岩面；9—基点底靴(混凝土)

图8.4　深埋钢管水准基点标石埋设示意图

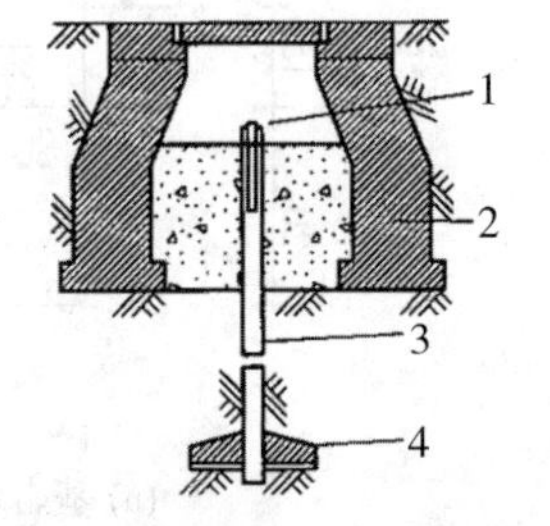

1—特制水准石；2—保护井；3—钢管；4—混凝土底座

图8.5　浅埋钢管水准基点标石埋设示意图

(三)土石坝表面水平位移监测方法及要求

土石坝表面水平位移监测可采用视准线法、前方交会法、极坐标法和GNSS法进行。

1. 视准线法水平位移监测

1)监测设置应符合以下规定:

(1)视准线两端的工作基点和校核基点应布置在相对稳定区域,校核基点应设置在视准线两端的延长线上,数量为1~2座。

(2)视准线长度不宜超过500m,当超过500m时应增设工作基点。

(3)当受地形条件制约,视准线校核基点无法设置时,可采用倒垂线或三角网测量对视准线工作基点的稳定性进行校核。

(4)视准线应旁离障碍物1m以上,距离地面高度不宜小于1.2m。

(5)工作基点和校核基点应采用混凝土观测墩,其高度不宜小于1.2m,顶部应设强制对中装置,其对中误差不应超过±0.1mm,盘面倾斜度不应大于4′。

2)监测方法与要求应符合以下规定:

(1)可依地形条件选用活动觇牌法或测小角法,并应选择有利时段进行监测。

(2)宜在两端工作基点分别设站观测邻近的一半变形监测点。

(3)同一监测点每次应按2测回进行监测,一测回正镜、倒镜各照准监测点目标两次,取平均数作为一测回监测值。以2测回均值作为监测成果。监测限差应满足表8.2的要求。

表8.2 **视准线监测限差**

观测方法	正镜或倒镜两次读数差	2测回观测值之差
活动觇牌法	2.0mm	1.5mm
小角法	4.0″	3.0″

注:全站仪标称精度应满足:测角精度1″,望远镜放大倍率不小于30倍。

(4)当采用小角法监测时,各测次均应使用同一度盘分划线;如各测点均为固定的觇标时,可采用方向监测法。

2. 前方交会法水平位移监测

1)监测设置应符合以下规定:

(1)前方交会法分为角度交会法、距离交会法和边角交会法,当采用角度或距离交会法时,宜按三座控制点进行监测方案设计。

(2)角度交会法监测,交会角应在40°~100°之间,固定点至变形监测点距离不宜超过500m。

(3)距离交会法监测,交会角应在30°~150°之间,固定点至变形监测点距离不宜超过500m。

(4)边角交会法监测,交会角应在30°~150°之间,当交会角接近限值时,其最大边长不宜超过800m。

(5)如交会角或交会距离超出上述规定范围，应在设计中做出论证，其论证结果应满足规范要求。

(6)变形监测点应安置配套反射棱镜或其他固定照准标志。

2)监测方法与要求应符合以下规定：

(1)全站仪标称精度应满足测角精度 1″、测距精度$(1+1\times D\times10^{-6})$mm。

(2)方向监测一测回正镜、倒镜各照准监测点目标两次，取平均数作为一测回监测值，以各测回均值作为方向监测成果。

(3)距离监测一测回照准监测点目标 1 次，进行两次读数，取平均数作为一测回监测值，以各测回均值作为距离监测成果。距离监测时应同时记录温度、气压，其读数精确到 0.2℃和 50Pa。

交会方法监测限差要求见表 8.3。

表 8.3　**交会方法监测限差**

交会方法	监测测回数	两次读数限差	测回间互差
角度交会	方向 3 测回	2.0″	3.0″
距离交会	距离 3 测回	1.0mm	1.5mm
边角交会	方向 3 测回	2.0″	3.0″
	距离 3 测回	1.0mm	1.5mm

3. 极坐标法水平位移监测

1)监测设置应符合以下规定：

(1)变形监测点与测站点之间高差不宜过大。

(2)监测距离宜控制在 150m 范围以内，监测距离应加入相应改正。

(3)变形监测点上应安置配套反射棱镜。

2)监测方法与要求应符合以下规定：

(1)全站仪标称精度应满足：测角精度 1″、测距精度$(2+2\times D\times10^{-6})$mm。

(2)水平方向监测 4 测回，正镜、倒镜照准监测点目标 1 次，各进行两次读数，距离监测 4 测回(一测回两组测值)，取各测回水平角、距离均值为监测成果，监测限差要求见表 8.3。

4. GNSS 法水平位移监测

1)监测设置应符合以下规定：

(1)GNSS 法适用于地势开阔工程的特定部位的永久性持续监测。

(2)固定基准站不宜少于两座。

(3)固定基准站及监测点上部对空条件良好，高度角 15°以上范围无障碍物遮挡，应远离大功率无线电信号干扰源(如高压线、无线电发射站、电视台、微波站等)，且附近无 GNSS 信号反射物。

(4)长期监测项目的数据通信宜采用光缆或专用数据电缆；短期监测项目的数据通信可采用无线电传输技术。

(5)对永久性 GNSS 监测设施均应采取必要防护措施，防止被破坏。

2)监测方法与要求应符合以下规定：

(1)GNSS 接收机类型可选用双频或单频，其标称精度不应大于($3mm+D\times10^{-6}$)。

(2)GNSS 接收机天线的水准器应严格居中，天线定向标志线指向正北，天线相位中心高度应量取 2 次，两次较差不应大于 1mm。

(3)采用 GNSS 静态监测方式时，监测前应做好星历预报，以选择最佳监测时机。

(4)GNSS 监测基本技术要求见表 8.4。

表 8.4　**GNSS 监测基本技术要求**

卫星截止高度角/(°)	同步有效监测卫星数	卫星分布象限数	采样间隔/s
≥15	≥5	≥3	≥15

(5)GNSS 监测时间应通过现场试验方法确定，其固定解算成果的点位精度应满足要求。

(四)土石坝表面垂直位移监测方法及要求

土石坝表面垂直位移监测可采用水准测量及三角高程测量方法进行。

1)水准测量应符合以下规定：

(1)应依据水准基点和水准工作基点所处位置，拟定垂直位移监测点的水准观测路线，每期监测的水准路线应保持一致。

(2)垂直位移监测点宜采用附合、闭合或节点水准监测图形，在提高监测点精度的同时应增强成果的可靠性。

(3)使用的水准仪标称精度应满足三等及以上等级水准监测要求。

(4)各等级水准监测的技术指标及限差按 GB/T 12897 和 GB/T 12898 的相应规定执行。

2)三角高程测量应符合以下规定：

(1)全站仪标称精度应满足：测角精度 1″、测距精度($2+2\times D\times10^{-6}$)mm。

(2)垂直角中丝法 6 测回监测，测回间垂直角较差应不大于 6″。

(3)测距边长度宜控制在 500m 以内，测距中误差不应超过 3mm。

(4)仪器高和觇标高量测应精确至 0.1mm。

(5)宜采用双测站监测，监测时应测量温度、气压，计算时加入相应改正。

子任务 8.2.2　土石坝坝体(基)内部变形监测

一、任务目标

(1)熟悉土石坝坝体(基)内部变形监测常用的仪器设备；

(2)掌握土石坝坝体(基)内部变形监测采用的主要方法。

二、任务分析

坝体(基)内部变形监测内容包括坝体的垂直位移和水平位移。

三、主要内容

(一)土石坝坝体(基)内部变形监测网的布设

土石坝坝体(基)内部变形监测点的布置要求如下：

(1)坝体(基)内部变形监测断面应布置在最大坝高处、合龙段、地质及地形复杂段、结构及施工薄弱部位。可设 2~3 个监测横断面，每个横断面设置的垂线及测点数量由布置方式而定。

(2)坝体垂直位移和水平位移监测有垂向和水平分层布置方式，这两种方式可结合布置，也可单独布置。

垂向布置方式，每个监测横断面可布置 3~5 条监测垂线，其中一条应布设在坝轴线附近。垂线末端应深入坝基相对稳定部位，坝基面附近应设一个测点，顶端应设表面变形监测点。坝体内每条垂线测点间距视监测手段而有所不同，但测点总数不宜少于 5 个。监测垂线的布置，应尽可能形成纵向监测断面。

水平分层布置方式，通常将垂向、水平位移测点布置在同一部位，水平分层布设。每个监测横断面根据坝高可分为 3~5 层，间距宜为 20~50m，最低监测高程宜设置在距建基面 10m 以内。同一断面不同高程测点位置在垂向应尽量保持一致，以形成垂向测线。

(3)坝基垂直位移和水平位移监测，宜结合坝体监测断面布置。可由坝体监测垂线向下延伸设置，也可在大坝建基面附近单独设置测点。

(二)土石坝坝体(基)内部变形监测仪器设施及其安装埋设要求

监测仪器设施及其安装埋设应符合以下规定：

(1)垂向布置方式宜采用沉降仪监测坝体的垂直位移，宜采用测斜仪监测坝体的水平位移。沉降仪与测斜仪也可组合使用，同时监测坝体垂直与水平位移。沉降仪的沉降环(板)和测斜仪的测斜管在坝体中可随坝体填筑埋设，也可在施工后期采用钻孔埋设，但在坝基仅允许钻孔埋设。沉降管的安装埋设方法见图 8.6，测斜管的安装埋设方法见图 8.7。当测斜管埋设深度大于 50m 时，宜采用测扭仪对测斜管导槽进行扭角检测。当导槽扭角大于 10°时，应对每次的监测数据进行扭角修正。

(2)水平分层布置方式宜采用水管式沉降仪和引张线式水平位移计组合埋设，水管式沉降仪用于监测坝体垂直位移，引张线式水平位移计用于监测坝体水平位移。水管式沉降仪的沉降头、管线和引张线式水平位移计的锚固板、管线等设施，应随坝体填筑采用挖沟槽方式埋设，详见图 8.8。管(线)路基床坡度宜为 0.5%~3.0%，其不平整度允许偏差为 ±5mm。若单独布设引张线式水平位移计(未布置水管式沉降仪)，其引张钢丝与水平线上倾量应为预估沉降量的一半。

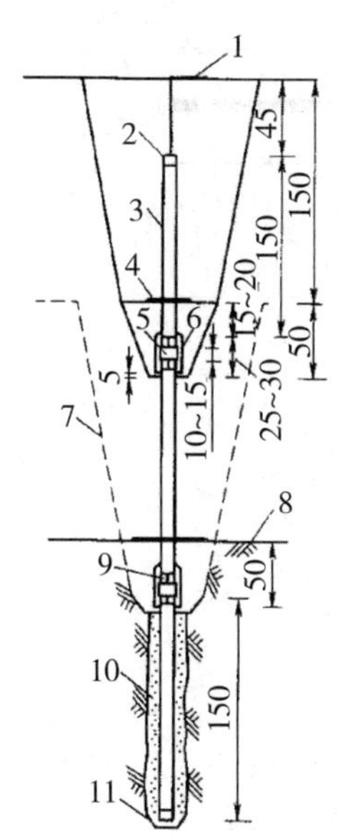

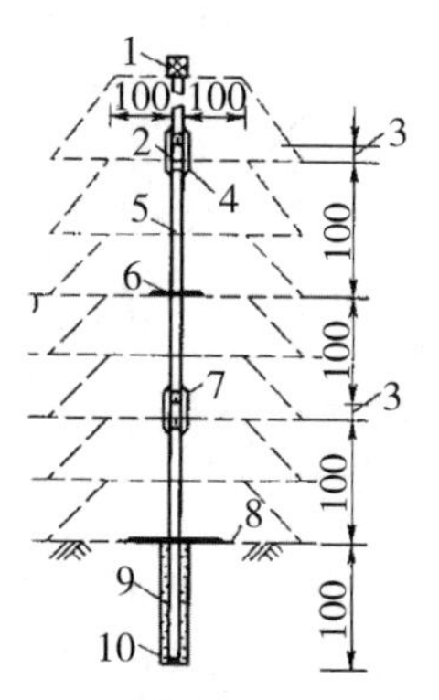

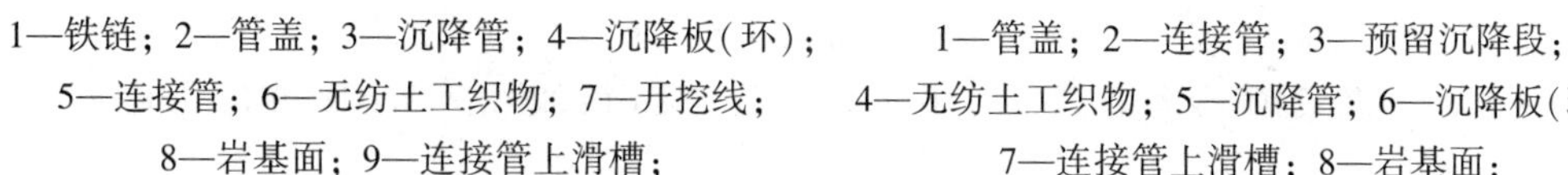

1—铁链；2—管盖；3—沉降管；4—沉降板(环)；
5—连接管；6—无纺土工织物；7—开挖线；
8—岩基面；9—连接管上滑槽；
10—水泥砂浆；11—管座
(a)坑式埋设示意图

1—管盖；2—连接管；3—预留沉降段；
4—无纺土工织物；5—沉降管；6—沉降板(环)；
7—连接管上滑槽；8—岩基面；
9—水泥砂浆；10—管座
(b)非坑式埋设示意图

图 8.6　沉降管随坝体填筑坑式埋设与非坑式埋设示意图(单位：cm)

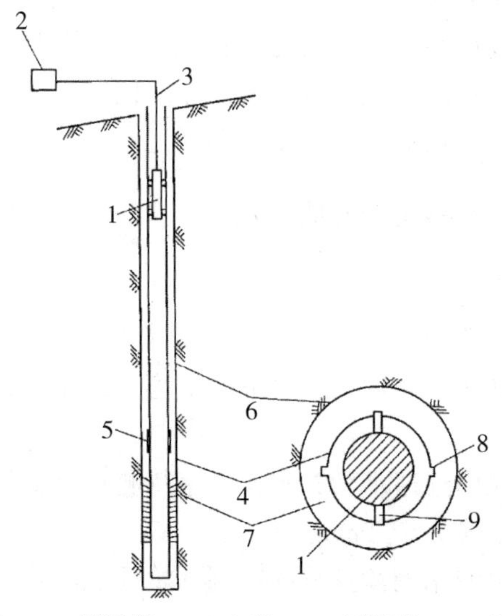

1—测头；2—测读仪；3—电缆；4—测斜管；5—管接头；
6—钻孔；7—水泥或砂填充；8—导槽；9—导轮

图 8.7　测斜管钻孔埋设示意图

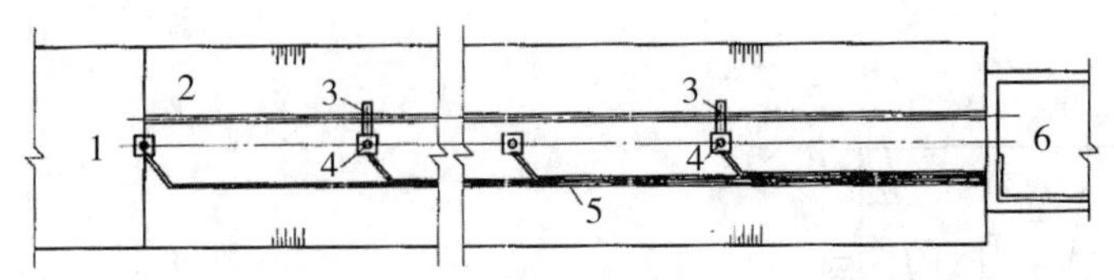

1—垫层料(或心墙)；2—过渡料；3—水平位移计锚固板；

4—水管式沉降测头；5—管线；6—监测房

(a)平面示意图

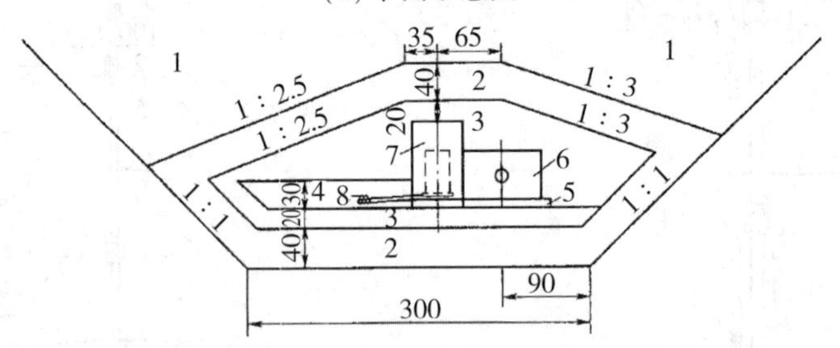

1—堆石料；2—保护用过渡料；3—保护用垫层料；4—细砂；5—素混凝土基座；

6—水平位移计；7—水管式沉降仪；8—管线

(b)剖面示意图

图8.8　水管式沉降仪和引张线式水平位移计安装埋设平面和横剖面示意图(单位：cm)

(3)必要时，可采用水平固定式测斜仪监测坝体的垂直位移。测斜管宜随坝体填筑挖槽水平铺设，其中一组导槽要垂直于水平面。测斜管不允许穿过大坝防渗体。

(4)坝基垂直位移监测，也可采用坝基沉降计，该仪器由位移计与传递钢杆组成，通常采用钻孔埋设。坝基钻孔完成后，首先将传递钢杆下入孔内，并将其底端用水泥砂浆固定在基岩或坝基相对稳定部位，钢杆顶端与坝基面的位移传感器相接后埋入坝基土体中。埋设时应采取保护措施，防止坝体填筑时损坏仪器。仪器设施安装埋设后，应及时填写安装埋设考证表，表中各种信息均应精心测量，准确记录。

(三)土石坝坝体(基)内部变形监测方法

1. 垂直位移监测

垂直位移监测应符合以下规定：

电磁式或干簧管式沉降仪，系用测头自下而上逐点测定，每测点应平行测读两次，其读数差不应大于2mm。

水管式沉降仪，应首先向连通水管充水排气，待测量板上带刻度的玻璃管水位稳定后平行测读两次，其读数差不应大于2mm。

水平固定式测斜仪，由专用测读仪从固定端开始逐点测读，监测精度应符合相关仪器要求。

坝基沉降计，采用与沉降仪配套的读数仪进行测读，其监测精度应符合相关仪器要求。

2. 水平位移监测

水平位移监测应符合以下规定：

引张线式水平位移计，每次测读前应先用砝码加重，待稳定后平行测读两次，其读数差不应大于 2mm。有条件时，可安装位移传感器进行测读。

对于垂向滑动式测斜仪，随坝体埋设测斜管时，应每接长一节管进行一次测读，并进行深度修正；钻孔埋设测斜管时，宜在测斜管安装埋设全部完成至少 7d 后开始正常测读。监测时应将仪器测头沿测斜管主导槽下入孔底，自下而上每隔 0.5m 进行正、反两个方向逐点测读，同一位置测点其读数正、反之和应相对稳定于某一个数值；固定式测斜仪，采用专用测读仪测读。监测精度应符合仪器厂家要求。

子任务 8.2.3　土石坝防渗体变形监测

一、任务目标

(1)熟悉土石坝防渗体变形监测常用的仪器设备；

(2)掌握土石坝防渗体变形监测采用的主要方法。

二、任务分析

防渗体变形监测内容包括混凝土面板变形、防渗墙挠度变形以及坝体心墙的水平位移及垂直位移。

三、主要内容

(一)土石坝防渗体变形监测网的布设

(1)混凝土面板监测网点布设应符合以下规定：

①面板顶端沿大坝轴线方向应布设一条表面变形测线，施工期根据需要，可在各期面板顶部设临时测线，每条测线至少布设 5 个测点。

②沿面板长度方向可布设 1~3 条测线，以监测面板挠度变形。每条测线根据面板长度可设 10~20 个测点，顶端应与表面变形测点相联系。

(2)坝基、坝体混凝土防渗墙挠度变形监测，可沿墙体轴线设置一个监测纵断面，在断面上布置 1~3 条监测垂线，垂线位置宜与坝体监测横断面一致，每条测线不应少于 5 个测点。

(3)黏土(沥青)心墙变形监测布置应与坝体统一考虑，可在心墙中间位置布置一个纵向变形监测断面，沿断面设 2~3 条监测垂线，每条垂线水平位移和垂直位移测点布置，可参照坝体(基)内部变形监测点的有关规定。

(二)土石坝防渗体变形监测仪器设施及其安装埋设要求

(1)面板表面变形测点埋设要求可参照坝体表面变形的有关规定。布设于混凝土面板顶端的位移测墩高度宜为 1.2m。可采用全站仪、水准仪或 GNSS 等测量设备监测。

(2)面板挠度可采用斜向固定式测斜仪或电平器监测。

①固定式测斜仪安装。首先将测斜管随混凝土面板浇筑埋设在靠近垫层的面板内。待测斜管安装和面板混凝土浇筑完成后，将仪器测头用金属杆成串连接下入测斜管内预计深度，引出电缆后在管口固定即可。安装埋设方法详见图 8.9。

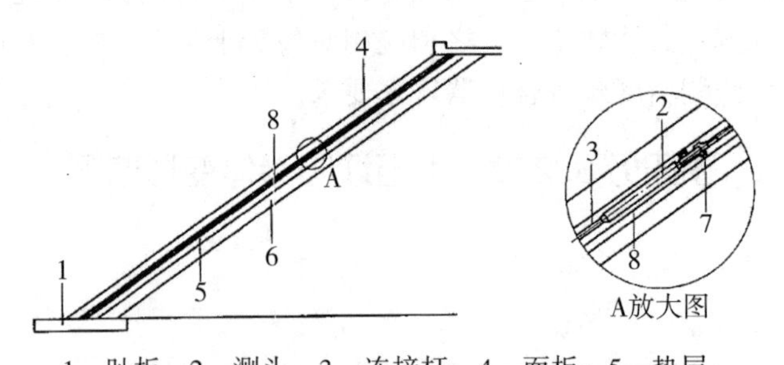

1—趾板；2—测头；3—连接杆；4—面板；5—垫层；
6—过渡层；7—导轮；8—测斜管

图 8.9　面板内斜向固定式测斜仪安装埋设示意图

②电平器安装。首先在混凝土面板浇筑过程中预埋电缆，并引至坝顶。面板浇筑完成后将电平器预固定在面板上，然后调整传感器的倾角使其置于水平状态。要求仪器支撑板与混凝土面板连接稳固，并加罩保护。安装埋设方法详见图 8.10。

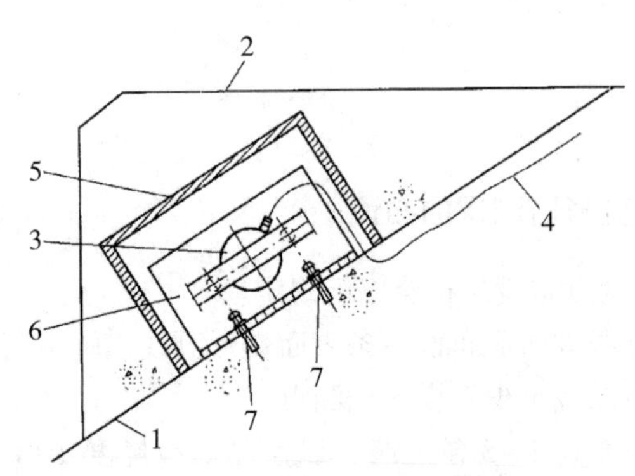

1—面板；2—保护墩；3—传感器；4—电缆；5—保护罩；6—仪器支撑板；7—固定螺栓

图 8.10　电平器安装埋设示意图

(3)混凝土防渗墙挠度变形可采用测斜仪(滑动式或固定式)监测。测斜管可随混凝土浇筑埋入墙内，或采用预留孔法(随混凝土浇筑埋管，待混凝土初凝后拔管成孔)埋设，测斜管内其中一组导槽应垂直于坝轴线方向。

(4)黏土(沥青)心墙水平位移可采用测斜仪(滑动式或固定式)监测，垂直位移可采用电磁式或干簧管式沉降仪监测。测斜管及沉降环可结合埋设，以便在一个测点同时测定水平和垂直位移。测斜管和沉降环(板)可随坝体心墙填筑埋设，也可钻孔埋设。

(5)仪器设施安装埋设完成后，应及时填写安装埋设考证表，表中各种信息均应精心测量，准确记录。

(三)土石坝防渗体变形监测方法及要求

(1)面板表面变形监测方法及要求，可参照坝体表面变形监测的有关规定。

(2)采用固定式测斜仪监测，可用专用测读仪逐点测读，并同时测温，监测精度应符合相关仪器要求。

(3)采用电平器监测，宜对监测结果(面板坡向的倾角变化)先用多项式拟合获得各测点沿测线的转角分布曲线，再根据其测点间的距离计算出面板的挠度变形分布。

(4)采用测斜仪和沉降仪监测混凝土防渗墙、黏土(沥青)心墙的水平位移(挠度)和垂直位移，监测方法及要求可参照坝体内部变形监测的有关规定。

子任务 8.2.4　土石坝界面、接(裂)缝变形监测

一、任务目标

(1)熟悉土石坝界面、接(裂)缝变形监测常用的仪器设备；

(2)掌握土石坝界面、接(裂)缝变形监测采用的主要方法。

二、任务分析

界面、接(裂)缝及脱空变形监测内容包括坝肩接缝、土石坝与混凝土建筑物接缝、土坝心墙与过渡料接触带、面板接缝与周边缝、坝体裂缝，以及面板脱空等。

三、主要内容

(一)土石坝界面、接(裂)缝变形监测网的布设

监测布置应符合以下规定：

(1)在坝体与岸坡接合处、组合坝型的不同坝料交界处、土石坝心墙与过渡料接触带、土石坝与混凝土建筑物连接处，以及窄心墙及窄河谷拱效应突出处，宜布设界面变形监测点，测定界面上两种不同介质法向及切向的相对位移。测线与测点应根据具体情况与坝体变形监测结合布置。

(2)混凝土面板接缝、周边缝及脱空变形应符合以下规定：

①明显受拉或受压面板的接缝处应布设测点，高程分布宜与周边缝测点组成纵、横监测线。

②周边缝测点应在最大坝高处布设 1~2 个点；在两岸近 1/3、1/2 及 2/3 坝高处至少布设 1 个点；在岸坡较陡、坡度突变及地质条件较差的部位也应酌情增加测点数量。

③面板与垫层间易发生脱空部位，应布设测点进行面板脱空监测，监测内容应包括面板与垫层间的法向位移(脱开、闭合)，以及向坝下的切向位移。

(3)对已建坝的表面裂缝(非干缩、冰冻缝)，凡缝宽大于 5mm，缝长大于 5m，缝深

大于2m的纵、横向缝，以及危及大坝安全的裂缝，均应横跨裂缝布置表面裂缝测点，进行裂缝开合度监测。

(二)土石坝界面、接(裂)缝变形监测仪器设施及其安装埋设要求

监测仪器设施及其安装埋设应符合以下规定：

(1)界面法向及切向位移宜采用土体位移计监测，可以在表面安装或挖坑埋设，根据需要可选择单支或多支成串安装，位移计轴线应与坝体位移方向一致，安装埋设方法见图8.11。

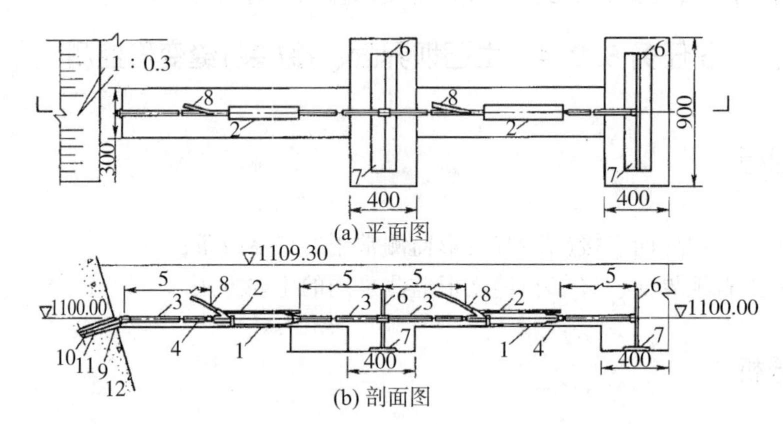

1—位移计；2—保护钢管；3—塑料保护管；4—铰；5—拉杆；6—锚固板；7—垫板；8—电缆；9—钻孔；10—锚固钢筋；11—充填水泥砂浆；12—混凝土

图8.11 土体位移计坑式埋设示意图(单位：mm)

(2)混凝土面板接缝位移包括垂直于接缝的开合度及平行于接缝的切向位移，对于接(裂)缝位移方向明确部位，可采用单向杆式位移计(测缝计)监测，其安装埋设方法见图8.12；对于面板周边缝，可选用两向或三向测缝计监测，三向测缝计的安装埋设方法见图8.13。

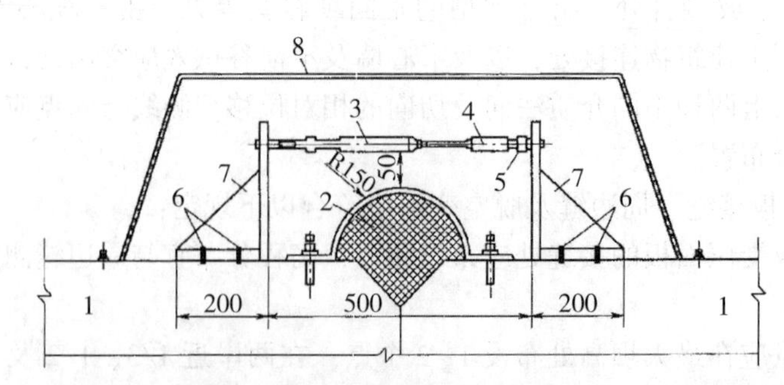

1—面板；2—接缝止水；3—测缝计；4—调整套；5—万向接头；6—固定螺栓；7—支座；8—保护罩

图8.12 垂直缝杆式位移计(测缝计)安装埋设示意图(单位：mm)

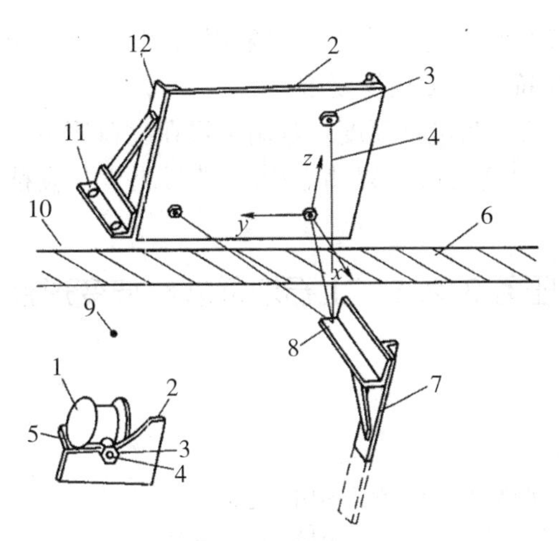

1—位移传感器；2—坐标板；3—传感器固定螺母；4—不锈钢丝；5—传感器托板；6—周边缝；7—预埋板(虚线部分埋入面板内)；8—钢丝交点；9—面板；10—趾板；11—地脚螺栓；12—支架

图 8.13　旋转电位器式三向测缝计安装埋设示意图

(3)混凝土面板脱空监测，可采用两支土体位移计和一个固定底座构成的等边三角形布置，采用挖坑埋设，安装埋设方法见图 8.14。

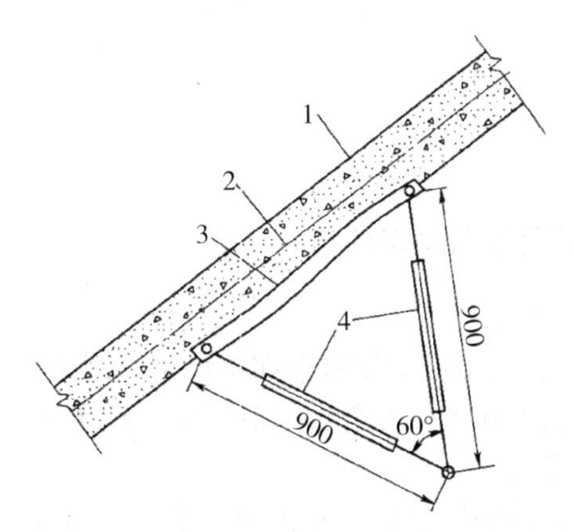

1—面板；2—钢筋；3—固定底座；4—位移计

图 8.14　面板脱空土体位移计埋设示意图(单位：mm)

(4)对于土石坝表面裂缝，可在缝面两侧埋设简易测点(桩)，采用皮尺、钢尺等简单工具进行测量。对于深层裂缝，当深度不超过 20~25m 时，宜采用探坑、竖井或配合物探等方法检查，必要时也可埋设测缝计(位移计)进行监测。

(5)仪器设施安装埋设后，应及时填写安装埋设考证表，表中各种信息均应精心测量，准确记录。

(三)土石坝界面、接(裂)缝变形监测方法及要求

监测方法与要求应符合以下规定：

（1）界面、接（裂）缝及面板脱空监测，应采用与测缝计（土体位移计）配套的读数仪进行测读。其监测精度应符合相关仪器要求。

（2）对于表面裂缝的长度及可见深度，若用钢尺在缝口测量，应精确到5mm。对于裂缝的宽度变化，宜采用在裂缝两端设置测点（桩）进行测量，应精确到0.5mm。裂缝的延伸走向，应精确到1°。

子任务8.2.5　土石坝近坝岸坡变形监测

一、任务目标

（1）熟悉土石坝近坝岸坡变形监测常用的仪器设备；

（2）掌握土石坝近坝岸坡变形监测采用的主要方法。

二、任务分析

对大坝、厂房以及输泄水建筑物等安全有影响的近坝岸坡、新老塌滑体等潜在不稳定体，均应进行变形监测。岸坡变形监测内容包括表面变形、内部变形、裂缝变化等。内部变形监测仪器埋设钻孔应按地质要求取芯，也可采用钻孔电视，并绘制钻孔岩芯地质柱状图。

三、主要内容

（一）土石坝近坝岸坡变形监测网的布设

监测布置应符合以下规定：

（1）岸坡变形监测布置，以能控制岸坡潜在不稳定变形体范围、揭示其内部可能滑动面及位移规律，确保工程施工和运行安全为原则。宜在顺滑坡方向布设监测断面，断面数量应根据其规模、特征确定。

（2）大中型（10万～100万m^3）滑坡，应在顺滑坡方向布置1～3个监测断面，宜采用表面变形和内部变形监测结合布置。每个监测断面应布设不少于3条测线（点），每条测线应不少于3个测点。

（3）浅层小型塌滑体，监测点可以系统布置，也可随机布置。对于滑动面已明确，宜以表面变形监测为主。

（4）对于重要工程边坡，必要时可布置专门监测隧洞进行滑坡体变形及滑动面变位监测。

（5）塌滑体周边裂缝，应视其重要性进行裂缝开合度及切向位移（错台）监测，测点布置宜与变形监测相结合。

（二）土石坝近坝岸坡变形监测仪器设施及其安装埋设要求

监测仪器设施及其安装埋设应符合以下规定：

(1)近坝岸坡表面变形监测设施及安装埋设要求参见坝体表面变形有关规定。

(2)内部水平位移采用测斜仪(滑动式或固定式)，其测斜管应穿过潜在滑动面。对于很深的滑动面，可采用固定式测斜仪，其测头在滑动面上、下附近应适当加密布置。测斜管安装埋设见图 8.7。

(3)多点位移计主要监测边坡拉张变形，宜埋设在倾倒变形体或滑坡体后缘。多点位移计底端锚头埋设深度，应达到边坡相对稳定部位。锚头数量和具体位置由所处地质条件确定。多点位移计安装埋设方法见图 8.15。

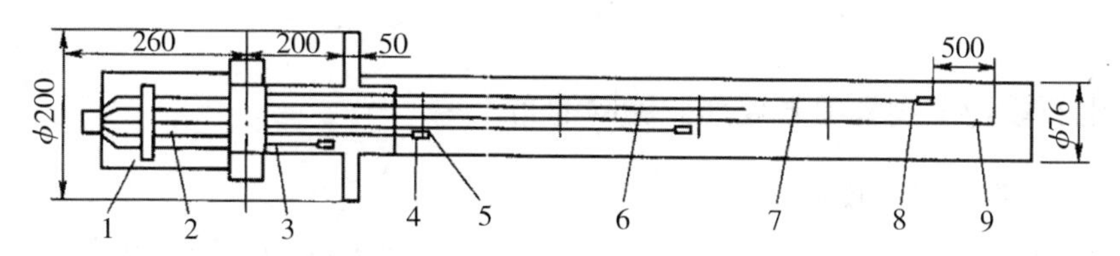

1—保护罩；2—位移传感器；3—预埋安装管；4—排气管；5—支承板；
6—保护管；7—传递杆；8—锚头；9—灌浆管

图 8.15　多点位移计安装埋设示意图(单位：mm)

(4)表面裂缝监测点，应布设在裂缝或可能破裂面的两侧。可用钢尺量测，也可用大量程测缝计(或土体位移计)监测。

(5)有条件时，可采用地形微变远程监测雷达系统施测，以连续获得整个边坡的实时变形图。

(6)仪器设施安装埋设后，应及时认真填写安装埋设考证表，表中各种信息均应精心测量，准确记录。

(三)土石坝近坝岸坡变形监测方法及要求

监测方法与要求应符合以下规定：

(1)岸坡表面变形及裂缝的监测方法及要求参见坝体表面变形监测和面接缝变形监测有关规定。测斜仪监测方法及要求参见坝体内部变形监测的有关规定。多点位移计采用与位移传感器配套的读数仪测读，监测精度应符合相关仪器要求。

(2)在岸坡出现不稳定等异常迹象，以及荷载、天气等外因显著变化时，应加密监测，发现问题，及时上报。

子任务 8.2.6　土石坝地下洞室围岩变形监测

一、任务目标

(1)熟悉土石坝地下洞室围岩变形监测常用的仪器设备；

(2)掌握土石坝地下洞室围岩变形监测采用的主要方法。

二、任务分析

对于直径不小于 10m 的洞室或地质条件较差的洞段，应进行变形监测。地下洞室围岩变形监测内容包括输、泄水隧洞，地下厂房等洞壁收敛变形及围岩内部变形。洞壁收敛变形监测主要在施工期进行。

三、主要内容

(一)土石坝地下洞室围岩变形监测网的布设

监测布置应符合以下规定：

(1)洞壁收敛变形监测断面的数量、间距、监测基线数量(或点数)和方向等，应视洞室地质条件、围岩变形特点和洞室形状及规模确定。

(2)围岩内部变形监测断面，应与洞壁收敛变形监测结合布置。地下厂房每个断面宜布置 5~8 个测孔，输水隧洞每个断面宜布置 3~5 个测孔。测孔位置、深度及方向，应视地质条件、围岩变形特点和洞室形状及规模确定。每孔测点数量不应少于 3 个，最深测点应布设在洞室围岩应力扰动区以外的稳定部位。

(3)收敛变形及内部变形监测断面的仪器设施埋设，在开挖阶段宜靠近掌子面，其距离不宜大于 2m。有条件时，围岩内部变形监测设施可在洞室开挖前，由其周围支洞或地表，向洞室方向钻孔超前预埋，以监测洞室围岩开挖过程的全变形。

(二)土石坝地下洞室围岩变形监测仪器设施及其安装埋设要求

监测仪器设施及其安装埋设应符合以下规定：

(1)洞壁收敛变形监测通常垂直洞壁钻孔埋设测桩，采用收敛计监测；有条件时，可在洞壁埋设棱镜或反射靶，采用全站仪进行全断面收敛变形监测。测点处应清除松动岩石，测桩或棱镜埋设要求稳固可靠，并设保护装置。

(2)围岩内部变形监测宜采用多点位移计，钻孔深度应大于最深锚头 0.5m，安装埋设方法见图 8.14。有条件时，可采用滑动测微计进行监测。

(3)仪器设施安装埋设后，应及时填写安装埋设考证表，表中各种信息均应精心测量，准确记录。

(三)土石坝地下洞室围岩变形监测方法与要求

监测方法与要求应符合以下规定：

(1)在施工期洞室掌子面开挖前后应各测 1 次；在两倍开挖洞径范围内，每天应至少监测 1 次；以后则根据工程需要和岩体变形情况确定监测频次。

(2)洞壁收敛变形采用收敛计监测时，应保持恒定张力，平行测读 3 次，其读数差不应大于仪器精度范围。每次监测时，应同时量测洞室环境温度。

(3)洞室围岩内部位移采用多点位移计监测时，监测方法和要求可参见近岸坝坡监测的有关规定。

(4)当洞室出现不稳定等异常迹象时，应加密监测，发现问题，及时上报。

任务 8.3　混凝土坝安全监测

一、任务目标

(1)了解混凝土坝安全监测的目的、意义、等级及精度要求；

(2)明确混凝土坝安全监测的基本要求、方法及依据。

二、任务分析

混凝土坝安全监测所依据的规范为《混凝土坝安全监测技术规范》(DL/T 5178—2016)、《混凝土坝安全监测技术标准》(GB/T 51416—2020)，主要适用于水利水电工程等级划分及设计标准中的 1 级、2 级、3 级混凝土坝的安全监测。混凝土坝建筑物级别划分应该按照现行国家标准《防洪标准》(GB 50201—2014)执行。

混凝土坝安全监测范围包括坝体、坝基、坝肩、近坝库岸和枢纽区边坡，以及与混凝土坝安全有直接关系的其他建筑物和设施。

三、主要内容

1. 混凝土坝安全监测采用的主要方法

安全监测方法包括巡视检查和仪器监测，仪器监测应和巡视检查相结合。

2. 混凝土坝安全监测项目及内容

(1)巡视检查的主要内容包括：坝体、坝基、坝肩、坝身泄水建筑物、近坝库岸及枢纽工程边坡、金属结构等。

(2)环境量监测的主要内容包括：水位、水温、气温、降水量、冰压力、坝前淤积和下游冲刷等。

(3)坝体主体变形监测的主要内容包括：水平位移、垂直位移、倾斜、裂缝及接缝变形等。

(4)渗流监测的主要内容包括：扬压力、渗透压力、渗流量、绕坝渗流、地下水位及水质分析。

(5)应力应变及温度监测的主要内容包括：结构载荷、应力及应变、温度等。

《混凝土坝安全监测技术规范》(DL/T 5178—2016)规定，各类监测项目及其设置见表 8.5。

表 8.5　**混凝土坝安全监测项目分类和选择**

序号	监测类别	监测项目	重力坝级别			拱坝级别		
			1	2	3	1	2	3
一	巡视检查	坝体、坝基、坝肩及近坝库岸	★	★	★	★	★	★
二	变形	1. 坝体位移	★	★	★	★	★	★
		2. 坝肩位移	☆	☆	☆	★	★	★
		3. 倾斜	★	☆	☆	★	☆	☆
		4. 接缝变形	★	★	☆	★	★	★
		5. 裂缝变形	★	★	★	★	★	★
		6. 坝基位移	★	★	☆	★	★	★
		7. 近坝岸坡位移	★	☆	☆	★	★	☆
三	渗流	1. 渗流量	★	★	★	★	★	★
		2. 扬压力或坝基渗透压力	★	★	★	★	★	★
		3. 坝体渗透压力	☆	☆	☆	☆	☆	☆
		4. 绕坝渗流(地下水位)	★	★	☆	★	★	★
		5. 水质分析	☆	☆	☆	☆	☆	☆
四	应力、应变及温度	1. 坝体应力、应变	★	☆	☆	★	☆	☆
		2. 坝基应力、应变	☆	☆	☆	★	☆	☆
		3. 混凝土温度	★	☆	☆	★	★	★
		4. 坝基温度	☆	☆	☆	★	★	★
五	环境量	1. 上、下游水位	★	★	★	★	★	★
		2. 气温	★	★	★	★	★	★
		3. 降水量	★	★	★	★	★	★
		4. 库水温	★	☆	☆	★	☆	☆
		5. 坝前淤积	☆	☆	☆	☆	☆	☆
		6. 下游冲刷	☆	☆	☆	☆	☆	☆
		7. 冰冻	☆	☆	☆	☆	☆	☆
		8. 大气压力	☆	☆	☆	☆	☆	☆

注：1. 有★者为必测项目；有☆者为可选项目，可根据需要选设。

2. 坝高 70m 以下的 1 级重力坝，坝体应力、应变监测为可选项。

3. 裂缝监测，在出现裂缝时监测。

4. 闸坝可按重力坝执行。

5. 上下游水位监测可与水情自动测报系统相结合。

3. 监测物理量正负号规定

混凝土坝安全监测的正负号应遵守以下规定：

(1)水平位移：混凝土坝水平位移向下游为正，向上游为负；向左岸为正，向右岸为负。边坡水平位移向临空面为正，向坡内为负；面向临空面向左为正，向右为负。

(2)垂直位移：下沉为正，上升为负。

(3)倾斜：向下游转动为正，向上游转动为负；向左岸转动为正，向右岸转动为负。

(4)接缝和裂缝开合度：张开为正，闭合为负。

(5)岩体轴向变形：拉伸为正，压缩为负。

(6)应力应变：拉伸为正，压缩为负。

(7)渗透压力：压缩为正。

(8)界面压应力：压缩为正。

子任务 8.3.1　混凝土坝表面变形监测

一、任务目标

(1)熟悉混凝土坝表面变形监测常用的仪器设备；

(2)掌握混凝土坝表面变形监测采用的主要方法。

二、任务分析

混凝土坝表面变形监测项目内容包括变形监测控制网、水平位移、垂直位移、倾斜、裂缝及接缝变形等。

三、主要内容

(一)混凝土坝变形监测设计

工程区域变形范围和深度大，或枢纽区受施工、蓄水影响范围大的大、中型工程，宜建立变形监测控制网。小型工程可根据实际情况，采用倒垂线或在工作基点延长线或在下游岸坡稳定点设立基准点等方法，校测工作基点本身的稳定性。

混凝土坝变形监测设计包括重力坝和拱坝，《混凝土坝安全监测技术规范》(DL/T 5178—2016)中有详细设计要求，包括变形监测断面布置、坝体变形监测点布置、坝体倾斜监测点布置、坝基内部变形监测点布置、接缝变形监测点布置、导流洞封堵体接缝变形、近坝区边坡和滑坡体变形测点布置等。

(二)变形监测工作基点布设要求

变形监测工作基点布置应符合下列要求：

(1)引张线、激光准直装置的工作基点，应在准直线的两端同高程相对稳定点各布设1个工作基点。

(2)视准线的工作基点，应在视线两端延长线与测点高程相近的相对稳定点各设1个工作基点。当坝轴线为折线或坝长超过300m时，可在折点处或视准线中间增设工作基点。

(3)边角交会法的工作基点，宜在坝的下游两岸相对稳定点各设1个工作基点，高坝宜在坝的下游两岸不同高程相对稳定点设工作基点。

(4)当采用GNSS法进行变形监测时，工作基点应布设在大坝影响范围之外基础稳固、多路径效应不明显、电磁波干扰小及卫星信号接收条件良好的部位。具备条件时，宜在两岸各设1个工作基点。

(5)垂直位移监测的工作基点，应在两岸相对稳定点各设1个工作基点，高坝宜在坝的下游两岸不同高程相对稳定点设工作基点，宜采用岩石标。若在坝体廊道或两岸平洞内布设工作基点，宜采用钢管标或双金属标。真空激光系统和静力水准系统两端点应各设1个工作基点。

(三)混凝土坝表面变形监测方法

1. 水平位移监测

水平位移监测可采用视准线法、引张线法、激光准直法、边角交会法、垂线法、GNSS法。具体方法见项目4。

1)视准线法

(1)视准线布置应符合下列要求：

①视准线可按照实际情况选用活动觇牌法或小角度法，视准线应旁离障碍物1m以上。

②视准线长度，重力坝不宜超过300m，拱坝不宜超过500m。当坝轴线为折线或坝长超过300m时，可在折点处或视准线中间增设工作基点(可用测点代替)。

③测点宜设观测墩，墩上应设强制对中底盘，底盘对中误差不得大于0.2mm。

(2)视准线安装应符合下列要求：

①观测墩顶部的强制对中底盘应调整水平，倾斜度不得大于4′。

②视准线各测点底盘中心应埋设在两端点底盘中心的连线上，其偏差不得大于10mm。

(3)视准线监测应符合下列要求：

①观测时，宜在两端工作基点上观测邻近的1/2的测点。

②每一测次应观测两测回，每测回包括正、倒镜各照准觇标两次并读数两次，取平均值作为该测回观测值。观测限差规定见表8.6。

③当采用小角度法观测时，各测次均应使用同一个度盘分划线；如各测点均为固定的觇牌，可采用方向观测法。

表 8.6　　**视准线观测限差**

方式	正镜或倒镜两次读数差	两测回观测值之差
活动觇牌法	2.0mm	1.5mm
小角度法	4.0″	3.0″

2)引张线法

(1)引张线结构应符合下列要求：

①可根据工程特点和运行环境，选择使用有浮托式引张线或无浮托式引张线，线体应设防风护管。

②当采用无浮托式引张线时，各测点墩顶高程的连线和防风护管应设计成适合线体的悬链线。

③单条引张线线体长度宜根据监测精度、仪器量程、防风措施及结构变形范围等因素确定。

④端点装置宜采用一端固定、一端加力的办法。加力端装置包括定位卡、滑轮和重锤(或其他加力器)；固定端装置仅有定位卡、固定栓。定位卡应使换线前后测线轴线位置差小于 0.2mm。

⑤测线应采用圆形截面，直径不宜超过 1.6mm；测线的抗拉强度应不小于工作拉应力的 2 倍；测线材料可采用复合材料或高强不锈钢丝。

⑥浮船最大净浮力应大于其最大承载重量的 1.5 倍，在浮箱内的自由行程应满足设计要求，浮船与浮箱间的最小间隙应大于 30mm。

(2)引张线安装应符合下列要求：

①定位卡、读数尺(或仪器底盘)的安装通常宜在张拉测线之后进行。

②定位卡的 V 形槽槽底应水平，方向与测线应一致。

③安装滑轮时，应使滑轮槽的方向及高度与定位卡的 V 形槽一致。

④同一条引张线的读数尺零方向必须统一，一般将零点安装在下游侧。尺面应保持水平；分划线应平行于测线；尺的位置应根据尺的量程和位移量的变化范围而定。

⑤仪器底盘应水平，位置及方向应依据所采用的仪器而定。

⑥有浮托装置的水箱，水面应有足够的调节余地，以便调整测线高度满足量测工作的需要。寒冷地区应采用防冻液。

⑦保护管安装时，宜使测线位于保护管中心，至少须保证测线在管内有足够的活动范围。端点装置、测点装置及保护管应相互连接，封闭防风。

(3)引张线监测应符合下列要求：

①各测点与两端点间距应在首次监测前测定，测距相对中误差不应大于 1/1000。

②人工监测：

a. 一测次监测前，应检查、调整全线设备，有浮托式引张线使浮船和测线处于自由状态，并将测线调整到高于读数尺 0.3~3mm 处(依仪器性能而定)，固定定位卡。

b. 一测次应监测两测回(从一端观测到另一端为一测回)。测回间应在若干部位轻微拨动测线，待其静止后再测下一测回。

c. 观测时，先整置仪器，分别照准钢丝两边缘读数，取平均值作为该测回的观测值。左右边缘读数差和钢丝直径之差不得超过 0.15mm，人工观测每一测次应测读两测回，两测回观测值之差不得超过 0.15mm。

③自动化监测，首次观测前需进行灵敏度系数测定。

3)激光准直法

(1)真空激光准直系统布置应符合下列要求：

①真空激光准直系统宜设在坝顶，也可设在廊道内。

②真空激光准直系统的小孔孔光栏的直径应使激光束在第一块波带板处的光斑直径大于波带板有效直径的 1.5~2 倍。

③真空管道应采用无缝钢管，其内径应大于波带板最大通光孔径的 1.5 倍，或大于测点最大位移量引起像点位移量的 1.5 倍，但不宜小于 150mm。

④真空管道测量真空度应小于 66Pa，保持真空度应小于 20kPa，漏气率应小于 120Pa/h，抽真空时间小于 1h。

(2)真空激光准直设备安装应符合下列要求：

①真空管道轴线高程放样时，应加上地球弯曲差改正。

②真空管道的内壁必须进行清洁处理：除去锈皮、杂物和灰尘。此项工作在安装前、后，以及正式投入运行前应反复进行数次。

③测点箱和法兰短管的焊接，应采用内外两面焊；长管道的焊接，应在两端打出高 5mm 的 30°坡口，采用两层焊。每一测点箱和每段管道焊接完成后，必须单独检测。检漏可采用充气、涂肥皂水观察法。检漏工作应反复多次，发现漏孔，应及时补焊。

④长管道由几根钢管焊接而成。每根钢管焊接前或一段管道焊好后，均应作平直度检查，不平直度不得大于 10mm。

⑤每段管道的中部应该用管卡将管道固定在支墩上，其余支墩上设活动滚杠，以便管道向两端均匀变化。

(3)真空激光准直监测应符合下列要求：

①观测前应先启动真空泵抽气，观测前应先检测管道内真空度是否在规定的真空度以下，具体要求在设计书中规定。

②用激光探测仪观测时，每测次应往返观测一测回，两个“半测回”测得的偏离值之差不得大于 0.3mm。

2. 垂直位移监测

垂直位移监测可采用精密水准测量法、液体静力水准测量法等。

1)精密水准测量法

精密水准测量法主要是指用精密水准仪观测坝体、坝基和近坝区岩体的垂直位移，具体方法见项目 3。

2)静力水准测量法

(1)静力水准布置应符合下列要求：

①静力水准宜布置在廊道中，也可布置在坝顶。

②单条静力水准线体长度不宜大于 300m，各测点布置的初始高程宜一致。

③静力水准布置在坝顶时，应采用隔温材料对测点和管路进行保护。

(2)静力水准安装应符合下列要求：

①仪器墩应与被测基础紧密结合，各仪器墩面高程差应小于 10mm。

②将钵体、水管、浮子清洗干净。

③在钵体内注入蒸馏水，并仔细排除水管、三通、钵体内气泡，连接管路。

(3)静力水准监测应符合下列要求：

①可分目测和自动遥测，分别用数字显示器或数据采集器观测。

②各测点观测依次在尽量短的时间内完成。

3. 倾斜监测

倾斜监测主要使用倾斜仪法。或者使用精密水准测量监测沉降差间接计算倾斜值。

1)倾斜仪法

(1)测斜孔造孔应符合下列要求：

①钻孔一般呈铅直布置，测孔深度应达到变形相对稳定处，钻孔孔口应设保护装置。

②宜采用活动式测斜仪，若采用固定式测斜仪，测点间距不宜大于 5m。

(2)测斜管安装应符合下列要求：

①岩质边坡宜采用铝合金材质测斜管，土质边坡宜采用 ABS 材质测斜管。

②测斜管安装时，导槽槽口应对准所测位移的方向。测斜管安装到位后，宜测量导槽的扭转角。

③岩质边坡宜采用水泥浆回填，土质边坡宜采用黏土浆液或细砂回填。

(3)测斜仪监测应符合下列要求：

①在进行初期观测以确定初始值和测值异常时，无论单、双传感器的测斜仪，都应对 A、B 槽进行相同的操作。测值正常后对有双传感器的测斜仪，可不观测 B 槽。

②将测斜仪探头放入孔底，静置孔内使仪器温度基本稳定，从管底自下而上逐次测定，完成后将探头导轮反转 180°放入同一组导槽内，重复上述观测过程。

③对于单传感器测斜仪，应将探头放入垂直的 B 槽中，重复上述观测步骤。

4. 裂缝及接缝监测

裂缝及接缝监测主要使用测缝计。

子任务 8.3.2 混凝土坝渗流监测

一、任务目标

(1)熟悉混凝土坝渗流监测常用的仪器设备；

(2)了解混凝土坝渗流监测采用的主要方法。

二、任务分析

渗流监测项目包括扬压力、渗透压力、渗流量、绕坝渗流、地下水位及水质分析。

三、主要内容

(一)混凝土坝渗流监测设计

《混凝土坝安全监测技术规范》(DL/T 5178—2016)中对重力坝和拱坝渗流监测断面布置、重力坝坝基扬压力测点布置、拱坝渗流监测断面布置、拱坝坝基渗流测点布置、高碾压混凝土坝坝体渗透压力监测布置、绕坝渗流的测点布置、消能建筑物渗流的测点布置、近坝区边坡和滑坡体的地下水位监测点布置、水质分析设计等均有详细规定。

(二)混凝土坝渗流监测方法及要求

(1)采用压力表测读测压管内水压时，压力值应读到最小分度值的1/5；对于拆卸后重新安装的压力表或刚进行卸压操作的压力表，应待压力稳定后再读数；每年应对压力表进行校验。帷幕前的测压管不得任意排水，以防发生管涌。

(2)采用电测水位计量测测压管内水位时，应将测头缓慢放入管内，在指示器开始反应时，测量出管口至孔内水面的距离，两次读数之差不应大于1cm。测压管管口高程应每1~2年校测1次。

(3)采用渗压计量测监测孔的水位时，在渗压计安装之初，应有足够的时间使管内水位达到平衡，以消除仪器及电缆在测压管内造成的水位壅高。

(4)采用容积法监测渗流量时，须将渗水引入容器内，测定渗水的容积和充水时间(宜为1min，但不得小于10s)，即可求得渗流量，两次测值之差不得大于平均值的5%。

(5)当测量量水堰堰上水头时，水头值应读到最小估读单位。若采用水尺读数，两次读数差不应大于1mm；若采用测针读数，两次读数差不应大于0. 3mm。

(6)水质分析样品的容器不应与待测组分发生化学反应，水样采集应按照《水电工程地质勘察水质分析规程》(NB/T 35052—2015)的相关条款执行。

子任务8. 3. 3　混凝土坝应力、应变及温度监测

一、任务目标

(1)熟悉混凝土坝应力、应变及温度监测常用的仪器设备；

(2)了解混凝土坝应力、应变及温度监测采用的主要方法。

二、任务分析

应力、应变及温度监测项目包括结构荷载、应力及应变、温度等。应力、应变及温度监测应与变形监测和渗流监测项目结合布置，重要的物理量可布设互相验证的监测仪器。布置应力、应变监测项目时，应对仪器埋设部位相同混凝土的弹性模量、泊松比、徐变、自生体积变形、线膨胀系数等性能进行物理力学试验。施工期混凝土温控监测仪器宜与永

久监测仪器结合布置，相互兼顾。

三、主要内容

（一）混凝土坝应力、应变及温度监测设计

《混凝土坝安全监测技术规范》（DL/T 5178—2016）中，对重力坝应力应变监测布置、拱坝应力应变监测布置、无应力计的监测布置、坝基应力应变监测布置、坝肩及近坝边坡应力应变监测布置、重要的钢筋混凝土建筑物应力监测布置、压力钢管应力监测、温度监测布置、基岩温度监测布置等均有详细规定。

（二）混凝土坝应力、应变及温度监测方法及要求

（1）应按规定的测次和时间进行监测。各种相互有关的项目，应同时监测。

（2）使用人工测量仪表进行测读时，每月应对测量仪表进行工作状态检查。如需更换仪表，应先检验是否有互换性。

（3）必须认真填写观测记录，注明仪器异常、仪表或装置故障，电缆截短或接长及接线箱检修等情况。

（4）仪表和设备应妥加保护。应防止电缆的编号牌锈蚀、混淆或丢失。电缆长度不得随意改变，必须改变时应记录改变长度前后的测值，并做好记录。

（5）仪器埋设后，必须及时测读。应根据混凝土的特性、仪器的性能及周围的温度等，从初期各次合格的监测值中选定计算基准值。

任务 8.4　水利工程变形监测资料及报告

一、任务目标

（1）存档原始记录材料，计算及复核各期监测数据，制作单期监测报表并签字上交；

（2）汇总分析各期监测数据，绘制变形曲线，分析研判变形监测趋势及工程安全状况；

（3）能够完成整个监测项目的数据汇总、分析、得出结论，并编制变形监测总报告。

二、主要内容

（一）监测资料及报告的内容

水利工程变形监测报告的内容一般包括：工程概况、巡视检查和仪器监测情况的说明、巡视检查资料、仪器监测资料成果数据表格、各种曲线图、各项分析结果、大坝工作状态的评估及改进意见等。

1. 第一次蓄水时

(1)蓄水前的工程情况概述。

(2)仪器监测和巡视工作情况说明。

(3)巡视检查的主要成果。

(4)蓄水前各有关监测物理量测点(如扬压力、渗漏量、坝和地基的变形、地形标高、应力、温度等)的蓄水初始值。

(5)蓄水前施工阶段各监测资料的分析和说明。

(6)根据巡视检查和监测资料的分析,为首次蓄水提供依据。

2. 蓄水到规定高程、竣工验收时

(1)工程概况。

(2)仪器监测和巡视工作情况说明。

(3)巡视检查的主要成果。

(4)该阶段资料分析的主要内容和结论。

(5)蓄水以来,大坝出现问题的部位、时间和性质以及处理效果的说明。

(6)对大坝工作状态的评估。

(7)提出对大坝监测、运行管理及养护维修的改进意见和措施。

3. 运行期每年汛前

(1)工程情况、仪器监测和巡视工作情况简述。

(2)列表说明各监测物理量年内最大最小值、历史最大最小值以及设计计算值。

(3)年内巡视检查的主要结果。

(4)对本年度大坝的工作状态和存在的问题作分析说明。

(5)提出下年度大坝监测、运行养护维修的意见和措施。

4. 大坝鉴定时

(1)工程概况。

(2)仪器监测和巡视工作情况说明。

(3)巡视检查的主要成果。

(4)资料分析的主要内容和结论。

(5)对大坝工作状态的评估。

(6)说明建立、应用和修改数学模型的情况和使用的效果。

(7)大坝运行以来,出现问题的部位、性质和发现的时间,处理情况和效果。

(8)根据监测资料的分析和巡视检查找出大坝潜在的问题,并提出改善大坝运行管理、养护维修的意见和措施。

(9)根据监测工作中存在的问题,对监测设备、方法、精度及测次等提出改进意见。

5. 大坝出现异常或险情时

(1)工程简述。

(2)对大坝出现异常或险情状况的描述。

(3)根据巡视和监测资料的分析,判断大坝出现异常或险情的可能原因和发展趋势。

(4)提出加强监视的意见。

(5)对处理大坝异常或险情的建议。

(二)监测资料分析的内容

监测资料分析的主要内容包括 10 个方面：

1. 分析监测物理量随时间或空间的变化规律

(1)根据各物理量的过程线，说明该监测量随时间的变化规律、变化趋势，其趋势是否向不利方向发展。

(2)同类物理量的分布曲线，反映了该监测量随空间变化的情况，有助于分析大坝有无异常征兆。

2. 统计各物理量的有关特征值

统计各物理量历年的最大值和最小值，包括出现时间变化、周期、年平均值及年变化趋势等。

3. 判别监测物理量的异常值

(1)把观测值与设计计算值相比较；

(2)把观测值与数学模型预报值相比较；

(3)把同一物理量的各次观测值相比较、同一测次邻近同类物理量观测值相比较；

(4)观测值是否在该物理量多年变化范围内。

4. 分析监测物理量变化规律的稳定性

(1)历年的效应量与原因量的相关关系是否稳定；

(2)主要物理量的时效量是否趋于稳定。

5. 应用数学模型分析资料

(1)对于监测物理量的分析，一般用统计学模型，亦可用确定性模型或混合模型。应用已建立的模型作预报，其允许偏差一般采用$\pm 2s$(s为剩余标准差)；

(2)分析各分量的变化规律及残差的随机性；

(3)定期检验已建立的数学模型，必要时予以修正。

6. 分析坝体的整体性

对纵缝和拱坝横缝的开度以及坝体挠度等资料进行分析，判断坝体的整体性。

7. 判断防渗排水设施的效能

(1)根据坝基(拱坝拱座)内不同部位或同部位不同时段的渗漏量和扬压力观测资料，结合地质条件分析判断帷幕和排水系统的效能；

(2)在分析时，应注意渗漏量随库水位的变化而急剧变化的异常情况。还应特别注意渗漏出浑浊水的不正常情况。

8. 校核大坝稳定性

重力坝的坝基实测扬压力超过设计值时，应进行稳定性校核。拱坝拱座出现上述情况时，也应校核稳定性。

9. 分析巡视检查资料

应结合巡视检查记录和报告所反映的情况进行上述各项分析。

10. 评估大坝的工作状态

根据以上的分析判断，按上述有关规定，对大坝的工作状态作出评估。

任务 8.5　水利工程变形监测案例

一、任务目标

(1)通过一个完整的工程案例系统地了解水利工程变形监测基础知识；

(2)掌握水利工程变形监测方案设计、实施及变形监测报告编写。

二、主要内容

(一)工程概况

××水利枢纽位于××省××市××县境内，大坝坝型为混凝土重力坝，坝轴线总长 995.4m，坝顶高程 466m，最大坝高 114m。该工程是××干流开发中唯一的控制性工程，以防洪、灌溉及城乡供水为主，兼顾发电、航运，并具有拦沙减淤等效益的综合利用工程。枢纽正常蓄水位 458m，相应库容 34.68 亿 m^3，防洪高水位 458m，非常运用洪水位 461.3m，灌溉农田 316.85 万亩，电站装机 1100MW，通航建筑物为 500t 级。根据《水利水电工程等级划分及洪水标准》确定，本工程等级为Ⅰ等，工程规模为大(1)型。其主要建筑物拦河大坝、泄水建筑物、左岸灌溉渠首进水塔及渠首引水隧洞为 1 级；垂直升船机上闸首是枢纽中挡水建筑物，其级别亦为 1 级；电站厂房为 2 级；右岸灌溉渠首进水塔及引水隧洞为 3 级；导流等其他次要建筑物为 3 级；参照《船闸水工建筑物设计规范》，通航建筑物承重塔柱下闸首为 3 级、导航与靠船等建筑物为 4 级。大圆包崩滑体级别为 3 级。

(二)监测仪器布置

亭子口水利枢纽大坝共分 50 个坝段，安全监测工程将监测部位划分为两个层次：重点监测部位和一般监测部位。重点监测部位是建筑物结构具有较强代表性或基础条件复杂、对于建筑物安全起决定性作用的敏感部位。重点部位观测项目齐全，仪器布置相对集中，对重要的效应量采取多种方法平行进行监测。一般监测部位是重要部位的延伸和补充，遵循少而精的原则布置监测仪器。亭子口水利枢纽大坝安全监测重点监测坝段：厂房坝段(17#坝段、20#坝段)、底孔 24#坝段、表孔坝段(28#坝段、31#坝段)、垂直升船机 37#坝段；一般监测坝段：左岸非溢流坝段 16#坝段、右岸非溢流坝段 38#坝段和纵向围堰 36#坝段。监测项目有：变形监测、渗流监测、应力应变监测、水力学监测等，所采用的监测仪器有：多点位移计，基岩变形计，测缝计，应变计，无应力计，温度计，钢筋计，渗压计，脉动压力传感器，正、倒垂线，引张线，静力水准等。

1. 变形监测仪器布置

根据大坝的结构形式、地质条件及施工工艺，结合主坝稳定性分析与应力计算成果，大坝变形监测主要包括水平位移、垂直位移、挠度、坝基深层剪切和沉降变形监测等。

大坝及其基础的水平位移是在水平位移监测网的整体联系控制下，采用正、倒垂线，引张线进行监测，其中，垂线也是坝体挠度的监测设施；垂直位移是在垂直位移监测网的整体联系控制下，采用双金属标、精密水准点、静力水准进行监测；坝基深层剪切和沉降变形采用测斜管、基岩变形计和多点位移计进行监测。

(1)水平位移。

①正垂线和倒垂线。根据大坝结构布置和变形监测的需要，大坝399.2m高程以下共布置5条倒垂线和3条正垂线。这些垂线既作为大坝水平位移监测的工作基点，也兼作大坝挠度变形监测设施。具体布置如下：在16#、17#、20#、31#坝段各布置1条倒垂线，在20#、31#坝段各布置1条正垂线，正、倒垂线观测站分别设在对应的16#、17#、20#、31#坝段基础廊道内，共计4个观测站。倒垂线在基岩内钻孔深度为40~50m，正垂线长度在47m左右。

②引张线。在大坝17#~36#坝段第二基础廊道上游壁布置1条引张线，共18个测点。

(2)垂直位移。大坝垂直位移监测采用双金属标、精密水准点和静力水准相结合的方法。双金属标作为坝体基准点，静力水准测点与精密水准点对应布置相互校核。具体布置如下：

①双金属标。为监测大坝建筑物及其基础的垂直位移，在20#、31#坝段的EL399.2m廊道、基础廊道观测房内各布置1套双金属标，共4套。基础廊道2套双金属标也作为坝体垂直位移工作基点。

②静力水准。在17#~36#坝段上、下游基础廊道和31#坝段横向廊道各布置1条静力水准，共计3条静力水准测线、42个静力水准测点、标定装置3套。

③精密水准点。在17#~36#坝段上游基础廊道每个坝段各布置精密水准点1个，共计20个；下游基础廊道17#、20#、24#、28#、31#、34#坝段各布置精密水准点1个，共计6个；1#~16#坝段基础廊道每个坝段各布置精密水准点1个，共计16个。目前坝体基础廊道共计布置精密水准点42个。

(3)坝基深层剪切和沉降变形。为监测大坝基岩深层剪切和沉降变形，在17#、20#、24#、28#、31#坝段第三廊道布置测斜孔5个，每孔深32.0m；在16#、17#、20#、24#坝段基础各布置多点位移计、基岩变形计2组(套)，在28#、31#坝段基础各布置多点位移计1组、基岩变形计2套。以上共计测斜孔5个、多点位移计10组、基岩变形计12套。

2. 渗流监测仪器布置

(1)坝基扬压力及坝体渗透压力。

①坝基扬压力监测。坝基扬压力的大小和分布，对于大坝抗滑稳定性影响很大。根据挡水建筑物结构特点、工程地质与水文地质条件和渗控工程措施，采取上、下游帷幕灌浆廊道布置测压管，坝基内布置渗压计(随施工进度埋设)的方式。监测手段采用钻孔式测压管，孔底伸入建基面以下1.0m。

测压管布置沿坝轴线方向在上、下游基础灌浆廊道内各设一个纵向监测断面。上、下游基础灌浆廊道内的排水幕上每坝段各布置1根测压管。另外，在17#、20#、24#、28#、31#、36#坝段的帷幕前各布置1根测压管，用以对比监测帷幕的防渗效果。以上以及消力池各封闭帷幕灌浆廊道共计布置测压管64根。

另外，在17#、20#、24#坝段基础各布置基岩渗压计3支，16#、28#、31#坝段基础各布置基岩渗压计2支，共计布置渗压计15支，以监测坝基扬压力。

②坝体渗透压力监测。为监测坝体水平工作缝的渗压情况，在20#坝段361.0m、381.0m高程各布置渗压计4支；在24#坝段363.0m、381.0m高程各布置渗压计4支；在31#坝段367.0m高程布置渗压计4支、389.0m高程布置渗压计3支，共计布置渗压计23支。

(2)坝基和坝体渗漏量监测。目前暂未布置坝基和坝体渗漏量监测设施。经坝体排水管及裂缝等处的漏水，暂时采用目测。漏水量较大时，设法集中后用容积法量测。

(3)应力应变监测仪器布置。主要对厂房坝段、底孔坝段、表孔坝段和升船机等重点部位进行应力、应变监测。非溢流坝段主要根据需要对基岩面结合部位及混凝土温度等进行监测。监测项目有：坝块分缝及周边缝开合度、砼温度、钢筋应力和混凝土应力监测等。

①温度监测。

a. 坝面温度监测。在17#、20#坝段411.0~361.0m高程每隔10m距上游坝面10cm处布置1支温度计，以观测不同深度的上游坝面温度及蓄水后的水温变化情况。

在28#、31#坝段433.0~413.0m、377.0~357.0m高程每隔10m，413.0~377.0m高程每隔12m距上游坝面10cm处布置1支温度计，以观测不同深度的上游坝面温度及蓄水后的水温变化情况。以上共计布置温度计28支。

b. 坝体温度监测。在17#坝段中心线上411.0m高程以下按10m×10m间距呈立体面网格状布置温度计43支；20#坝段411.0m高程以下按10m×10m×10m间距呈立体面网格状布置温度计163支；24#坝段中心线及左侧451.0~347.0m高程(底孔除外)按10m×7m×8m间距呈立体面网格状布置温度计124支；28#坝段中心线上433.0m高程以下按10m×10m间距(413.0~377.0m高程每层间距12m)呈立体面网格状布置温度计49支；31#坝段中心线上433.0m高程以下按10m×10m间距(413.0~377.0m高程每层间距12m)呈立体面网格状布置温度计43支，以监测坝体温度分布情况。以上共计布置温度计422支。

c. 坝基温度监测。在20#、31#坝块建基面的中部各布置1个垂直钻孔，钻孔孔口、1m、3m、5m、10m深处，各埋设1支温度计，以观测基岩温度变化梯度。以上共布置温度计10支。

②接缝监测。接缝监测主要针对大坝基础及周边部位基岩与混凝土接触缝和坝块分缝布置，以了解该部位接缝的开合情况。在17#、20#、24#、28#、31#坝段坝基深槽内各布置测缝计3支；20#坝块左、右及坝尾分缝布置测缝计12支；24#坝块左、右分缝布置测缝计9支；17#、28#、31#坝段左、右及坝尾分缝各坝段布置测缝计9支；左岸陡坡(12#~17#坝段)基础结合面布置测缝计11支。以上共计布置测缝计74支。

③坝体应力、应变监测。

a. 20#坝段引水管应力、应变监测。在厂房20#坝段引水钢管下弯段、斜坡段、下弯段和下平段各布置1个监测断面，在每个监测断面上各布置钢筋计8支、钢板计4支、单向应变计4支、无应力计1支。

b. 1#底孔、3#底孔周边应力、应变监测。在1#、3#底孔闸门槽前、后和底孔明流段尾部各布置1个监测断面，共计6个监测断面。底孔闸门槽前、后的4个监测断面各布置钢筋计 6 支、单向应变计 6 支、无应力计 1 支；底孔明流段尾部的 2 个监测断面各布置钢筋计 5 支、单向应变计 5 支、无应力计 1 支。

底孔明流段高程 380~389m，桩号 X0+028.0~X0+037.0 区间结构应力水平较高，为掌握该区间钢筋和混凝土应力分布及变化情况，有针对性地在该部位(1#底孔和 3#底孔桩号 X0+034.0m)各增布 1 个监测断面，每个监测断面各布置钢筋计 8 支、单向应变计 4 支、无应力计 1 支。以上共计布置钢筋计 50 支、单向应变计 50 支、无应力计 8 支。

c. 大坝基础应力应变监测。在 17#、20#、24#、28#、31#坝段的重要监测断面上布置大坝基础砼应力、应变监测仪器。每个坝段具体布置如下：

17#、20#坝段距离基岩面 2m(351.0m 高程)中心线上各布置五向应变计 3 组、无应力计 3 支；距离基岩面 17m(366.0m 高程)中心线上各布置五向应变计 2 组、无应力计 2 支；坝尾 355.0m 高程中心线上各布置二向应变计 1 组、无应力计 1 支。

24#坝段上游深槽内 350.0m 高程布置五向应变计 1 组、无应力计 1 支；距离基岩面 1m(353.0m 高程)中心线上布置五向应变计 1 组、无应力计 1 支；距离基岩面 3m(355.0m 高程)中心线上布置五向应变计 2 组、无应力计 2 支。

28#坝段上游深槽内 350.0m 高程布置五向应变计 1 组、无应力计 1 支；距离基岩面 1m(353.0m 高程)中心线上布置五向应变计 1 组、无应力计 1 支；距离基岩面 5m(357.0m 高程)中心线上布置五向应变计 2 组、无应力计 2 支。

31#坝段上游深槽内 350.0m 高程布置五向应变计 1 组、无应力计 1 支；距离基岩面 1m(353.0m 高程)中心线上布置五向应变计 1 组、无应力计 1 支；距离基岩面 5m(357.0m 高程)中心线上布置五向应变计 2 组、无应力计 2 支；距离基岩面 20m(372.0m 高程)中心线上布置五向应变计 2 组、无应力计 2 支。

以上共计布置五向应变计 24 组、二向应变计 2 组、无应力计 26 支。

④观测站布置。大坝 16#上游基础廊道、17#坝段第二基础廊道、20#和 31#坝段上游基础廊道、399.2m 高程廊道、428.0m 高程廊道内各设置 1 个垂线观测房；24#和 28#坝段第二基础廊道、399.2m 高程廊道、428.0m 高程廊道内各设置 1 个内观测站。以上共计布置垂线观测房 8 间、内观测站 6 个。

3. 专项监测设施布置(水力学监测)

水利枢纽泄水建筑物由 9 个表孔和 5 个深孔组成，根据国内外经验，水电工程的安全问题有相当一部分与泄水建筑物的水力条件有关。因此，开展水力学监测是保证工程安全的一项重要措施。

(1)监测部位。主要选择 1#、5#表孔和 1#、3#底孔作为主要监测部位。

(2)监测内容。水力学的主要监测内容为流态、水舌轨迹、掺气、空气噪声、雾化、泄洪时的水情、时均压力、脉动压力、水下噪声、波浪、开度行程等。

(3)压力测点布置。在 1#表孔溢流面上布置 6 个脉动压力测点，侧墙上布置 5 个断面、7 个脉动压力测点，消力池下游挡水墙布置 1 个脉动压力测点。共计布置压力测点 14 个。

在 5#表孔溢流面上布置 8 个脉动压力测点，消力池下游挡水墙布置 1 个脉动压力测点。共计布置压力测点 9 个。

在 1#底孔溢流面上布置 13 个脉动压力测点，侧墙上布置 9 个断面、12 个脉动压力测点，消力池下游挡水墙布置1个脉动压力测点。共计布置压力测点26个。

在3#底孔溢流面上布置13个脉动压力测点，侧墙上布置3个断面、3个脉动压力测点，消力池下游挡水墙布置1个脉动压力测点。共计布置压力测点17个。

(三)监测资料初步分析成果

1. 大坝变形监测

大坝廊道变形监测仪器正垂线、倒垂线、双金属标、引张线、静力水准、精密水准点于2012年1月10日前安装完成并测取初值。

大坝基础16#、17#、20#、24#、28#、31#坝段坝基中线上、下游各埋设基岩变形计1套，共12套。至2011年12月31日，基岩最大压缩变形6.51mm(20#坝段轴线下96.68m)，变形趋势微有收敛；24#中心线深齿槽基岩(坝轴线上)压缩变形4.52mm，呈压缩变形趋势；其他监测部位基岩变形趋势相对稳定。

大坝基础16#、17#、20#、24#坝段坝基中线上、下游各埋设多点位移计1组，28#、31#坝段坝基中线中坝段间部位各埋设多点位移计1组，共计埋设多点位移计10组。至2011年12月31日，监测部位基岩变形5.0mm以内，变形趋势相对稳定。

2. 渗流渗压监测

大坝上、下游帷幕灌浆廊道、消力池测压管2012年1月5日前全部完成施工。目前暂未布置坝基和坝体渗漏量监测设施，经坝体排水管及裂缝等处的漏水暂时采用目测，漏水量较大时，设法集中后用容积法量测。

大坝16#、17#、20#、24#、28#、31#坝段基础共布置基岩渗压计15支，监测坝基渗漏情况。目前16#坝段坝基水头高度为0.6m(历史最大水头3.1m)；17#坝段坝基历史最大水头13.7m，目前最大水头高度9.0m；20#坝段坝基历史最大水头5.7m，目前最大水头高度5.0m；24#坝段坝基历史最大水头2.6m，目前最大水头高度0.2m；28#坝段坝基历史最大水头0.6m，2011年前基本无水压；31#坝段坝基历史最大水头4.0m，目前最大水头高度4.0m。坝基所有监测部位水位变化无异常。

20#坝段361.0m、381.0m高程、24#坝段363.0m、381.0m高程、31#坝段367.0m高程、389.0m高程坝体水平工作缝上共计布置渗压计23支，监测大坝蓄水后坝体水平工作缝渗漏情况。坝体渗压计仅20#坝段361.0m高程上游面(距坝面1.0m)渗压计水头高度为1.2m，其余渗压计水头高度在0.2m以内，局部渗压计基本无水压。

3. 应力、应变监测

(1)温度计。大坝混凝土温度计布置在17#、20#、24#、28#、31#坝段，基岩温度计布置在20#、31#坝段，共计布置温度计460支，已完成398支。

以17#坝段为例，该坝段共计布置温度计49支，坝面温度计6支(T2-01BD17~T7-01BD17)、混凝土温度计43支，分7个高程(351.0m、361.0m、371.0m、381.0m、391.0m、401.0m、411.0m)布置埋设。坝面温度随环境温度变化而变化；混凝土历史最高温度35.1℃(391.0m高程，2011年5月浇筑混凝土)，目前最高温度33.5℃(371.0m高程，坝尾温度计受1#引水管混凝土浇筑影响)，呈降温趋势。

(2)测缝计。大坝基础和岸坡周边接缝布置测缝计26支，监测坝体混凝土与基岩接触面开合变化；坝段与坝段分缝之间布置测缝计 48 支，监测坝块分缝开合变化。

以大坝左岸陡坡坝段 13#坝段为例，该坝段布置测缝计 2 支，基本处于闭合状态；14#坝段布置测缝计 3 支，目前接缝最大开度为 0.12～0.32mm；16#坝段基础坝 0～4.35m 桩号、左侧贴坡 376.0m 高程坝 0+0.00 桩号、0+40.00 桩号各布置测缝计 1 支，目前接缝开度 0.22～0.69mm，呈增大趋势；17#坝段左侧贴坡 357.0m 高程坝 0+0.00 桩号、0+40.00 桩号各布置测缝计 1 支(0+40.00 桩号测缝计 2011 年 3 月 16 日固结灌浆影响增大 3.76mm)，目前接缝开度分别为 0.67mm、4.56mm，基本趋于稳定。

(3)坝体应变计。大坝坝体内布置五向应变计 24 组(每组对应布置无应力计 1 支)、二向应变计 2 组(每组对应布置无应力计 1 支)、单向应变计 2 支。在大坝施工和温度共同作用下产生微应变在±180.0με 以内，无异常突变现象。

以 20#坝段为例，该坝段引水管下弯段(4—4)监测断面钢管底部钢板计最大拉伸应变为 93.604με，应变计最大拉伸应变为 936.4με，钢筋计最大拉应力为 159.05MPa。由于仪器所属上部钢衬安装、混凝土浇筑及混凝土自身温度的共同作用，导致该部位仪器数据变化较大。

4. 底孔周边钢筋混凝土应力、应变监测

1#底孔(22#坝段)、3#底孔(24#坝段)闸门槽前后和底孔明流段各布置应变计 21 支、无应力计 4 支、钢筋计 25 支。周边混凝土应变受自身混凝土温度或相邻坝段同一高程混凝土温度影响，变化较明显；各应变计对应布置的钢筋计应力无异常变化。

(四)总结

本工程的安全监测工程于 2010 年 7 月开工，截至 2011 年 12 月 31 日共完成监测仪器设备埋设安装 1073 支(点)，仪器全部完好，埋设合格率 100%。因后续各种原因(主要是基础廊道进水，仪器电缆被水浸泡时间过长)21 支仪器失效，完好率 98.04%。

基岩最大压缩变形为 6.51mm(20#坝段轴线下 96.68m)，变形趋势相对稳定；其他监测部位基岩无较大变形，趋势相对稳定。

大坝基础渗压计目前最大水头高度为 9.0m(17#坝段)，其余坝段基础部位水头高度在 5.7m 以内，坝基所有监测部位水位变化无异常。

坝体渗压计目前仅 20#坝段 361.0m 高程上游面(距坝面 1.0m)渗压计水头高度为 1.2m，其余渗压计水头高度在 0.2m 以内，局部渗压计基本无水压。

大坝各坝段碾压混凝土最高温度在 35.1～37.7℃，主要出现在 5～7 月浇筑的 377.0～391.0m 高程的混凝土，目前最高温度在 26.0～35.0℃，基本为降温趋势；大坝 24#坝段常态混凝土最高温度为 50.3℃(391.0m 高程，2011 年 8 月浇筑)，目前最高温度为 29.1℃(391.0m 高程)，呈降温趋势。

大坝左岸陡坡坝段(14#～17#坝段)目前最大开度为 0.12～0.67mm；坝基目前最大开度为 0.07～1.38mm；17#、20#、28#、31#坝段坝尾施工缝目前最大开度为 0.23～0.66mm，呈增大趋势；坝块分缝开度为 0.07～3.03mm。

大坝坝体混凝土应变计在大坝施工和温度共同作用下产生微应变在±180.0με 以内，均在经验数值范围，成果符合一般规律。

20#坝段引水管下弯段(4—4)监测断面钢管底部钢板计最大拉伸应变为 93.604με，应变计最大拉伸应变为 936.4με，钢筋计最大拉应力为 159.05MPa。由于仪器所属上部钢衬安装、混凝土浇筑及混凝土自身温度的共同作用，导致该部位监测仪器在施工初期数据变化较大，目前相对变化较小。

1#底孔（22#坝段）、3#底孔（24#坝段）周边混凝土浇筑初期应变受自身混凝土温度或相邻坝段同一高程混凝土温度影响，变化较明显，目前相对变化较小；各应变计对应布置的钢筋计应力无异常变化。

习题及答案

一、单项选择题

1. 关于土石坝水平位移监测正负号的规定正确的是（　　）。
   A. 向下游为正，向左岸为正，反之为负
   B. 向上游为正，向右岸为正，反之为负
   C. 向上游为正，向左岸为正，反之为负
   D. 向下游为正，向右岸为正，反之为负

2. 土石坝表面变形监测点宜采用断面形式布置，断面分为（　　）坝轴线方向的监测横断面和（　　）坝轴线方向的监测纵断面。
   A. 垂直，平行　　B. 平行，垂直　　C. 垂直，垂直　　D. 平行，平行

3. 以下不属于土石坝表面水平位移监测方法的是（　　）。
   A. 视准线法　　B. GNSS 法　　C. 前方交会法　　D. 精密水准测量法

4. 混凝土坝渗流监测项目不包括（　　）。
   A. 水平位移监测　　B. 扬压力监测　　C. 渗透压力监测　　D. 渗流量监测

5. 精密水准仪最重要的一项仪器指标为（　　）。
   A. 视准轴误差（即 i 角误差）　　B. 水平轴倾斜误差
   C. 竖直轴倾斜误差　　D. 竖盘指标差

二、多项选择题

1. 土石坝安全监测项目主要包括（　　）。
   A. 坝体（基）的表面变形和内部变形
   B. 防渗体变形
   C. 界面、接（裂）缝和脱空变形
   D. 近坝岸坡变形以及地下洞室围岩变形

2. 混凝土坝安全监测项目主要包括（　　）。
   A. 环境量的监测　　B. 坝体主体变形监测
   C. 渗流监测　　D. 应力应变及温度监测

3. 混凝土坝水平位移监测方法包括（　　）。
   A. 视准线法　　B. 引张线法　　C. 激光准直法　　D. 垂线法

4. 混凝土重力坝水平位移监测方法包括（　　）。

A. 视准线法　　　　B. 引张线法
C. 精密水准测量法　　　　D. 液体静力水准测量法

5. 混凝土坝渗流监测主要包括(　　)。
A. 扬压力监测　　B. 渗透压力监测　　C. 渗流量监测　　D. 绕坝渗流监测

三、判断题

1. 土石坝安全监测方法包括巡视检查和仪器监测。(　　)
2. 混凝土重力坝坝体垂直位移监测通常规定为下沉为负，上升为正。(　　)
3. 混凝土重力坝倾斜监测方法包括测斜仪法和精密水准测量监测沉降差间接计算法。(　　)
4. 土石坝安全监测范围主要包括土石坝的坝体、坝基、坝端和与坝的安全有直接关系的输泄水建筑物和设备，以及对土石坝安全有重大影响的近坝区岸坡。(　　)
5. 土石坝的安全监测，应根据工程等级、规模、结构形式及地形、地质条件和地理环境等因素，设置必要的监测项目及相应设施，定期进行系统的监测。(　　)

四、简答题

1. 水库大坝监测主要包括哪些内容？
2. 水库大坝坝顶沉降监测主要有哪些方法？
3. 水库大坝坝顶水平位移监测主要有哪些方法？

答案

项目9　变形监测资料整编与分析

【项目简介】

本项目首先介绍变形监测资料整理与分析的意义、步骤，然后重点介绍了各种变形监测项目资料整理与分析的内容与方法，最后介绍了变形监测最终成果提交、成果表达、成果解译的相关知识。

【教学目标】

学习本章，要掌握变形监测资料整编的内容及方法，掌握各种变形监测数据的处理方法，掌握通过变形监测数据成果绘制各种变形曲线的方法，同时了解如何通过变形监测数据和曲线分析导致变形的各种原因及其相互之间的关系。

项目单元教学目标分解

目标	内　容
知识目标	1. 变形监测资料整理与分析的目的与意义； 2. 变形监测项目资料整理分析的内容与方法。
技能目标	1. 能够使用软件处理各种变形监测实测数据； 2. 能够通过变形监测数据成果绘制各种变形曲线。
态度及思政目标	通过学习变形监测资料整编与分析知识，培养广大测绘地理信息类专业学生“严谨细致、追求卓越”的职业精神和“实事求是、遵守规范”的职业操守。

任务9.1　变形监测资料整编与分析概述

一、任务目标

了解变形监测资料整编与分析的目的与意义、步骤与方法等基本内容。

二、任务分析

变形监测资料整编，是对变形监测的各种原始数据和有关文字、图表等材料进行汇总、检核、审查，综合整理成系统化、规格化、图表化的监测成果，并汇编刊印成册或制成光盘。

监测资料分析，是根据监测数据统计图表和变形过程曲线，分析变形过程、变形规律、变形幅度、变形原因、变形值与引起变形的因素之间的关系。

三、主要内容

(一)变形监测资料整编与分析的意义

变形监测的数据是对各类变形体的变形情况进行大量周期性观测得到的成果，这些数据是离散的。变形监测本身的目的是监测变形体的变形情况、分析变形产生的因素、解译变形形成的机理，对变形趋势做出预报，因此要对大量的离散数据进行综合处理，绘制各种变形过程曲线，从而来分析变形的趋势，同时根据各种变形曲线的特性来分析变形产生的主要原因。

变形监测资料的整编和分析，主要目的是根据观测数据的平差值列表并绘制曲线图，也就是将变形体在自身及外界因素共同影响下产生的变形量、变形过程和变形幅度通过图表正确地表达出来，从而对变形体的运行状态及变形趋势作出正确的判断，分析变形体变形的内在原因和规律、各变形因素之间的关系，从而修正设计的理论及所采用的经验系数。变形监测资料的整编和分析，其主要意义在于及时发现变形体安全运行的隐患，方便对监测数据的分析、决策和反馈，也有利于资料的存档和应用。

(二)变形监测资料整编与分析的步骤

(1)监测资料的搜集和表示；
(2)监测基准网的稳定性分析；
(3)原始观测资料的检验和误差分析；
(4)各类观测数据表的填写；
(5)各类变形过程线的绘制；
(6)分析模型的建立和选用；
(7)变形数据的综合分析；
(8)变形相关结论的总结；
(9)监测资料的检验和审定编印。

任务9.2　变形监测资料整编与分析的内容

一、任务目标

熟悉变形监测资料整编与分析的主要内容。

二、任务分析

监测资料整理，通常是在平时资料计算、校核的基础上，按规定及时对监测资料进行整理的工作，主要是对现场观测获得的第一手资料加以整编，编制成图表和说明，使其成为便于使用的成果。监测资料分析则有成因分析、统计分析、变形预报等。

三、主要内容

(一)变形监测资料整理的内容

变形监测资料整编与分析的主要内容包括以下几个方面：

1. 检核各项原始记录

检查各单期外业观测记录手簿计算是否正确、校核各项限差是否符合要求、检查相邻各观测周期间变形值的计算是否正确。原始观测记录包括自动采集和人工采集两种，均要求填写齐全，人工记录要求字迹清晰，不得涂改、擦改和转抄，凡是划改的数字和超限划去的成果，均应注明原因，并注明重测结果所在页数。

2. 原始数据格式处理

对变形监测的各种外业观测资料进行归类，将其整理成便于变形监测数据处理软件读取的特殊的文件格式，使得离散的外业观测数据成为便于使用的成果。

3. 填写观测值数据表

对各种变形值按时间逐点填写到数据表中，数字取位要符合表9.1的要求。

4. 绘制各种变形曲线

在检核各期外业观测成果和各相邻周期计算成果的基础上，依据变形值统计表，绘制各种变形过程线、分布图、相关图等。使用的图标、符号应统一规格，描绘工整，注记清楚。

表9.1　**观测成果计算和分析中的数字取位要求**

等级	类别	角度/(″)	边长/mm	坐标/mm	高程/mm	沉降值/mm	位移值/mm
一级	控制点	0.01	0.1	0.1	0.01	0.01	0.1
二级	观测点	0.01	0.1	0.1	0.01	0.01	0.1
三级	控制点	0.1	0.1	0.1	0.1	0.1	0.1
	观测点	0.1	0.1	0.1	0.1	0.1	0.1

注：特级的数字取位，根据需要确定。

(二)变形监测资料分析的内容

监测资料分析，是在监测资料整理成各种数据表并绘制成各类变形过程线的基础上进行的。主要内容包括以下几个方面。

1. 成因分析

对变形体结构本身(即内因)与作用在变形体上的荷载(即外因)加以分析推理，寻找变形产生的原因和规律性。

2. 统计分析

对实测资料进行统计分析，从中寻找规律并导出变形值与引起变形的因素之间的关系。

3. 变形预报

在成因分析和统计分析的基础上，可根据求得的变形值与引起变形因素之间的函数关系，预报未来变形值的范围并判断建筑物的安全程度。

任务9.3　变形监测资料整编与分析的方法

一、任务目标

(1)掌握各类变形监测数据表的制作方法，各类变形曲线的绘制方法；
(2)掌握各种变形监测资料的分析方法。

二、任务分析

变形监测资料整理的主要内容包括收集资料、审核资料、填表和绘图、编写整理成果说明等。变形监测资料分析的常用方法包括比较分析法、作图分析法、统计分析法、建模分析法。

三、主要内容

(一)变形监测资料整编的方法

1. 监测数据表的制作方法

1)沉降监测数据表

表9.2为沉降监测各期数据表，表9.3为沉降监测成果汇总数据表，也可将各点沉降值统计于表9.4中，表9.5为沉降监测基准点检查数据表。

表9.2　**建筑物沉降观测记录表**

<table>
<tr><td>工程名称</td><td colspan="4"></td><td>观测日期</td><td colspan="2">年　月　日</td></tr>
<tr><td>施工进度</td><td colspan="4"></td><td>观测期次</td><td colspan="2"></td></tr>
<tr><td>观测点号</td><td>观测部位</td><td>上期高程/mm</td><td>本期高程/mm</td><td>本期沉降值/mm</td><td>上期累计沉降值/mm</td><td>本期累计沉降值/mm</td><td>备注</td></tr>
<tr><td></td><td></td><td></td><td></td><td></td><td></td><td></td><td></td></tr>
<tr><td></td><td></td><td></td><td></td><td></td><td></td><td></td><td></td></tr>
<tr><td></td><td></td><td></td><td></td><td></td><td></td><td></td><td></td></tr>
<tr><td colspan="4">测量员：
记录员：</td><td colspan="4">监理(建设)单位监督人：</td></tr>
</table>

表 9.3　　建筑物沉降观测成果汇总表

观测点号	观测期数	观测日期			间隔时间/d	累计时间/d	本期沉降值/mm	沉降速率/(mm/d)	累计沉降值/mm	施工进度
		年	月	日						

表 9.4　　建筑物沉降值统计表

观测日期	观测点号									
	沉降值/mm	累计值/mm	沉降值/mm	累计值/mm	沉降值/mm	累计值/mm	沉降值/mm	累计值/mm	沉降值/mm	累计值/mm

表 9.5　　建筑物沉降观测基准点检查表

基准点编号	标石规格	埋设日期			埋设位置	基础情况	测定日期			高程/mm	备注
		年	月	日			年	月	日		

2)水平位移监测数据表

表 9.6 为水平位移监测各期数据表，表 9.8 为水平位移监测成果汇总数据表，也可将各点位移值统计于表 9.9 中，表 9.10 为沉降监测基准点检查数据表。

表 9.6　　建筑物水平位移观测记录表

工程名称					观测日期	年　月　日	
施工进度					观测期次		
观测点号	观测部位	上期观测值	本期观测值	本期位移值/mm	上期累计位移值/mm	本期累计位移值/mm	备注
测量员： 记录员：				监理(建设)单位监督人：			

水平位移观测表中，上期观测值和本期观测值因水平位移观测方法不同而不同，例如使用测小角法时观测值为角度，使用 GNSS 法时观测值为坐标，使用活动觇牌法时观测值为游标卡尺读数。表 9.7 为经纬仪测小角法水平位移观测数据记录表。

表 9.7　　经纬仪测小角法水平位移观测记录表

工程名称							观测日期	年　月　日	
施工进度							观测期次		
测站点号	观测点号	观测部位	上期角度观测值/(°　′　″)	本期角度观测值/(°　′　″)	角度差值/(″)	水平距离/m	上期累计位移值/mm	本期累计位移值/mm	备注
测量员： 记录员：					监理(建设)单位监督人：				

表 9.8　　建筑物水平位移观测成果汇总表

观测点号	观测期数	观测日期			间隔时间/d	累计时间/d	本期位移值/mm	位移速率/(mm/d)	累计位移值/mm	施工进度
		年	月	日						

表 9.9　　建筑物水平位移值统计表

观测点号										
观测日期	位移值/mm	累计值/mm	位移值/mm	累计值/mm	位移值/mm	累计值/mm	位移值/mm	累计值/mm	位移值/mm	累计值/mm

表 9.10　　建筑物水平位移观测基准点检查表

基准点编号	标石规格	埋设日期			埋设位置		基础情况	测定日期			高程/mm	备注
		年	月	日	X/m	Y/m		年	月	日		

2. 变形曲线的绘制方法

1) 使用 Excel 绘制变形曲线

(1)将沉降数据录入表9.11所示的Excel表中。在Excel中选择[插入]→[图表]菜单，进入图表向导对话框。在“标准类型”中选择“折线图”，点击“下一步”。

表9.11　**××高层楼盘沉降监测数据表**　单位：mm

	A	B	C	D	E	F	G	H	I
1	累计时间/d	1号点	2号点	3号点	4号点	5号点	6号点	7号点	载荷
2	0	0	0	0	0	0	0	0	1
3	72	0.54	0.66	1.16	1.51	0.13	−0.06	0.21	5
4	135	1.85	1.23	2.57	4.01	2.24	4.05	1.77	9
5	198	4.58	5.57	6.04	7.23	7.84	6.21	6.99	15
6	275	5.05	6.36	7.42	8.67	8.14	10.36	7.27	20
7	345	7.73	8.36	13.3	11.67	13.5	15.9	12.35	24
8	430	9.74	10.42	14.53	12.56	14.52	15.77	13.79	30
9	505	12.31	12.58	15.83	13.78	15.61	16.33	14.43	30
10	572	13.75	13.24	17.16	14.84	16.17	18.37	15.33	30
11	635	13.66	14.15	17.3	15.12	16.39	18.14	15.91	30

(2)在“数据区域”选项卡中点击“系列产生在列”，在“数据区域”中选择7个观测点对应的10期数据(即B2到H11所在范围)，向导中显示“=Sheet1！$B$2:$H$11”。

(3)在“系列”选项卡中将各系列名称改为“1号点”“2号点”等，在“分类(X)轴标志(T)”中选择累计时间列(即A2到A11的范围)，向导中显示“=Sheet1！$A$2:$A$11”。

(4)在“标题”选项卡中的“分类(X)轴(C)”中输入“沉降量(mm)”，在“数值(Y)轴(V)”中输入“时间(天)”，再根据需要在“坐标轴”“网格线”“图例”“数据标志”“数据表”选项卡中进行必要的编辑。同理完成荷载量和时间的曲线，即可得到图9.1所示的曲线图。

2)使用Matlab绘制变形曲线

(1)绘制变形过程曲线图。Matlab中的绘图命令plot(X，Y，S)可以方便地绘制出各种形状的变形过程曲线图。以沉降监测为例，下列代码可以绘制出某监测点的沉降过程曲线图，如图9.2所示。

```
Plot([t，p，‘-o’)
%t为监测时间，p为累计沉降序列
Legend(‘累计沉降量’，1)
Title(‘沉降过程曲线图’)
xlabel(‘时间序列’)
ylabel(‘累计沉降值’)
```

(2)绘制等值线图。在Matlab中使用函数contour(x，y，z)可以绘制等值线图，如图9.3所示。使用函数contour3(x，y，z)可以生成立体等值线图，如图9.4所示。

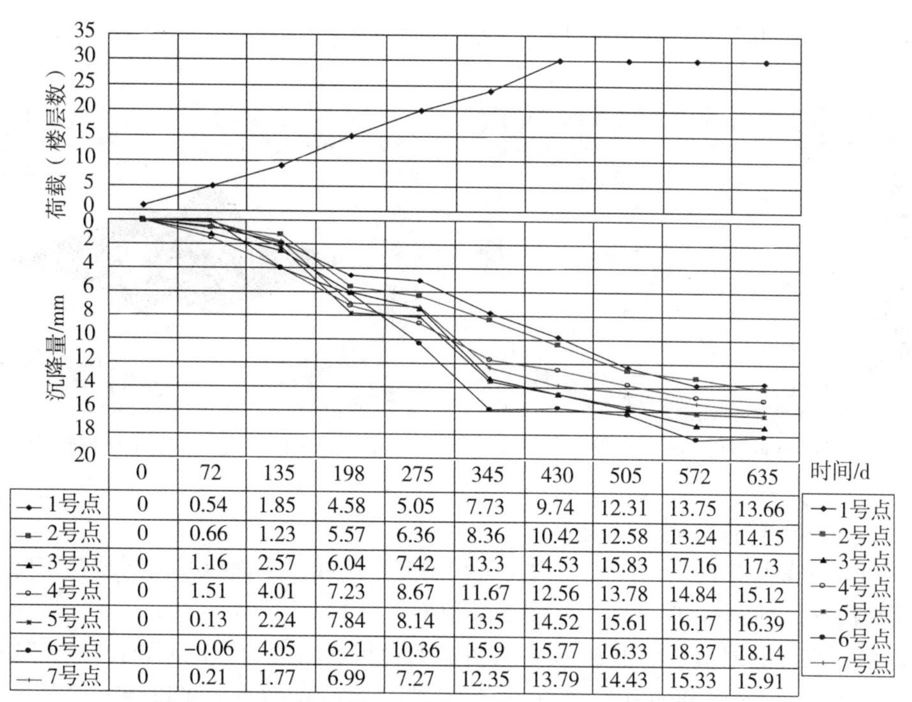

	0	72	135	198	275	345	430	505	572	635
1号点	0	0.54	1.85	4.58	5.05	7.73	9.74	12.31	13.75	13.66
2号点	0	0.66	1.23	5.57	6.36	8.36	10.42	12.58	13.24	14.15
3号点	0	1.16	2.57	6.04	7.42	13.3	14.53	15.83	17.16	17.3
4号点	0	1.51	4.01	7.23	8.67	11.67	12.56	13.78	14.84	15.12
5号点	0	0.13	2.24	7.84	8.14	13.5	14.52	15.61	16.17	16.39
6号点	0	-0.06	4.05	6.21	10.36	15.9	15.77	16.33	18.37	18.14
7号点	0	0.21	1.77	6.99	7.27	12.35	13.79	14.43	15.33	15.91

图 9.1　××高层楼盘 1#楼荷载-沉降量-时间(p-s-t)曲线图

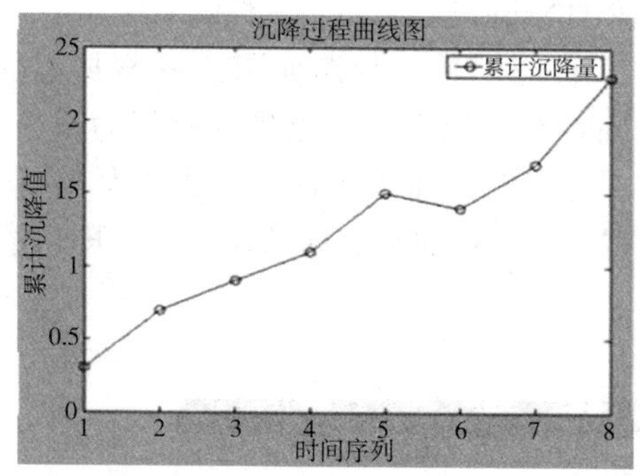

图 9.2　使用 Matlab 绘制的沉降过程曲线图

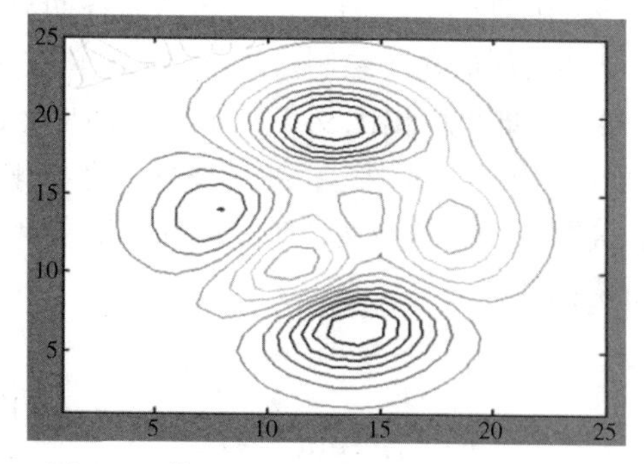

图 9.3　使用 Matlab 绘制的等沉降曲线图

(3)变形值 3D 可视化。对所观测的区域性变形数据，绘制出不同时期的三维等值线图，就可直观地了解这个区域的整体变形趋势，如图 9.5 所示。Matlab 函数可以对不规则数字高程模型 DEM 采样数据点(x，y，z)的数据进行等距化构造格网 DEM 数据，采样 x=linspace(xmin，xmax，n)函数沿 x 方向在最小值 xmin 和最大值 xmax 之间均匀设 n 个点，同理可在 y 方向均匀设 m 个点。函数[X，Y]=meshgrid(x，y，z，X，Y，method)确定规则格网点上的高程值；Clabel(C，h)对各条等值线标注。主要代码及说明如下：

```
%h 为某区域(xmin，ymin，xmax，ymax)内离散采样高程值序列；
xs=linspace(xmin，xmax，n) %按间距 n 生成坐标矩阵
ys=linspace(ymin，ymax，n)
[xi，yi]=meshgrid(xs，ys) %生成格网
hi=interp2(x，y，h，xi，yi) %对离散高程值插值
```

surfc(xi, yi, hi) %显示立体模型

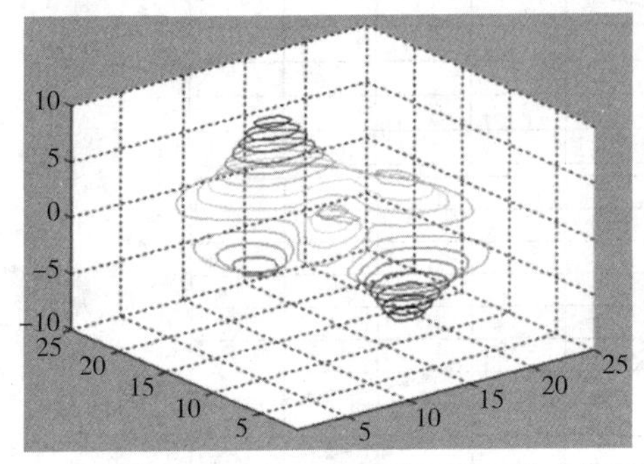

图 9.4　使用 Matlab 绘制的等沉降立体曲线图

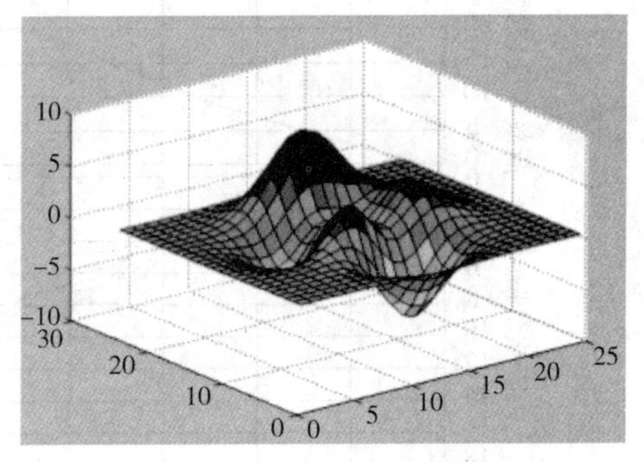

图 9.5　区域变形数据 3D 可视化图

3) 使用 CASS 软件绘制变形曲线

使用 CASS 软件中的断面图绘制功能可绘制变形曲线，下面以某高层楼盘沉降监测为例绘制沉降量随时间变化曲线图，绘制方法和步骤如下。

(1) 数据文件的编辑。使用 txt 文本编辑器编辑扩展名为“ * . hdm”的文件，其数据格式如图 9.6 所示，begin 和 next 之间为一条下沉曲线对应的数据，可以连续绘制多条下沉曲线。每一行逗号之前为各期观测累计时间值(可以用天、月、季度等作为累计单位)或观测日期(即年-月-日)，逗号之后为各期对应的累计沉降量。

(2) 变形曲线的绘制。选择 CASS 软件中的[工程应用]→[绘断面图]→[根据里程文件]菜单，即可弹出图 9.7 所示的断面图绘制的对话框。以沉降观测累计时间为横坐标，以累计沉降量为纵坐标；在距离标注选项中选择数字标注，将里程标注位数选为 0；按需要将高程标注位数选为 1 或 2；再依据图纸尺寸需要选择横向和纵向的比例尺，即可绘制出沉降曲线。

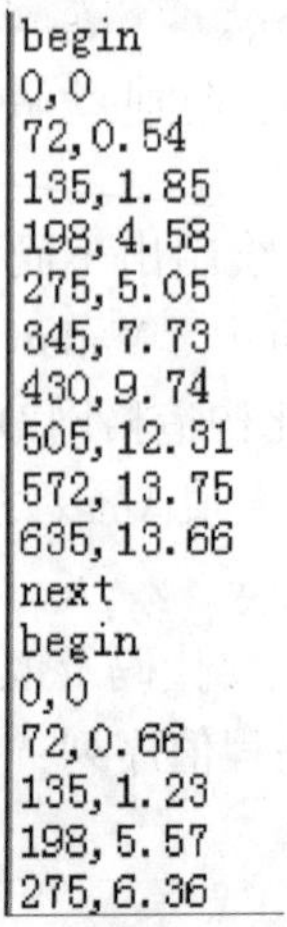

```
begin
0,0
72,0.54
135,1.85
198,4.58
275,5.05
345,7.73
430,9.74
505,12.31
572,13.75
635,13.66
next
begin
0,0
72,0.66
135,1.23
198,5.57
275,6.36
```

图 9.6　hdm 数据文件格式

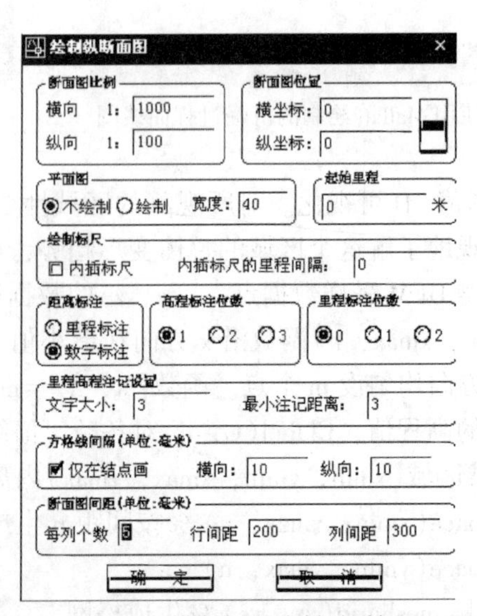

图 9.7　横断面图绘制对话框

(3)变形曲线的修饰。使用CASS软件的断面图功能绘制的沉降监测曲线，需要经过一定的修饰才能更为合理。将纵坐标标示为沉降量，横坐标标示为观测日期或累计天数。将各条沉降监测线用不同的颜色表示。修饰之后的沉降变形曲线如图9.8所示。

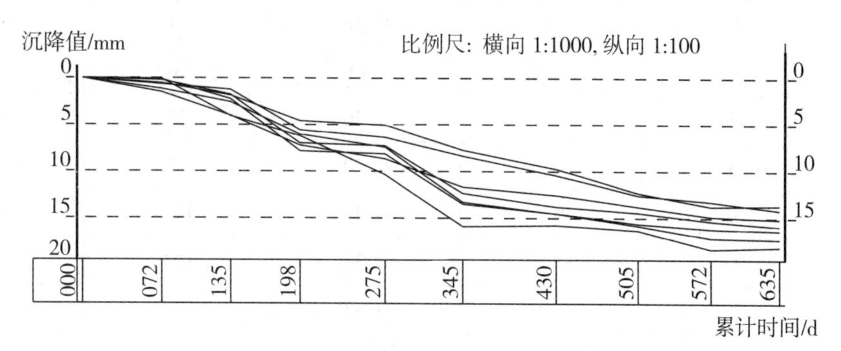

图9.8　用CASS软件绘制的沉降曲线图

4)使用Visual Basic编程绘制变形曲线

使用Visual Basic编程语言也可以绘制各种变形过程曲线，如图9.9所示为使用Visual Basic绘制的某地采矿区地表移动曲线图。对应的数据如表9.12所示。

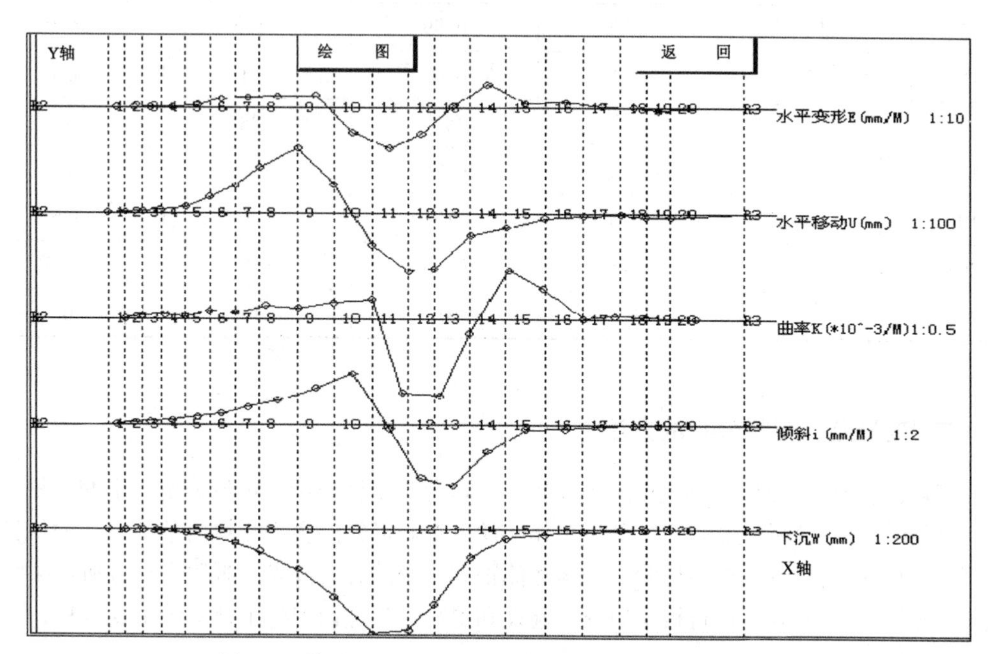

图9.9　使用Visual Basic绘制的某采矿区地表移动曲线

表9.12　**某采矿区地表移动数据**

序号	下降值/mm	倾斜值/(mm/M)	曲率/(10^{-3}/m)	水平移动/mm	水平变形/mm
1	0	0	0.02	3	0.1

续表

序号	下降值/mm	倾斜值/(mm/M)	曲率/(10^{-3}/m)	水平移动/mm	水平变形/mm
2	0	0.4	0.09	7	0.6
3	3	1.0	0.13	11	0.6
4	10	1.9	0.08	16	0.7
5	23	2.6	0.26	25	0.9
6	49	5.2	0.20	47	2.2
7	101	7.2	0.44	110	6.3
8	173	11.6	0.35	184	7.4
9	289	16.0	0.53	303	7.9
10	529	23.9	0.64	431	8.5
11	888	33.5	−2.45	193	−15.9
12	1389	−3.2	−2.56	−210	−26.9
13	1341	−35.2	−0.47	−385	−17.4
14	987	−41.1	1.61	−369	1.1
15	371	−17.9	0.99	−146	16.0
16	122	−3.1	0.02	−91	3.4
17	72	−2.8	0.1	−28	4.2
18	31	−1.3	0.06	−9	1.3
19	11	−0.5	−0.01	−3	0.6
20	6	−0.6	0.03	−18	−1.5
21	0	0	0	−18	0

(二)变形监测资料分析的方法

监测资料分析是变形监测工作的主要环节。可分为定性分析、定量分析、定期分析、不定期分析和综合性分析。监测资料分析工作必须以准确可靠的实测资料为基础，在分析计算前，必须对实测资料进行校核检验，这样才能得到合理的分析成果。观测资料分析成果可指导施工和运行，同时也是进行科学研究、验证和提高设计理论和施工技术的重要资料。

1. 比较分析法

比较分析法是指将实际监测值与技术警戒值相比较、监测物理量的相互比较、监测值与理论设计值或模型试验值比较并相互验证，寻找异常原因，探讨改进运行和设计、施工方法的途径。由于变形监测实际工作条件的复杂性，必须用其他分析方法处理观测资料，分离各种因素的影响，才能对比分析。比较分析法可以从以下三个角度去分析。

(1)将监测值与相应指标技术警戒值相比较。以水利工程监测为例，技术警戒值是大坝在一定工作条件下的变形量、渗漏量及扬压力等设计值，或有足够的监测资料时经分析求得的允许值(允许范围)，在蓄水初期可用设计值作为技术警戒值，根据技术警戒值可判定监测物理量是否异常。

(2)将同类监测物理量的变化规律和趋势相互比较。监测物理量的相互对比是将相同部位(或相同条件)的监测量作相互对比，以查明各自变化量的大小、变化规律和趋势是否具有一致性和合理性。

例如，图 9.10(a)是某大坝灌浆廊道内各测点的垂直位移分布图，图 9.10(b)是该大坝在灌浆廊道内测得的坝基垂直位移过程线，三条过程线相应的测点分别位于 25、30、33 坝段。这些过程线表明在 1978 年上半年前，30 坝段与 25 及 33 坝段的观测值变化速率是不一致的。经检查 30 号坝段处在基岩破碎带范围内，于是对该坝段基岩部位进行了灌浆处理。从 1978 年下半年开始，30 号坝段的垂直位移增长速率与其他两坝段的垂直位移增长速率基本上就一致了。

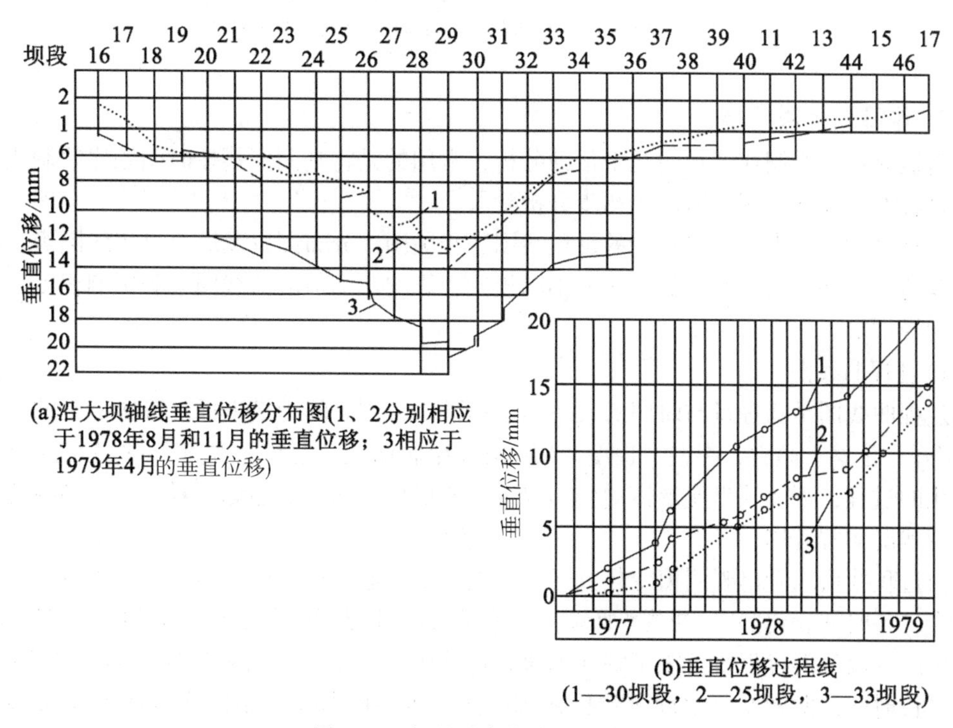

(a)沿大坝轴线垂直位移分布图(1、2分别相应于1978年8月和11月的垂直位移；3相应于1979年4月的垂直位移)

(b)垂直位移过程线
(1—30坝段，2—25坝段，3—33坝段)

图 9.10　坝基垂直位移观测结果

(3)将监测值与理论计算值或模型试验值相比较。监测成果与理论的或试验的成果相对照比较其规律是否具有一致性和合理性。

例如，图 9.11 是某大坝坝踵混凝土应力 δ_y 与上游水深之间的相关图。从这张相关图可以看出，第 32 号坝段实测坝踵部位混凝土应力 δ_y 曲线与上游水位的升高无关，且与有限单元计算的曲线及 39、26 号坝段坝踵部位实测应力的变化规律也不一致。经研究，第 32 号坝段坝踵接缝已经裂开，因而产生这种现象。

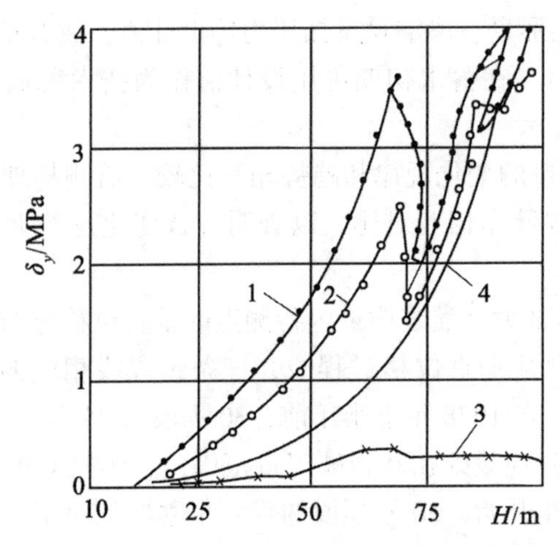

H—上游水位；1—第 39 号电站坝段；2—第 26 号非溢流坝段；
3—第 32 号电站坝段；4—按有限单元法计算的 $\delta_y = f(h)$
图 9.11　坝踵混凝土应力 δ_y 与上游水位之间的关系图

2. 作图分析法

将监测资料绘制成各种曲线来帮助分析，常用的是将观测资料按时间顺序绘制成过程线。这种方法简便直观，适用于初步分析阶段。

根据分析的要求，画出相应的过程线图、相关图、分布图以及综合过程线图等。由图可直观地了解和分析观测值的变化大小和规律，影响观测值的荷载因素和影响程度，观测值有无异常等。

1)过程曲线图

过程曲线图是物理量与时间的关系图，通常以观测时间为横坐标，以所考查的观测值(如沉降、位移、倾斜、裂缝、挠度)为纵坐标绘制曲线。它可直观地反映出观测值随时间变化的过程，可反映出变形体的变形幅度、变形规律和变形趋势，对于初步判断建筑物的运营状况非常有用。

由过程线可以看出观测值变化有无周期性，最大值和最小值是多少，一年或多年变幅有多大，各时期变化梯度(快慢)如何，有无反常的升降等。图上还可同时绘出有关因素如水位、气温等的过程线，来了解观测值和这些因素的变化是否相适应，周期是否相同，滞后多长时间，两者变化幅度大致比例等。图上也可同时绘出不同测点或不同项目的曲线，以比较它们之间的联系和差异。

如图 9.12 所示是某坝坝基发生漏水事故中 13 号垛水平位移过程线。由过程线可知，1962 年 11 月 6 日该垛位移值突然增大，向下游达 19.56mm，向右达 14.53mm，位移的上下游向和左右向的变化率亦与以前有着显著差异，这是该事故在水平位移观测中的异常反映。

坝体温度变化引起混凝土的膨胀与收缩是坝体沉陷的主要原因。坝体上下游混凝土温度变化因季节而不同，通常，在夏季，坝下游面混凝土受烈日暴晒温度高于气温，坝上游面混凝土浸在水面以下，温度低于气温，而冬季情况正好相反，这使得坝体产生季节性摆动。如图 9.13 所示为某大坝坝顶激光垂直位移和水平位移监测和气温变化的关系曲线。从图中可以看出随着每年气温的升降变化，坝顶的垂直位移和水平位移呈现出年周期性变

化，年变形走势基本一致，具有重复性，表明该大坝运行状况良好。

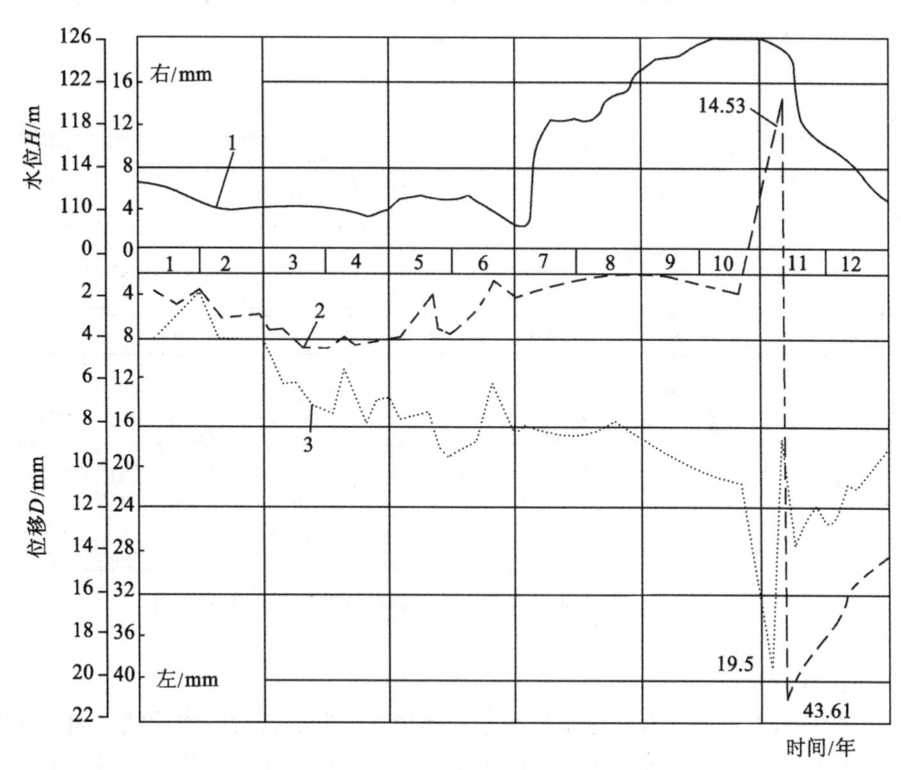

1—库水位；2—左右向；3—上下向

图 9.12　某坝 1962 年 13 号垛水平位移过程线图

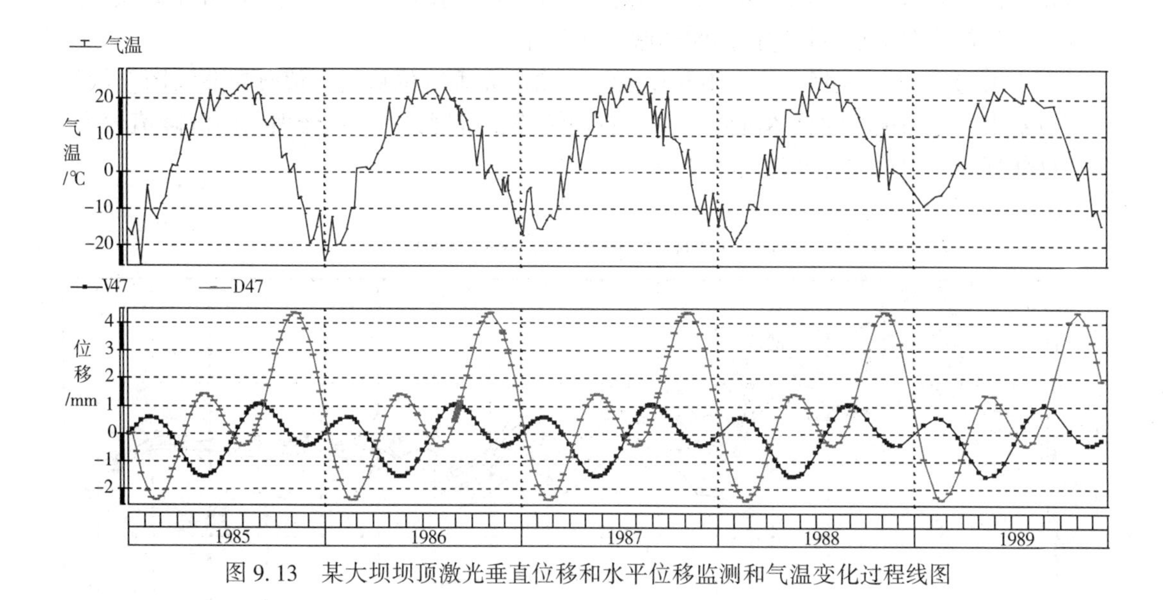

图 9.13　某大坝坝顶激光垂直位移和水平位移监测和气温变化过程线图

通常，水库在夏秋季节水位较高，冬春季节水位较低，水库水位造成的大坝变形也应呈年周期性变化。图 9.14 为某大坝坝顶激光水平位移监测和水位的关系曲线图。由图可以看出，从枯水期到丰水期，随着水位上升坝顶位移向下游增大，反之水位下降则大坝位移向上游增大。每年随着水位的升降变化，坝顶水平位移出现有规律的正负变化，且每年的变形走势基本相同。

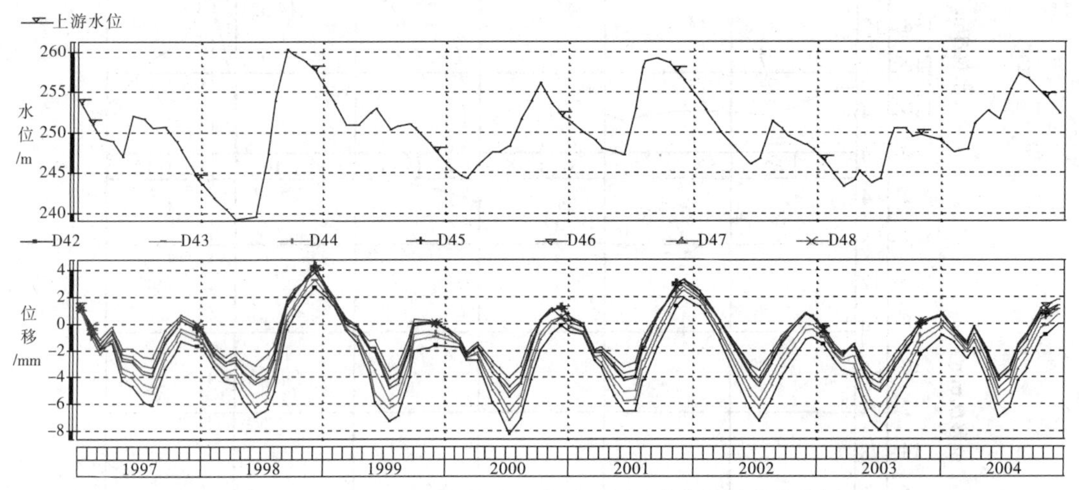

图9.14　某大坝坝顶激光水平位移监测和水位的关系曲线图

2)分布曲线图

以横坐标表示测点的位置、纵坐标表示观测值所绘制的折线图或曲线图叫分布图。它反映了观测值的空间分布情况。由分布图可以看出观测值分布有无规律，最大值、最小值在什么位置，各点间特别是相邻点间的差异大小等。图上还可绘出有关因素如坝高等，来了解观测值的分布是否和它们相适应。图上也可同时绘出同一项目不同期次和不同项目同一期次的数值分布，来比较它们之间的联系和差异。

图9.15为某水库大坝轴线上不同坝段处坝顶激光垂直位移监测值分布曲线图。从图中可以看出，左侧坝段的总体沉降要大于右侧坝段，特别是6#～21#坝段的沉降值较大，表明这些坝段基础承载力较其他坝段弱。

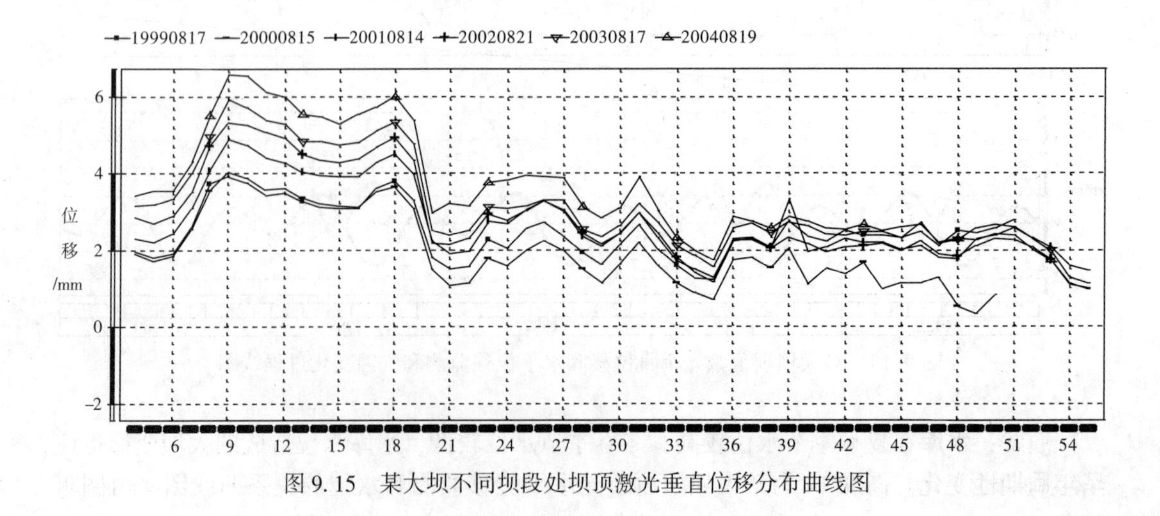

图9.15　某大坝不同坝段处坝顶激光垂直位移分布曲线图

图 9. 16 为水库大坝不同高程处测点的水平位移值分布曲线图，可以看出随着大坝高度增加，坝体在静水压力作用下受到不同的水平推力作用，这使坝体产生了挠曲变形。

当测点分布不便用一个坐标来反映时，可用纵横坐标共同表示测点位置，把观测值记在测点位置旁边，然后绘制观测值的等值线图来进行考察。

图 9. 17 为某高层建筑物基础面上的等沉降值分布曲线图，从图中可以看出，在建筑物中心的核心筒位置处沉降量较大。

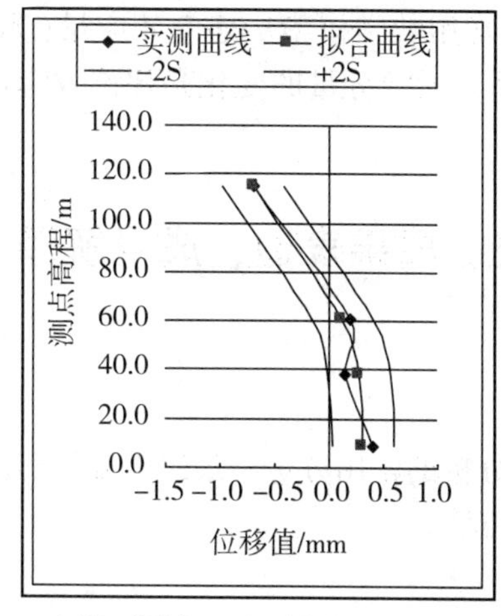

图 9. 16　大坝不同高程处测点的水平位移值分布图

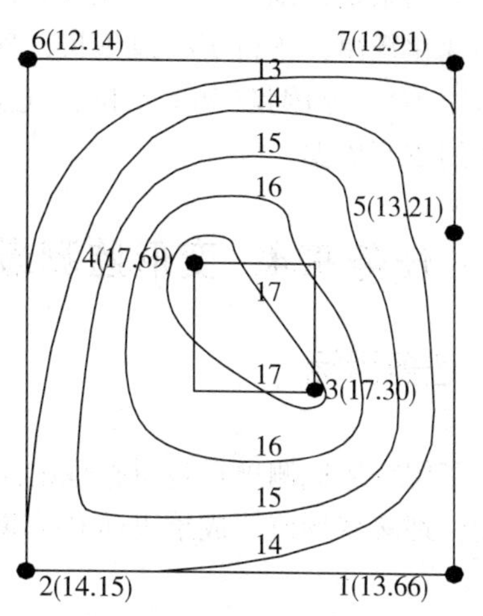

图 9. 17　高层建筑物基础面等沉降值曲线图

3) 相关图

相关图分为散点相关图和相关线图两种，相关图中一般以两个有关的物理量为纵横坐标。图 9. 18 为扬压力与水库水位关系散点相关图。

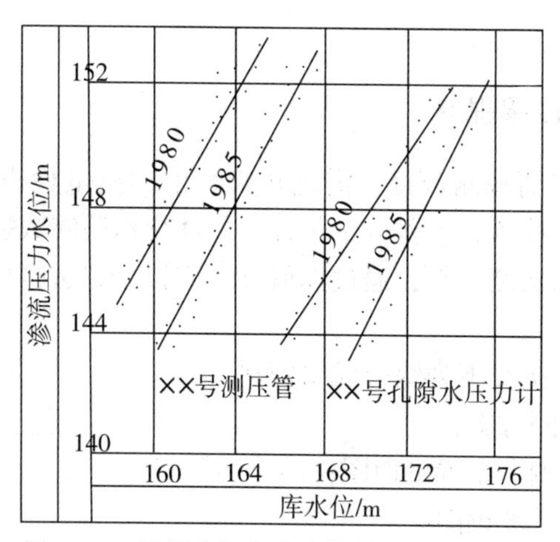

图 9. 18　扬压力与水库水位关系散点相关图

3. 统计分析法

统计分析法是用数理统计理论分析计算各种物理量的变化规律和特征，分析观测物理量的周期性、相关性和发展趋势。这种方法具有定量的性质，它的分析成果更具有实用性。

统计分析法具体是指对各项观测值历年变化量的最大值和最小值(含出现时间)、变幅、周期、年平均值及年变化率等进行计算分析，考察各监测量在数值变化方面是否具有一致性、合理性，以及它们的重现性和稳定性。

4. 模型分析法

采用系统识别方法处理观测资料，建立数学模型，用以分离影响因素，研究观测物理量的变化规律，进行实测值预报，实现安全控制。常用数学模型法建立效应量(如位移、扬压力等)与原因量(如库水位、气温等)之间的关系。时效分量的变化是评价效应量正常与否的重要依据。

任务9.4 变形监测最后成果提交、成果表达、成果解译

一、任务目标

了解变形监测项目资料整理的主要内容、资料分析的常用方法、最终需要提交的成果类型，理解变形监测成果表达和成果解译的方式与方法。

二、任务分析

变形监测的成果表达主要包括文字、表格和图形等形式，也可采用现代科技和多媒体技术、仿真技术、虚拟现实技术进行表达和解译。

三、主要内容

(一)变形监测最后成果提交

对于变形监测网的周期观测数据，需进行观测值的质量检查，如完整性、一致性检查，进行粗差和系统误差检验，方差分量估计，保证变形监测数据处理结果正确可靠。对于各监测点上的时间序列实测资料，通过插值方法或拟合方法整理成等时间间隔的观测序列以供变形分析使用。

变形监测工程项目应提交下列综合成果资料：

(1)技术设计书和监测方案；

(2)变形监测网和监测点布置平面图；

(3)标石、标志规格及埋设图；

(4)仪器的检校资料；

(5)原始观测记录资料(手簿或电子文档)；

(6)整理之后的各类观测成果表；

(7)控制网平差计算及成果质量评定资料；

(8)变形监测数据处理分析和预报成果资料；

(9)变形过程和变形分布图表；

(10)变形监测项目技术总结报告；

(11)变形监测、分析与预报的技术报告。

(二)变形监测成果表达

变形监测是多周期重复性观测，原始观测资料数据量大，数据处理和成果解译过程复杂。为了获得满意的精度和可靠性，需要将数据综合整理分析，使得变形成果表达既概括直观，又能反映变形的本质和特征。

变形监测的成果表达可以使用文字资料、数据表格、图形图像等形式。成果表达最重要的是正确性和可靠性，其次才是表达的逻辑性和艺术性。在正确、可靠的前提下，结构的严谨、文字描述的流畅、图形结合的恰当则显得十分重要。

文字报告是变形成果表达中比较详细的材料，其中应该有比较详细的分析、评价、结论和建议。报告大致包含以下几个方面：

(1)工程概况；

(2)测点情况；

(3)数据整理；

(4)测值变化规律与特征；

(5)简单的计算分析结果；

(6)发展趋势与预测；

(7)比较和判别；

(8)评价与建议。

数据表格是一种最简单的表达形式，用它直接列出观测成果，利用表格工具还可绘出相应线图。表格的设计编排应清楚明了。变形值与其可能的影响量(如温度、水位等数据)应一起表达。

图形表达直观方便，形式丰富多彩。图形主要包括变形过程图、变形分布图、变形相关图等。图形表达的形式取决于变形的种类和观测的目的，还要满足业主的要求，应结合实际情况设计具有特色的表达形式。在图形表达中，比例尺的选择十分重要，变形体的比例尺与变形量的比例尺要选配得当。若有多个绘图要素混在一起，其比例尺应统一。使用的颜色和符号要有助于增强图形显示效果，以便于阅读。

(三)变形监测成果解译

引起变形的原因很多，对变形机理的解译也需要多学科的专业知识。在变形监测数据处理及分析过程中，测量人员需要与地质人员、建筑结构设计人员及施工人员一起研究，共同分析建筑物变形的原因与机理、变形的速度和趋势。

对变形监测的解释与变形体的性质和监测目的有关，需要解答下列问题：

(1)变形监测的目的：变形体安全运行监测；科学研究检验设计理论和优化设计方案；

(2)分析引起变形体变形的内因：荷载变化、基础类型、结构类型、应力变化等；

(3)分析引起变形体变形的外因：温度、气压、水位、渗流、风振、日照等；

(4)根据建筑物的变形特征建立各种变形分析模型；

(5)在不同荷载情况下，对变形体的变形模型做检验验证；

(6)结合变形分析结果，提出工程变形安全整治的相关措施。

如果变形监测的目的是监测变形体的安全运行状态，则需要在建筑物施工过程中及竣工后一段时间内持续监测并分析其结果，通常是通过比较实测变形值与安全警戒值来判断。

如果变形监测的目的是检验数学模型，通常要将实际监测变形值与模型预测的变形值进行比较，若结果相差较大，则应对模型方案加以修改。

如果变形监测的目的是验证建筑设计方案，通常要将实际监测变形值与设计预估变形值进行比较，若结果相差不大，则说明设计方案合理可靠，反之，应修改相关设计参数，优化设计方案。

习题及答案

一、单项选择题

1. (　　)是根据监测数据统计图表和变形过程曲线，分析变形过程、变形规律、变形幅度、变形原因、变形值与引起变形因素之间的关系。

A. 监测资料分析　B. 监测资料整编　C. 监测数据计算　D. 监测数据记录

2. 过程曲线图可以直观地反映出观测值随(　　)变化的过程，可反映出变形体的变形趋势、变形规律和变形幅度，对于初步判断建筑物的运营状况非常有用。

A. 速度　B. 时间　C. 质量　D. 数量

3. 过程曲线图是物理量与时间的关系图，通常是以(　　)为横坐标，以所考察的观测值(如沉降、位移、倾斜、裂缝、挠度)为纵坐标绘制的曲线。

A. 观测位置　B. 观测时间　C. 观测值　D. 观测量

4. 分布线图是变形监测物理量沿某一特定(　　)分布的图形。

A. 方向或特征面　B. 速度　C. 距离　D. 高程

5. 相关图分为散点相关图和相关线图两种，相关图中一般以两个有关的(　　)为纵横坐标。

A. 几何量　B. 物理量　C. 原因量　D. 效应量

二、多项选择题

1. 变形监测资料整编与分析的主要内容包括(　　)。

A. 检核各项原始记录　B. 原始数据格式处理

C. 填写观测值数据表　D. 绘制各种变形曲线

2. 变形监测资料分析的主要内容包括(　　)。

A. 成因分析　B. 统计分析　C. 变形预报　D. 数据检查

3. 变形监测资料分析的方法主要有(　　)。

A. 比较分析法　　B. 作图分析法　　C. 统计分析法　　D. 模型分析法

4. 作图分析法进行变形监测资料分析主要包括(　　)。

A. 过程曲线图　　B. 分布曲线图　　C. 相关图　　D. 测点平面图

5. 变形监测的成果表达可以使用(　　)等形式来表达。

A. 文字资料　　B. 数据表格　　C. 图形图像　　D. 音频资料

三、判断题

1. 比较分析法是指将实际监测值与技术警戒值相比较、监测物理量的相互比较、监测值与理论设计值或模型试验值比较并相互验证，寻找异常原因，探讨改进运行和设计、施工方法的途径。(　　)

2. 作图分析法要将观测资料绘制成各种曲线，常用的是将观测资料按时间顺序绘制成过程线。通过观测物理量的过程线，分析其变化规律，并将其与其他过程线对比，研究相互影响关系。(　　)

3. 过程曲线图是物理量与时间的关系图，通常是以观测时间为横坐标，以所考察的观测值(如沉降、位移、倾斜、裂缝、挠度)为纵坐标绘制的曲线。(　　)

4. 分布线图是变形监测物理量沿某一特定方向或特征面分布的图形。(　　)

5. 统计分析法是用数理统计理论分析计算各种物理量的变化规律和特征，分析观测物理量的周期性、相关性和发展趋势。(　　)

四、简答题

1. 变形监测资料整理的内容有哪些?

2. 变形监测资料分析的内容有哪些?

3. 变形监测资料分析的方法有哪些?

答案

参考文献

1. 岳建平，田林亚．变形监测技术与应用[M]．北京：国防工业出版社，2010.
2. 杨晓平．工程监测技术及应用[M]．北京：中国电力出版社，2007.
3. 侯建国，腾军．变形监测理论与应用[M]．北京：测绘出版社，2008.
4. 张正禄．工程测量学[M]．武汉：武汉大学出版社，2005.
5. 周建郑．工程测量学[M]．郑州：黄河水利出版社，2006.
6. 陈永奇．工程测量学[M]．北京：测绘出版社，2008.
7. 邵自修．工程测量[M]．北京：冶金工业出版社，1997.
8. 吴贵才．工程测量学[M]．北京：教育科学出版社，2003.
9. 国家测绘局人事司．工程测量[M]．哈尔滨：哈尔滨地图出版社，2007.
10. 邱冬炜，丁克良，黄鹤．变形监测技术与工程应用内部讲义[M]．武汉：武汉大学出版社，2007.
11. 何秀凤，华锡生，丁晓利，等．GNSS 一机多天线变形监测系统[J]．水电自动化与大坝监测，2002(3)：34-36.
12. 韩卫，许小华，李宝石．真空激光准直系统在白石水库大坝变形监测中的应用[J]．东北水利水电，2003(9)：45-46.
13. 桂小梅．浅谈沉降监测曲线绘制的两种方法[J]．测绘与空间地理信息，2011(2)：225-226.
14. 陈健．MATLAB 在变形监测数据处理中的应用[J]．城市勘测，2009(2)：130-131.
15. 范亮．地铁六号线某段沉降监测方案设计与数据处理[D]．北京：北京建工学院，2011.
16. 中华人民共和国国家标准. 建筑基坑工程监测技术标准：GB 50497—2019.
17. 中华人民共和国住房和城乡建设部行业标准. 建筑变形测量规范：JGJ 8—2016.
18. 中华人民共和国国家标准. 城市轨道交通工程测量规范：GB/T 50308—2017.
19. 中华人民共和国国家标准. 地下铁道工程施工质量验收标准：GB/T 50299—2018.
20. 中华人民共和国水利行业标准. 土石坝安全监测技术规范：SL 551—2012.
21. 中华人民共和国电力行业标准. 混凝土坝安全监测技术规范：DL/T 5178—2016.
22. 中华人民共和国国家标准. 混凝土坝安全监测技术标准：GB/T 51416—2020.
23. 中华人民共和国国家标准. 国家一、二等水准测量规范：GB/T 12897—2006.
24. 中华人民共和国国家标准. 工程测量标准：GB 50026—2020.
25. 中华人民共和国国家标准. 工程测量通用规范：GB 55018—2021.
26. 薛慈恩，杨昆仑. GNSS 方法与边角网方法在位移监测基准网测量中的对比[J]．地下水，2023，45(4).